入海河口湿地生态系统
空间评价理论与实践

赵冬至　等　编著

海洋出版社

2013年·北京

图书在版编目(CIP)数据

入海河口湿地生态系统空间评价理论与实践/赵冬至等编著.
—北京:海洋出版社,2013.7
ISBN 978-7-5027-8614-4

Ⅰ.①入… Ⅱ.①赵… Ⅲ.①河口-沼泽化地-生态系-评价-研究 Ⅳ.①P941.78

中国版本图书馆CIP数据核字(2013)第151755号

责任编辑:张 荣
责任印制:赵麟苏
海洋出版社 出版发行
http://www.oceanpress.com.cn
北京市海淀区大慧寺路8号 邮编:100081
北京画中画印刷有限公司印刷 新华书店北京发行所经销
2013年7月第1版 2013年7月第1次印刷
开本:889mm×1194mm 1/16 印张:17
字数:430千字 定价:70.00元
发行部:62132549 邮购部:68038093 总编室:62114335

《入海河口湿地生态系统空间评价理论与实践》
编著委员会

主　　编：赵冬至

副 主 编：吴　涛　卫宝泉　孙永光

编　　委：王　林　文世勇　杨建洪　杨　帆　张丰收

赵　玲　杨　志　程　璐　武　艺　苏　岫

前言
Foreword

湿地是地球之肾，对人类的生存与可持续发展具有重要的意义，同时，对气候具有重要的调节作用，这点已经取得了广泛的共识，滨海湿地是湿地的重要类型之一，而河口湿地则在滨海湿地中占有重要的地位，她位于河、海、陆、气和人类社会五大介质作用的交汇点上，是现代社会海洋蓝色文明的重要依托点，同时她在调节气候、涵养水源、削减洪峰、净化环境、维持生物多样性等方面具有极其重要的作用，但由于河口湿地是气候变化的敏感区，生态环境也极其脆弱，其直接面临着人类社会与自然环境的物质与能量交换，其健康不仅关系到地区的自然环境和生态安全，进而对人类社会的和谐发展产生影响。

我国海岸带分布有56座沿海城市，其中有15个人口超百万的特大城市分布在河口三角洲地区，随着人口的趋海性移动，城市化将进一步加剧，脆弱的生态环境和更加密集的人类活动将是我国沿海尤其是河口三角洲地区长期面临的可持续发展问题，随着全球气候异常的加剧，这一矛盾将变得更为尖锐，河口三角洲地区的生态安全问题已经由科学层面上升为各级政府的管理层面甚至是政治层面。

早期人们对湿地的关注多集中在典型湿地植被如芦苇、红树林等上面，后期又加强了河口水体的生物地球化学循环等方面的研究，随着对湿地重要性认识的逐步深入，相继建立了不同类型和级别的自然保护区和特别保护区，但这仍旧不能阻止河口湿地生态服务功能退化的步伐，以点带面的管理和管中窥豹式的监测和评价方式已远不能满足湿地生态系统保护和管理要求，监测方案的设计系统化，监测数据获取的立体化、监测数据评价的空间化以及管理理念的“弹性思维”化是我们对湿地从科学研究、技术开发、业务监测与评价和管理决策支持的必由之路。基于这样一种认识，本书立足于河口湿地的完整性和系统性，以景观生态学为基础，综合河口湿地相关学科优势，兼顾河口湿地的陆域和水域，依托卫星遥感技术获取湿地人类活动、植被状况和环境信息的时空动态信息，以地理信息系统技术为手段，以河口发育的地质年龄为前提，开展人类活动影响(强度)、生态系统状况(生境质量、生态系统健康、河口水域的赤潮灾害风险评估)、对人类社会的服务(服务功能)、变化驱动力等的空间评价，以期实现对其的完整认识。

本书汇集了湿地遥感监测与宏观要素评价团队历经10年研究所取得的成果，在我国近海海洋综合调查与评价专项（“908专项”）的支持下起步，在海洋行业公益性专项流域河口生态安全评价与调控技术（200805064）的资助下认识水平得到了进一步的深化，对河口湿地生态系统的完整性和系统性理解得到了强化，同时海洋行政管理部门对滨海湿地的管理需求和业务化监测的创新需求对于厘清滨海湿地监测与评价的思路起到了重要的引导和帮助。

本书的编写分工分别为第1章赵冬至、吴涛，第2章赵冬至、吴涛和孙永光，第3章吴涛、赵冬至、孙永光，第4章吴涛、赵玲、赵冬至，第5章吴涛、赵冬至、苏岫，第6章卫宝泉、张丰收、孙永光、赵冬至，第7章王林、杨建洪、赵玲、赵冬至，第8章杨帆、赵冬至，第9章孙永光、赵冬至、张丰收，第10章吴涛、孙永光、卫宝泉、赵冬至；第11章吴涛、程璐、赵冬至，第12章程璐、赵冬至、吴涛、杨志，第13章孙永光、赵冬至、张丰收，第14章文世勇、杨建洪、王林、赵冬至，第15章卫宝泉、武艺、赵冬至。

由于河口湿地生态系统的管理涉及自然系统和人类社会系统的交集，不仅其自然属性复杂，人类社会系统的加入，更加剧了其复杂性，本书的顺利完成得益于全体编著人员多年来共同努力的结果，尽管每个人承担的内容不同，但正是这些不同时期的不同成果模块，集成了本书对入海河口生态系统的全面（系统性、时间、空间）认识，期望能对我国滨海湿地尤其是入海河口湿地的监测与空间评价工作的提高起到抛砖引玉的作用。

赵冬至

2013年6月6日于大连凌水桥

CONTENTS

目次

入海河口湿地生态系统空间评价理论与实践

1 绪论

1.1 河口湿地卫星遥感监测研究目的与意义

河口三角洲湿地位于河、海、陆、气和人类社会五大介质作用的交集点上，既是气候变化的敏感区，也是生态环境的脆弱区，在调节气候、涵养水源、分散洪水、净化环境、保护生物多样性等方面有着极其重要的作用（Paul，2000）。河口滨海湿地的发展变化直接反映人类社会与自然环境的物质与能量交换，其生态健康不仅关系到地区的自然环境和生态安全，也影响到人类社会的和谐发展。

河口三角洲湿地是人口聚集、经济发达的地区，也是生态脆弱及敏感的地区。我国拥有18 000 km 的大陆海岸线和14 000 km 的岛屿海岸线，共分布着56座沿海城市，其中人口超过100万的特大城市15座都分布在河口三角洲地区，而根据中国的经济发展战略，城市化还将进一步加速。密集的人类活动与脆弱的生态环境这一矛盾将是我国沿海地区一直存在的主要问题，近年来随着全球变暖和极端气候增加，这一问题越发明显。无论国外还是国内，沿海各地方政府都在积极地应对气候变化带来的环境灾难，海平面上升，风暴潮，沿海地面沉降，岸线侵蚀，水资源短缺和盐水入侵等环境问题已经迫切地要求我们拿出切实可行的应对方法和技术。而海岸带特别是河口三角洲地区的生态环境安全已经成为海/陆界面研究的重点。

滨海河口湿地分布面积广，研究区域内地貌复杂，很多区域人力无法达到，这使遥感监测手段成为唯一可靠且可行的研究方法，而遥感监测的生物特征指标的反演方法研究又是目前定量遥感学界的研究热点与难点。随着景观生态学和景观指标参数的完善，遥感技术在湿地研究领域中发挥着重要作用。与传统的普查方法对比，遥感具有感测范围广、信息量大、获取信息快、更新周期短等特点。同时，随着高光谱和高分辨率的遥感技术的发展，湿地景观动态变化研究将迎来新的契机。本书的目的是为将来我国沿海地区基于遥感技术手段的滨海湿地健康评价提供方法指导，为我国滨海湿地健康评价业务化运行提供理论和技术支持，为我国沿海河口综合管理示范研究提供相关的基础研究和信息资料支持。

1.2 科研计划与进展

国际上，河口三角洲湿地的生态健康状况研究一直是国际地圈生物圈计划（IGBP）及国际生物多样性计划（DIVERSITAS）的核心研究区域和内容之一。联合国2005年发布的《千年生态评估计划》特意将海岸带及其河口三角洲地区作为重点评估领域。同时，在国内生态环境健康安全研究是《国家中长期科学和技术发展规划纲要（2006—2020）》的重点领域和优先支持方向。2006年国家重点基础研究“黄淮海地区湿地水生态过程、水环境效应及生态安全调控”的启动，标志着我国的湿地研究步入了一个全新的发展时期。2009 年国家海洋局启动的“渤海专项”特意将环渤海海岸带作为重点研究对象，将海岸带土地覆被，河口生态脆弱区，海岸地质灾害，海岸带生物、化学、水动力模型等列为研究专项，进行重点调查研究。从国家海洋局目前正在进行的第 12 个五年计划的科研立项工作来看，河口区生态环境遥感监测技术及脆弱生态系统遥感监测技术都将成为未来 5 年，乃至今后更长时期我国沿海生态环境监测的一个重要科研方向和资助重点。

国外的湿地生态健康研究起步较早，已经有了比较成熟的研究方法和指标体系，如美国的生物完整性指数法（index of biological integrity，ibi），澳大利亚的溪流状况指数（index of stream condition，isc）等。而随着景观生态学的发展，遥感技术在湿地生态健康研究中的优势逐渐显现。利用遥感手段，通过提取湿地景观格局变化指数，对研究区域进行健康风险的定量评价已经成为湿地研究的热点之一。

景观指标的健康评价始于景观动态变化监测研究。景观动态研究着眼于生态系统真实的空间分布及其随时间而变化的空间和时间尺度的变量，推论出导致景观变化的原因并预测景观变化趋势，进而为区域景观的管理和未来规划制定决策而服务。如 Munyati 等曾运用 Landsat Mss 和 TM 遥感影像对赞比亚 Kafue 湿地进行景观斑块面积的动态变化监测研究，通过该地区不同时段的湿地面积的变化规律来反演该区域洪水的时间变化规律；Maing 等利用 SPOT XS 影像数据提取肯尼亚塔纳河下游两岸湿地面积动态变化信息，分析人类活动与沿河湿地景观变化之间的关系。

随着景观格局指数的完善，斑块、景观指数常用于湿地景观健康评价，如王宪礼等（1996，1997）选用斑块密度指数、廊道密度指数、景观破碎化指数等 6 个指标，定量分析了辽河三角洲的湿地景观格局，探讨了景观变化对区域生态环境的影响；蒋卫国（2003）等针对斑块丰富度、斑块面积、平均归一化植被指数和景观多样性指数等指标参数，并结合其他经济社会指标构建运用压力 - 状态 - 响应模型，通过专家打分法和层次分析法，对健康等级和指标权重进行定量分配，统计分析辽河三角洲湿地生态系统的健康状况；付在毅（2001）等利用生态指数、生物多样性指数、干扰强度、自然度、物种重要性指数等景观生态学指标，构建生态指数对辽河三角洲湿地进行区域生态风险评价；王薇（2007）等选取斑块类型面积、斑块个数、分维数、斑块密度等 10 个景观格局参数，结合研究区域的社会、经济指标，参照国内外湿地评价标准对黄河三角洲湿地进行健康等级划分，运用层次分析法确定各个指标参数的权重，对黄河三角洲湿地进行了定量的生态系统健康评价。

三角洲湿地生态健康的时空动态遥感监测研究如表 1 - 1 所示。

表 1 - 1　三角洲湿地生态健康的时空动态遥感监测研究

研究地区	采用影像	分辨率	研究方向	专家小组
赞比亚 Kafue 沼泽	Landsat MSS/TM	80 m/30 m	湿地景观动态监测	Munyati et al，2000
肯尼亚塔纳河下游	Landsat MSS/SPOT XS	80 m/20 m	湿地景观动态监测	Maing et al，2001
阿拉伯海湾	SPOT 4	10 m	红树林及海岸变化监测	Saito et al，2003
加拿大艾伯特东北部湿地	SAR/Landsat TM/SPOT	30 m/10 m	湿地动态监测	Jessika et al 2005

续表

研究地区	采用影像	分辨率	研究方向	专家小组
辽河三角洲湿地	Landsat MSS/TM	80 m/30 m	景观变化分析	王宪礼等，1996，1997
辽河三角洲湿地	—	—	健康风险评价	付在毅等，2001
辽河三角洲	Landsat TM/ETM	30 m/15 m	湿地生态健康评价	蒋卫国等 2005
长江口九段沙湿地	Landsat TM/ETM	30 m/15 m	湿地生态动态变化监测	沈芳等 2006
胶州湾大沽河湿地	SPOT 5	5 m	湿地生态动态变化监测	乔磊 2006
辽东湾滨海湿地	Landsat－5/TM Landsat－7/ETM CBERS－02/ CCD	30 m 15 m 20 m	湿地景观动态变化研究	杨帆等，2007
黄河三角洲	TM	30 m	湿地生态健康评价	王薇等，2007
厦门滨海湿地	Landsat TM/ETM	30 m/15 m	湿地生态动态变化监测	李春华等，2007
辽宁省湿地	Landsat ETM	15 m	湿地景观格局分析	张华等，2007
胶州湾湿地	Landsat TM/ETM	30 m/15 m	湿地生态动态变化监测	马妍妍，2008

三角洲湿地生态系统健康评价是国际湿地研究领域中的前沿问题，目前在我国也正处于起步阶段，利用高空间分辨率遥感数据对三角洲湿地生态健康进行监测是今后湿地生态研究的一个重要的手段和方向。近年来，遥感技术与湿地科学融合的趋势逐渐加深，对于湿地景观结构变化的研究使人们对湿地资源的动态变化和相应的演化规律有了比较清晰的认识，高分辨率遥感卫星技术的使用，将使人们在湿地研究中把宏观尺度、中观尺度和微观尺度高度地统一起来，更加全面地把握湿地生态系统内部的变化趋势。景观生态学提供了把湿地流域景观格局与各种生态过程连接的理论基础和量化手段。景观指标使得研究者能够从更大的时空尺度上来构建湿地生态系统健康评价指标体系，把景观指标与其他监测方法结合起来，可以更完整地了解湿地生态系统的健康动态及其变化机理。

1.3 问题与展望

国内外的湿地健康评价研究成果颇丰，但仍有明显的不足。

第一，大多数的健康评价成果都是基于野外观测和采集生物与化学实验室数据，而通过定量遥感和景观生态学相结合的健康评价研究仍不多见。

第二，应该加强具有早期预警和诊断性的特征指标（敏感植被）选取。湿地生态健康研究发展至今，其指标参数包括物理、化学、生物群落和空间景观参数等类型。研究方法也由物化、水文模型发展到生物完整性指数和压力－状态－响应模型以及最近有学者采用的模糊综合评价方法。评价指标包括生态特征、功能整合和社会政治环境指标三大类几十项评价参数。指标也由定性向半定量及定量转化。但是，过多的评价参数使生态系统健康问题越发复杂化，虽然健康与非健康没有明显的界定，很难用一个或几个明显的特征性的指标来对生态健康进行判定。但是，生态系统健康指标数尽可能减少到一个易控制和操作的水平上是最重要的。特别是对具有早期预警和诊断性指标的选取，对整个生态健康评价都具有非常重大的意义，如对生境变化敏感的植被的定量监测往往能准确而又快速地反映环境的变化。

第三，湿地景观结构变化研究使人们对湿地资源的动态变化和相应的演化规律在空间上有了比较清晰的认识。虽然景观生态学在指标量化上给予了很大的帮助，但其分类精度和难度使其仍难以被广泛应用。流域—河口湿地健康评价指标参数多，不同评价方法，评价指标量化及权重分配标准不统一，导致湿地生态系统健康评价结果难以进行对比分析。因此，必须应用数学、景观生态学等方法，完善景观量化工作，使数据更准确地反映湿地景观的格局、功能和动态变化特征。

第四，随着遥感技术与湿地科学融合的趋势逐渐加深，传统的生态健康指标体系与景观参数指标体系的相互转化与整合工作需要进一步加强。从遥感数据中提取出来的图像景观及纹理信息与湿地生态特征指标的对应关系，仍需要去研究和验证。湿地生态系统内不同特征指标和物种的遥感反演方法，仍然需要开展大量工作去进一步完善。

第五，目前，生态健康评价只在水库及范围较小的流域内的湿地中开展，较大面积的湿地区域仍难以开展。流域—河口湿地特殊的环境条件，使现场指标参数采集难度大，采集点布局受到限制，数据平台多由采样点数据组成，不能客观地反映整个流域和湿地的环境情况。因此利用遥感手段，提取景观参数指标，仍是大面积湿地生态系统健康实时监测的唯一手段。遥感技术能够提供大面积的面状的实时数据，在空间上能够满足中、大尺度流域调查的数据需求。而且，随着高分辨率遥感技术的发展和影像分类技术的提高，将使湿地研究在时空上获得连续的、大面积的同步数据，将大、中和小尺度湿地区域的研究有机统一，整体地把握湿地生态系统的变化趋势。

1.4 本书关注的热点

本书的研究特色是利用遥感技术手段，基于景观生态学的方法原理，对河口湿地进行景观生态健康评价。第一，通过遥感手段能够全面把握整个研究区域的信息。第二，体现了时空监测和评价的优势。能够针对过去信息、现在情况和未来趋势进行科学反演与推测。第三，能够及时和准确地给出评价成果，满足业务化监测和评价的需要。从卫星信息处理到评价结果成图，只需要数个工作日。

本书解决的核心科学技术问题主要有两个方面：一方面，评价方法与指标的建立，其中包括生境质量评价因子及评价方法的建立，人类活动强度评价因子和评价方法的建立，景观生态健康评价因子和评价方法的建立，生态系统服务功能评价因子和方法的建立；另一方面，河口湿地生态参数的遥感反演方法，包括湿地植被生物量遥感反演算法，湿地植被的初级生产力的遥感算法研究等。

参考文献

http：//61. 155. 107. 154/ygdxfx/page/jiaoan/ch6. htm. 2008 - 8 - 28.

2007 wetland health evaluation program report dakota county, mn. coordinated by：dakota county 14955 galaxie avenue apple valley, mn 55124 - 8579. prepared by：fortin consulting, inc. 2008.

Allan j d and l b Johnson. 1997. Catchments - scale analysis of aquatic ecosystems. Freshwater Biology. 37：107 - 111.

Cui li - juan, Anna van paddenburg, Zhang man - yin. 2005. Applications of RS, GIS and GPS technologies in research, inventory and management of wetlands in china [j]. journal of forestry resarch. 16 (4): 317 - 322.

Dechka J A, Franklin S E, Watmough M D, et al. 2002. Classification of wetland habitat and vegetation communities using multi - temporal ikonos imagery in southern saskathewan. canadian journal of remote sensing, 28 (5): 679 - 685.

Diversitas. http://www. diversitas - international. org/2008. 8. 28.

Grifiths G H. 2000. Editorial: remote sensing and landscape ecology: landscape patterns and landscape change. international journal of remote sensing, 21 (13): 2537 - 2539.

H. saito, M. F. Bellan, A. ai - habshi, et al. 2003. Mangrove research and coastal ecosystem studies with spot - 4 hrvir and terra aster in the arabian gulf [j]. international journal of remote sensing, 24 (21): 4073 - 4092.

http://www. umass. edu/landeco/research/fragstats/fragstats. html, 2008. 12 - 30.

Karr, J. R. and D. R. Dudley. 1981. Ecological perspectives on water quality goals. environmental management, 5: 55 - 68.

Ladson A R, White L J, Doolan J A, et al. 1999. Development and testing of an index of stream condition for waterway management in australia. freshwater biol, 41: 453 - 468

Maing J K, Marsh S E. 2001. Assessment of environmental impacts of river basin development on the riverine forests of eastern kenya using multi - temporal satellite data. int. j. remote sensing, 22 (14): 2701 - 2729.

Munyati C. 2000. Wetland change detection on the kafue flats, zambia, by classification of a multitemporal remote sensing image dataset. int. j. remote sensing, 21 (9): 1787 - 1806.

Paul M J and Meyer J L. 2001. Streams in the urban landscape annual review of ecology and systematics, 32: 333 - 365.

With K a and King A W. 1997. The use and misuse of neutral landscape models in landscape ecology. oikos, 97: 219 - 229.

陈君颖，田庆久 . 2007. 高分辨率遥感植被分类研究 [j]. 遥感学报，11 (2): 221 - 227.

陈文波，肖笃宁，李秀珍 . 2002. 景观指数分类、应用及构建研究 [j]. 应用生态学报 [j]，13 (1): 121 - 125.

丁志，刘培君，张琳 . 1984. 博斯腾湖芦苇光谱特性及其在芦苇资源考察中的应用 [j]. 干旱区研究，1, 64 - 70.

杜红艳，张洪岩，张正祥 . 2004. GIS 支持下的湿地遥感信息高精度分类方法研究 [j]. 遥感技术与应用，19 (4): 244 - 248.

付在毅，许学工，林辉平，等 . 2001. 辽河三角洲湿地区域生态风险评价 [j]. 生态学报，21 (3): 365 - 373.

高占国，张利权 . 2006. 上海盐沼植被的多季相地面光谱测量与分析 [j]. 生态学报，26 (3): 794 - 800.

宫鹏，黎夏，徐冰 . 2006. 高分辨率影像解译理论与应用方法中的一些问题 [j]. 遥感学报，10 (1): 1 - 5.

贾永红，李芳芳 . 2007. 一种新的湿地信息遥感提取方法研究 [j]. 华中师范大学学报（自然科学版），41 (4): 641 - 644.

蒋卫国，李京，李加洪，等 . 2005. 辽河三角洲湿地生态系统健康评价 [j]. 生态学报，25 (3): 408 - 414.

李春华，沙晋明 . 2007. 厦门市湿地时空演化的遥感动态分析 [j]. 水土保持研究，14 (1): 43 - 46.

李书娟，曾辉 . 2002. 遥感技术在景观生态学研究中的应用 [j]. 遥感学报，6 (3): 233 - 240.

刘庆生，刘高焕，储晓雷 . 2006. 水稻、大豆与芦苇农田冠层光谱特征研究：以辽河三角洲为例 [J]. 中国生态农业学报，14 (2): 66 - 69.

罗彩莲，谭芳林，陈杰，等 . 2007. 基于分类方法的泉州湾湿地信息提取 [j]. 福建林业科技，34 (3): 122 - 126.

马妍妍，李广雪，史经昊，等.2006. 胶州湾大沽河口湿地现状的遥感分析［j］. 中国海洋大学学报，36（sup）：179－184.

马妍妍，李广雪，刘勇，等.2008. 胶州湾湿地动态变化的遥感分析及质量评价［j］. 海洋地质与第四纪地质，28（1）：69－75.

乔磊.2006. SPOT－5 数据处理及其在青岛胶州湾的应用［d］. 中国海洋大学.

沈芳，周云轩，周杰，等.2006. 九段沙湿地植被时空遥感监测与分析［j］. 海洋与湖沼，37（6）：498－504.

索安宁，赵冬至，张丰收，等.2008. 景观指标与滨海湿地生态系统健康评价［j］. 海洋环境科学，27（supp2）.

王备新，杨莲芳，刘正文.2006. 生物完整性指数与水生态系统健康评价［j］. 生态学杂志，25（6）：707－710.

王坚，张继贤，刘正军，等.2007. 基于经验模态分解的高分辨率影像融合［j］. 遥感学报，11（1）：55－61.

王薇.2007. 黄河三角洲湿地生态系统健康综合评价研究［d］. 山东农业大学，6.

王宪礼，胡远满，布仁仓.1996. 辽河三角洲湿地的景观变化分析［j］. 地理科学，16（3）：260－265.

王宪礼，肖笃宁，布仁仓，等.1997. 辽河三角洲湿地的景观格局分析［j］. 生态学报，17（3）：317－323.

王园园，李京.2007. 基于决策树的高光谱数据特征选择及其对分类结果的影响分析［j］. 遥感学报，11（1）：69－76.

肖海燕，曾辉，昝启杰，等.2007. 基于高光谱数据和专家决策法提取红树林群落类型信息［j］. 遥感学报，11（4）：531－537.

颜梅春.2007. 高分辨率影像的植被分类方法对比研究［j］. 遥感学报，11（2）：235－240.

杨帆，赵冬至，马小峰，等.2007. RS 和 GIS 技术在湿地景观生态研究中的应用进展［j］. 遥感技术与应用，22（3）：471－478.

杨帆，赵冬至，索安宁.2008. 双台子河口湿地景观时空变化研究［j］. 遥感技术与应用，23（1）：51－56.

余明，李慧.2006. 基于 SPOT 影像的水体信息提取以及在湿地分类中的应用研究［j］. 应用技术，3，44－47.

张华，苗苗，孙才志，等.2007. 辽宁省滨海湿地资源类型及景观格局分析［j］. 资源科学，29（3）：139－146.

周维才，陈永富.2007. 湿地资源遥感变化监测方法［j］. 世界林业研究，20（2）：45－49.

2　河口湿地

2.1　湿地的定义

湿地的定义存在多样性，国际上至今对湿地没有统一的定义，即使同一国家在不同时期定义也是不同，为人们所认可的湿地定义主要有美国鱼类与野生动物保护协会（1979）提出的“湿地是处于陆地生态系统和水生生态系统之间的转换区，通常其地下水位达到或接近地表，或者低于浅水淹覆状态”。而《世界湿地公约》（1971）指出“湿地系指不问其为天然或人工，长久或暂时性的沼泽地、湿原、泥炭地或水域地带，带有静止或流动，或为淡水、半咸水体者，包括低潮时不超过 6m 的水域”。加拿大的湿地定义为：“湿地是长期水饱和，有助于湿地或水生过程的土地，以排水不良的土壤、水生植被和适应湿生环境的多种生物活动为特征。”

2.2　滨海湿地的界定

本书将滨海湿地划分为河口湿地和非河口湿地（即狭义的滨海湿地）。

2.2.1　河口段的界定

河口段的界定按照如下原则确定。

①外缘线。以水下三角洲前缘线作为前缘边界。对于小的河口，即无水下三角洲的河口，则以 -6 m 为前缘边界。

②内缘线。以河流滨岸湿地边界线作为界限。

③两侧范围线。以河口 - 非河口过渡带突然变宽处，向 -6 m 做垂线为界线见图 2-1。

2.2.2　非河口段的界定

除河口段外为非河口段，陆向内缘线（海岸线）作为湿地内界限，海向外缘线滨海段以 -6 m 等深线作为外缘线。

2.3　河口的自然地理特征

2.3.1　河口的定义

河口或者河口湾这一专业名词来自拉丁文的 aestus、heat、bollings 和 tide。特别是形容词

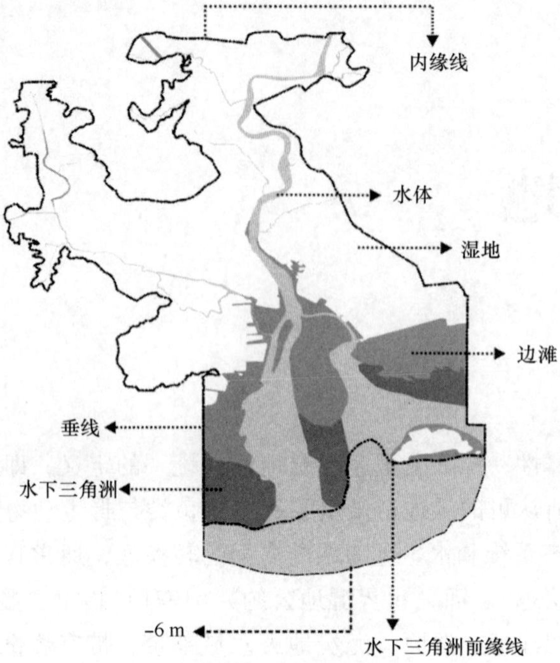

图 2－1　河口段滨海湿地定义示意图

"astuarium" 意谓"潮汐的"。牛津字典（The Oxford Dictionary）将河口解释为"大河的潮汐进出口，那里的潮水与河水相汇合"。韦伯斯特字典（Webster's Dictionary）则解释河口为通道，在通道范围内潮水与径流相汇合；更普遍的解释则认为河口是河流下游终端的海湾。从自然地理的角度来看，河口湾是海岸的沉溺谷地（王宝灿，1989）。网络平台百度百科将河口定义为"河流的终段，是河流和受水体的结合地段"。

不同的专业对河口的解释不一样。自然地理学家和地貌学家认为河口是河谷与海洋相互沟通的河段，它的内陆界限是以潮汐影响的上限为界的。而河口化学家则以水体混合的内陆界限为河口的内陆界限。

本书将河口区界定为：河流入海或入湖的地段，是河流和海洋或湖泊相互作用的区域。如果河流带来的泥沙超过海洋或湖泊的搬运能力，则形成向海（湖）突出的堆集体，平面形态像一个尖顶向陆的三角形，称为三角洲。如果河流、海洋或湖泊的侵蚀作用大于河口区的堆积作用，就形成一个喇叭形的河口，称为三角湾或三角港。

2.3.2　河口的分类

现代河口的分类是以河口河床演变为依据，而现代河口河床的冲淤演变主要由于来水来沙量的不平衡。因此许多学者都试图用径流、潮流及其含沙量为指标来划分河口类型，其出发点基本相同，但由于指标确定方法的不同，结果也不一样。

1）地理分类

全球大部分入海河流的现代入海河口的形成和演变只有 6000～7000 年历史。它们是在冰后期海侵时，海面迅速上升淹没了晚更新世低海面时的古河谷，形成沉溺谷地。在不同海岸地区，这些沉溺河谷受到潮流、径流和泥沙堆积等不同程度的影响，使每一个入海河口都具有各自的特性。河口分类比较复杂，自然地理学家根据河口的地形特征和泥沙阻塞程度，将河口概括为以下几种类型（王宝灿，1989）。

① 地形起伏很大的河口，其河谷剖面呈“U”型，如峡湾（fjord）。

② 地形起伏中等的河口，其河谷剖面呈“V”型，且河谷弯曲，如里亚式河谷。这种河谷在石灰岩地区尤为发育。

③ 地形起伏较小且有多分叉的河口，如平原海岸的河口，它在平面形态上呈喇叭形；有的河口受到沙坝或堡岛的部分堵塞，使河口具有潟湖和海湾的特征。

④ 地形起伏小，而且有河口沙嘴发育。河口延伸方向受沙嘴延伸方向限制，结果下游河段的走向与海岸线平行。

⑤ 地形起伏小，沿岸漂沙、沙丘或沙坝对河口产生季节性堵塞作用。

⑥ 在三角洲前缘，分汊河道堆积体的河口湾。

⑦ 复合型河口，在低平原海岸的背后发育里亚式河谷。

这几种河口类型，从水文动力条件看，1 和 2 类属于动力条件“不平衡”的河口特征，而 3 ~ 7 类则表现为“平衡河口”或“建造河口”的特征，其中 3 类属于过渡型河口特征。

2）成因类型

根据河口成因的不同，分为下列 3 种类型。

①溺谷型河口。海侵淹没的河谷末端，海水直拍崖岸。由于河流较小，或流域来沙不多，虽在湾头或局部地段有泥沙堆积，但溺谷状态仍然保留。溺谷型河口的下段，往往呈漏斗状，称为漏斗状河口或三角港。而对那些下段呈漏斗状和成形河流相接的，又称为河口湾，如中国的钱塘江河口和杭州湾。漏斗状海湾受地形影响，潮差较大，成为强潮河口。其湾底地形常有潮流脊发育。

②三角洲河口。流域来沙丰富的河口，泥沙沉积于河口区，有三角洲发育。一般而言，三角洲发育于弱潮河口和某些中潮河口以及河流挟带的泥沙不易为沿岸流带走的地区。水流分汊是河口常见的现象，有单汊、多汊和分汊再汇合 3 种形式。三角洲汊河一般都较浅，在汊道的口门附近，常有沙体堆积，称为拦门沙。

③峡江型河口。在冰川作用过的地区，河槽受冰川挖掘刻蚀，谷坡陡峻，海侵后形成峡江，其河口的特点在于口门附近有深约几十米的岩坎，坎内水深可达数百米，向着内陆可延伸几百千米。这种河口常见于高纬度地带，如挪威的松恩峡湾和苏格兰的埃蒂夫湾。

3）潮汐分类

根据潮汐的大小，可分为强潮河口、中潮河口、弱潮河口和无潮河口等。

4）盐度和水动力分类

根据盐度分布和水流特性，可分为高度成层河口、部分混合河口和均匀混合河口。

5）河口营力分类

根据河口营力的特点，可分为以下 3 类。

①河川主导型。河川主导的河口常发生在受潮汐影响较小的湖泊、河口、封闭或半封闭的海洋或波浪能量较弱的近海浅坡部分。

②潮汐主导型。河口主要受到双向潮汐作用涨潮与退潮的影响。

③波浪主导型。河口主受波浪营力影响，不同的波浪入射角度因造成泥沙移动的距离与方向不同，会造成不同的河口沙洲或沙嘴形态。

2.3.3 河口的组成

河口区河流与海水相互作用，并不限于河流入海处，在潮汐河口，受潮汐影响的河段，海水可沿河上溯数十千米甚至上百千米。上溯的潮流停止上涌处称潮流界。潮流界向上的河段，河水位受潮流顶托的影响，有定期水位涨落和流速增减变化，在顶托作用消失的位置叫潮区界。从潮区界到潮流界的河段，称近河口段。在潮流界向下到三角洲海陆交界线之间的叫河口段。河口段的分段界线并不是固定的，它随着水文状况的改变而变化。

1）近口段

近口段是“河流近口段”的简称。位于河口区的上段，从潮区界至潮流界之间的区段。在这一段内，由于河水受潮汐的涨落影响，表现有一定潮差，河床内的水流表现是向海呈单一流向，在地貌上完全是河流形态。

2）河口段

河口段是“河流河口段”的简称。位于河口区的中段，从潮流界至口门之间的区段。在水文上这个区段具有双向水流，既有河川径流下泻，又有潮流上溯，水流受洪、枯水、大、小潮流的影响，变化复杂；在地貌上该区段河床不稳定、河道分汊、河面展宽，出现沙岛或沙洲。在三角洲型河口，其下界是河流三角洲的水上边缘。在喇叭形河口，其下界是口门，即水上沙洲与水下沙坎的分界处。

3）口外滨海段

口外滨海段是从口门到水下三角洲前缘，其水文主要以海洋特征为主。

2.4 河口（三角洲）湿地

三角洲湿地的形成是在河流流入水域的终端处，由于河流在注入海洋或湖泊时，水流向外扩散，动能显著减弱，由河水所挟带的泥沙沉积、淤积而形成的，多呈三角形或扇形的沉积物堆积体，形成一片向海或向湖伸出的平地，外形常呈三角状，称为三角洲。由于河口区河流受潮流顶托，流速较小，使河流分汊，在河口口门处，因水流扩散，流速减缓，泥沙常堆积成浅滩，易形成心滩和江心洲。三角洲地区一般地势低平，河网密布，河道汊口多，水流缓慢，常常发育着良好的湿地生态系统。如我国北方的辽河三角洲湿地、黄河三角洲湿地、南方的长江三角洲苏北滨海湿地，都是生物多样性和鸟类天然的越冬和繁殖场所。三角洲湿地其主要的优势植被类型常有：芦苇群落、红树林群落、碱蓬群落、圣柳群落等（图2-2）。

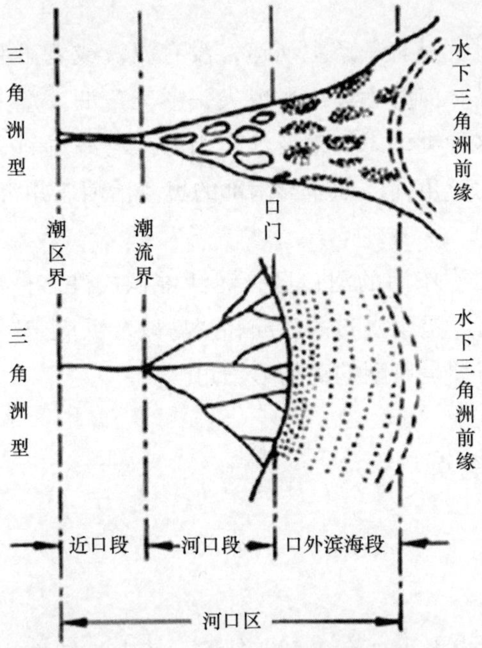

图 2－2　入海河流河口区

2.4.1　河口湿地的形成条件

从地理学上看，三角洲的形成有以下几个条件。

①河流带来大量泥沙。根据世界上许多三角洲的河流含沙量测定，如河流年输沙量约等于或大于年径流量的 1/4，就能形成三角洲。

②河流附近的海洋侵蚀搬运能力较小，河流带来的泥沙将沉积下来，有利于三角洲的形成。

③口外海滨区水深较浅，坡度平缓，一方面对波浪起消耗作用，另一方面有利于浅滩出露水面。

2.4.2　河口湿地的类型

根据三角洲的形态特征和形成过程，可分为以下 4 种类型。

（1）扇形三角洲

在入海河流含沙量高、河道分汊并经常改道、口外海水较浅等条件下，多形成扇形三角洲。大量泥沙通过各条汊河带到河口堆积，由于汊河很多并经常改道，使整个三角洲岸线大致均匀地向海增长。这类三角洲比较多见，如我国的黄河三角洲、俄罗斯的伏尔加河三角洲和埃及的尼罗河三角洲等。

（2）鸟爪形三角洲

在潮流作用、沿岸的海流和波浪作用都很微弱的河口区，河流挟沙量较高，并分成几股汊河入海，各个汊河泥沙迅速堆积，构成向海伸出的沙嘴，平面形态很像鸟足，故而得名。这种类型的三角洲以美国的密西西比河三角洲最为著名。

（3）尖头形三角洲

河流流入海洋或湖泊时，只有一条主河道，没有汊流或者虽有汊流但规模不大，因而在主河道河口两侧堆积成沙嘴，向海中突出形成尖头形三角洲。意大利的台伯河三角洲和西班牙的埃布罗河三角洲就是这种类型。如果波浪作用方向与海岸斜交而河流泥沙较少，或者岸边海水较深，则形成掩闭的三角洲，如非洲南部的奥兰治河三角洲。

（4）岛屿形三角洲

河流含沙量不多而有潮汐作用的河口区，泥沙堆积成许多向海延伸的垄状沙滩和沙坝，沙坝之间为冲蚀的潮汐水道。星罗棋布的沙洲和沙岛以及纵横交错的汊河构成三角洲的主体，如岛屿形三角洲。恒河三角洲是典型的岛屿形三角洲。

2.5 中国入海河口概况

2.5.1 入海河口数量

中国东部沿海入海河流大大小小有 1 500 余条，其中流域面积较大的河流自北向南依次有：鸭绿江、辽河、滦河、海河、黄河、长江、钱塘江、瓯江、闽江、韩江、珠江和南渡江等。各入海河流在其河口处形成规模大小不一的河口三角洲或三角湾（表 2－1、图 2－3）。

表 2－1 我国主要入海河流以及河口位置

河流名称	河口名称	注入海洋	河口所在省（市、自治区）
鸭绿江	鸭绿江河口	黄海	辽宁省
大辽河	大辽河口	渤海	辽宁省
双台子河	双台河口	渤海	辽宁省
滦河	滦河口	渤海	河北省
海河	海河口	渤海	天津市
马颊河	马颊河口	渤海	河北省
徒骇河	徒骇河口	渤海	山东省
黄河	黄河口	渤海	山东省
小清河	小清河口	渤海	山东省
弥河	弥河口	渤海	山东省
大沽河	大沽河口	渤海	山东省
五龙河	五龙河口	黄海	山东省
射阳河	射阳河口	黄海	江苏省
新洋港	新洋港河口	黄海	江苏省
斗龙港	斗龙港河口	黄海	江苏省
长江	长江河口	东海	上海市
黄浦江	黄浦江口	东海	上海市
钱塘江	钱塘江口	东海	浙江省
曹娥江	曹娥江口	东海	浙江省
椒江	椒江口	东海	浙江省
瓯江	瓯江口	东海	浙江省
飞云江	飞云江口	东海	浙江省

续表

河流名称	河口名称	注入海洋	河口所在省（市、自治区）
闽江	闽江口	东海	福建省
晋江	晋江口	东海	福建省
九龙江	九龙江口	东海	福建省
韩江	韩江口	东海	广东省
榕江	榕江口	东海	广东省
珠江	珠江口	东海	广东省
鉴河	鉴河口	东海	广东省
廉江	廉江口	南海	广西壮族自治区
钦江	钦江口	南海	广西壮族自治区
北仑河	北仑河口	南海	广西壮族自治区

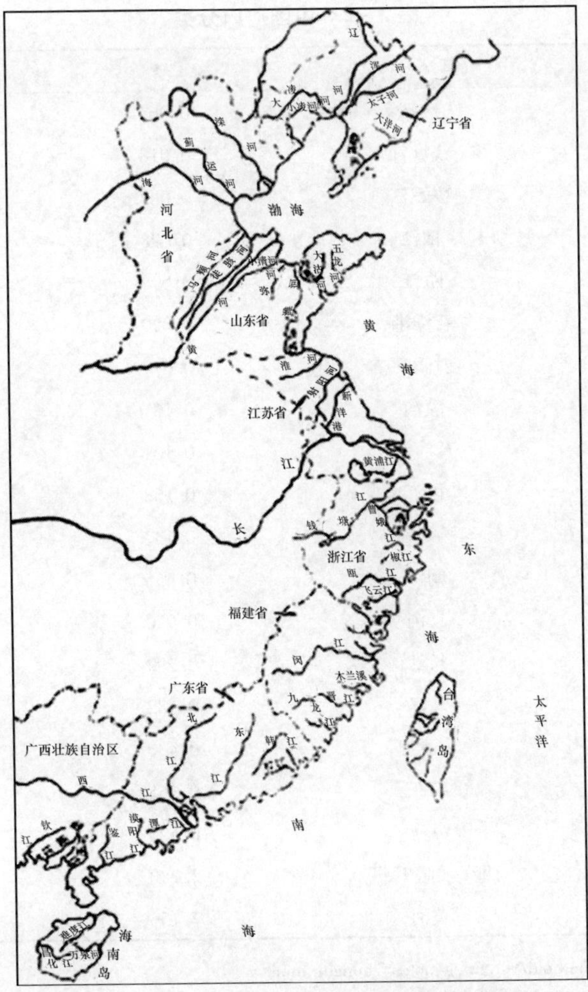

图2-3 我国主要入海河口分布（金元欢，1990）

2.5.2 中国河口分类

国内学者黄胜采用盐淡水混合类型作为中国河口的分类方法，根据中国入海河口的实际情况，将中国东部沿海20个河口，从径流与潮流，流域来沙与海域来沙进行系统综合分析，确定其分类体系，如表2－2所示。

① 混合指数 $M<0.1$ 时为强混合型，而泥沙主要来自海域，$\alpha<0.01$ 时称为强混合海相河口。

② $0.1<M<0.2$ 时为缓混合型，而泥沙仍然以海域来沙为主，$0.01<\alpha<0.5$ 时称缓混合海相河口。

③ $0.2<M<1.0$ 仍属缓混合型，但陆相来沙增加与海相来沙共同参与造床，$0.05<\alpha<0.5$ 称为缓混合陆海双相河口。

④ 当 $M>1.0$ 时已属弱混合型，而泥沙主要来自流域，$\alpha>0.5$ 时称为弱混合陆相河口。

表2－2 中国河口分类

类型	河口名称	M	α
强混合海相河口	敖江	0.065	0.000 38
	钱塘江	0.018	0.001 00
	曹娥江	0.087	0.003 80
	椒江	0.098	0.005 60
	瓯江	0.095	0.004 00
缓混合海相河口	新洋港	0.020	0.011 00
	射阳河	0.017	0.016 00
	灌河	0.101	0.017 80
	黄浦江	0.101	0.023 00
	甬江	0.168	0.035 00
缓混合陆海双相河口	鸭绿江	0.137	0.064 00
	闽江	0.255	0.171 00
	辽河	0.970	0.103 00
	长江	0.292	0.134 00
	珠江	0.182	0.213 00
	小清河	0.430	0.260 00
	韩江	0.165	0.270 00
	海河	0.420	0.338 00
弱混合陆相河口	西江（磨刀门）	2.280	4.630 00
	黄河	7.156	12.220 00

数据来源：http：//www.cjk3d.net/old/estuaries/notes/zhongtu.html.

入海河口湿地的特点有以下几个方面。

（1）均为潮汐河口

我国大大小小河口不同程度地受到潮汐作用的影响。仅就潮差而言，浙闽一带山溪性河口的潮汐作用最为显著，属强潮河口；一些河口还存在着涌潮现象，如永宁江口等；台、粤、桂诸河口，潮差较小，属弱潮河口；台湾西北部河口潮差稍大，余则较小。华北诸河口平均潮差的分布，大致以黄河口外神仙沟附近的无潮点为界，向两侧潮差渐渐增大。

（2）入海河流输沙量大

与世界上其他入海河流相比较，我国入海河流的含沙量较高，相应的入海输沙量也较大。河流携带大量泥沙进入河口，不仅成为塑造河口拦门沙带的主要物质来源，影响到河口区河槽的冲淤演变特性，且进一步沿岸输移扩散和沉积，对邻近河口和海岸产生较大影响，同时还对近岸陆架沉积有不可忽视的作用。

（3）受季风、台风影响显著

我国河口位于中、低纬度的太平洋西岸，季风和台风对我国沿海地区的降水影响较大。

冬季一般盛行偏北风，气候以低温、干燥和少雨为主；夏季一般盛行偏南风，气温以高温、湿润和多雨为主。在季风气候的控制下，我国沿海地区的降雨过程有明显的季节性，相应地，河口的入海径流也存在着明显的洪枯季变化。

台风在我国登陆的范围较广，其登陆之处，常常形成暴雨中心，使当地的降雨量急骤增加，其日降雨量一般都有数百毫米，个别可达 1 000 mm 以上，这必然使入海径流有显著变化。此外，季风与台风的特性还决定了河口的波浪状况。

（4）盐淡水混合以缓混合型为主

按照 D. W. Pritehard 关于盐淡水混合类型的划分，我国河口的盐淡水混合类型以部分混合型或称缓混合型为主，侧向非均匀混合型次之，高度分层（盐水楔形）较少，高度分层・峡湾型与断面均匀混合型则尚未发现。这与我国河口的潮汐和径流特性是一致的：我国入海河口大多具有较丰富的径流量，且潮汐作用强度中等，所以盐淡水混合大多呈缓混合型。

长江口的入海径流量与涨潮量均较大，为典型的缓混合型。浙闽一些径流量小而潮量大的强潮河口，多为侧向非均匀混合型，但在河口入海径流量较丰富时，河口盐淡水的混合又往往呈现缓混合型，如闽江口等。

（5）受人类活动影响较大

我国历史悠久，流域内的开发较早，往往导致河流含沙量的增加，结果对河口地区也产生了一定的影响。如历史上自南北朝以后，长江流域人类活动的迅速开发，加速导致了长江渐渐束窄的这一过程。此外，我国入海河口在上游修库、下游建闸、两岸筑堤的现象也对河口有一定的影响。

（6）区域差异显著

由于受到区域性地质构造及自然地理条件等影响，以钱塘江口为界，可将我国的河口分成南北两类。南、北入海河口在径流的入海过程、河口区的地质地貌条件及输沙等方面，均有一定的差异。除山东半岛和辽东半岛及其以东海岸等区域，北方河口以平原性河口为主，而南方河口除少数大河口外，则多以山溪性河口为主。南、北方河口的差异还表现在入海径流及其输沙的变化特性等方面（金元欢，1998）。

2.5.3 中国主要河口

1）长江河口

长江河口湿地是我国重要的湿地，在江苏省东南部和上海市北面，面积 $35.82\times10^4\ hm^2$，主要包括近海与海岸湿地、河流湿地、潮间淤泥滩涂、潮间沙石海滩等，包括崇明岛、长兴岛、横沙岛、南汇东滩、九段沙湿地等（操文颖等，2008）。根据露出水面的情况可以分为潮下带湿地和潮间带湿地，潮间带湿地植物资源丰富，有以芦苇（phragmites）、海三棱藨草（scirpus mariquter）和藨草（scirpus triqueter）群落为主的植被；潮下带湿地浮游生物和游泳生物十分丰富，是重要的水产资源鳗鲡（anguilla japonica）幼苗和中华绒螯蟹（eriocheir sinensis）蟹苗的生长区域。独特的河口湿地类型为长江河口湿地孕育了丰富的生物多样性资源（图2-4）。

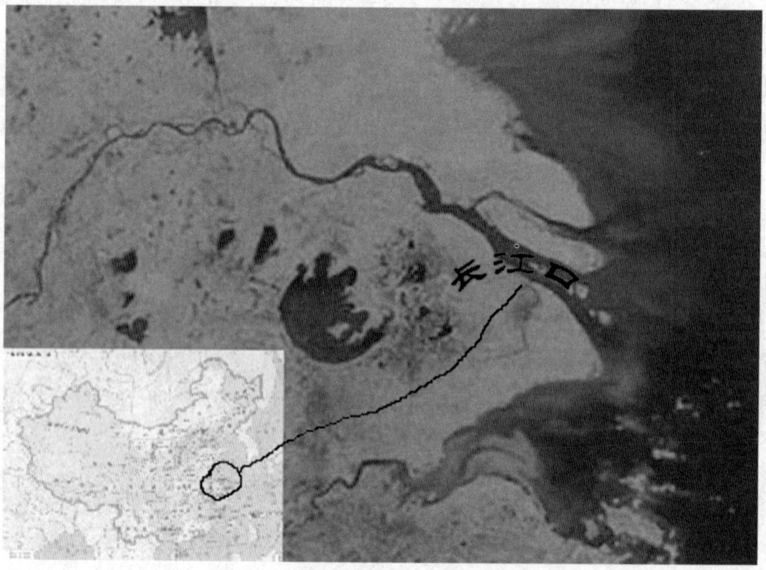

图2-4　长江口卫星遥感图

（1）长江河口湿地植被

长江河口湿地植物种类丰富，现共有高等维管束植被136种，包括水生植被和湿生植被。湿生植被主要以莎草植被和禾本科植被为主。其中，优势种植被是芦苇（phragmites）、海三棱藨草（scirpus mariquter）。

（2）长江河口湿地动物

长江河口湿地动物种类繁多，主要分为以下几类。

①湿地鸟类。长江河口地处候鸟亚太迁徙路线上，湿地丰富的底栖动物和游泳动物为迁徙鹬类提供了丰富的饵料。长江河口湿地现有鸟类150余种，占全国湿地鸟类的6%左右，主要有鹬类（55种）、雁鸭类（33种）、鹳类（27种）、鹤类（14种）（吴玲玲等，2007）。在150余种湿地鸟类中，大多数为旅鸟和越冬鸟，夏候鸟和留鸟较少。

②湿地底栖动物。长江河口湿地的底栖动物现有约60种，其中甲壳类32种、软体类和

环节类各12种，腔肠动物和纽虫各1种。分为淡水、咸水和咸淡水三类。在底栖动物数量上，软体动物最多，占91.4%，其次为寡毛类，节肢类数量较少。在生物量上，以软体动物最多，占90%以上，其次为节肢动物，环节动物最少。丰富的底栖动物为湿地鸟类和鱼类提供了食物来源。

③鱼类。鱼类是重要的水产资源。长江河口湿地现有鱼类112种，按其生态类型可以分为5类：洄游性鱼类，包括溯河洄游和降河洄游种类；咸淡水鱼类，终生生活在咸淡水或河口区；淡水鱼类，终生生活在淡水中，部分种类生殖时作江河之间的生殖洄游；滩涂鱼类，终生定居在沿岸近海，如滩涂鱼和各种暇虎鱼；海水鱼类，终生生活在海水中，偶尔进入咸淡水和河口浅海区（吴玲玲等，2007）。

④湿地浮游生物。浮游生物是许多经济鱼类和其他一些水产动物的主要饵料，有些浮游生物本身是重要的水产资源，有的种类还可以作海流、渔场、环境质量的指示种。据初步鉴定，目前浮游动物总数约在128种。其中，原生动物的种类最多，共计48种；轮虫次之，有34种；枝角类30种；桡足类16种（吴玲玲等，2007）。在原生动物中，主要优势属有舟形虫属、似铃壳虫属、急游虫属、虾盗虫属和丰眉虫属。

（3）湿地土壤

湿地位于长江入海口，属于中潮岸带，是长江口北港和北支水道落潮流和嵩明岛影区缓流的堆积地貌区，属涨势向东和向北的淤涨岸，主要为潮下滩，底质主要有细沙、粉砂质细沙、细沙质粉沙、粉沙和黏土质粉沙等多种类型（中国湿地百科全书，2008）。土壤多为沙质土，可以分为滨海盐土和潮土两大类型。

2）黄河河口

黄河三角洲湿地是指1855年黄河于河南铜瓦厢决口，夺大清河注入渤海后冲积形成的近代三角洲，它以山东省垦利县宁海为顶点，西北至套儿河口，东南至淄脉河口。地理坐标为36°55′—38°12′N，118°07′—119°18′E，行政区上93%属东营市，7%属滨州市（张晓龙，2007）。湿地总面积4 810 km^2，包括2 290 km^2的三角洲湿地、1 608 km^2的浅海水域和840 km^2的潮间泥滩（中国湿地百科全书，2008）。黄河口分为两大片，主要是现行的清水沟流路和有刁口河流路冲淤形成的新生湿地（徐兆鹏等，2009）（图2-5）。

湿地海拔在10 m以下，属温带季风气候区，年平均气温为11.9℃，多年平均降水量为264.4 mm（苏冠芳等，2010）。土壤划分为5个土类，10个亚类，20个土属，134个土种。其中，5个土类分别是：褐土、潮土、盐土、水稻土和砂姜黑土（黄河三角洲科研信息网）。

湿地主要植被类型基本可分为内陆淡水湿地生态系统和滨海盐沼生态系统，植被类型多样。河口湿地现有植物393种，其中野生种子植物116种（张晓龙等，2009），属国家二级保护植物的野大豆在自然保护区内分布广泛。发育有多样的水生、湿生、中生、耐盐植物群落。湿地植被演化有裸露滩涂、潮间带和潮上带盐沼湿地、淡水沼泽湿地等自然湿地植被被人工湿地植被取代的趋势。人工植被有刺槐林、水稻等，天然植被有芦苇群落、翅碱蓬群落、柽柳群落、白茅群落、獐毛群落等（苏冠芳等，2010）。湿地植被覆盖率53.7%，形成了中国沿海最大的海滩植被，天然植被中滨海盐生植被占56.5%，沼生和水生植被占21%，人工植被中以农田植被为主。湿地内有植物393种，湿地内生长有天然芦苇330 km^2，天然杂草地180 km^2，天然柳林20 km^2，天然柽柳灌木林81 km^2（中国湿地百科全书，2009），在国际上

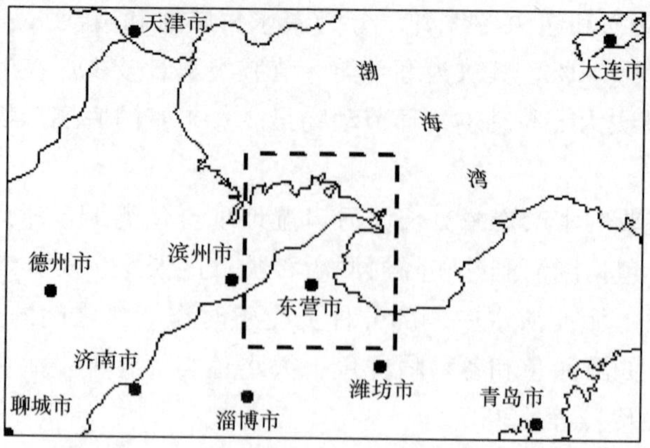

图 2－5　黄河口及三角洲

同类湿地中非常少见，人工刺槐林 56 km^2，是我国东部沿海最大的自然植被区（表 2－3）。

在天然植被中，以滨海盐生植被为主，占天然植被的 56.5%，沼生和水生植被占天然植被的 21%，灌木柽柳等占天然植被的 21%，阔叶林仅占天然植被的 1.5% 左右（黄河三角洲科研信息网）。植被群落分布为：黄须菜群落、柽柳—黄须菜群落、马绊草群丛芦苇群落、一年生禾本草群落、白茅—芦苇群落。人工植被中以农田植被为主。

自然保护区内有各种野生动物 1 543 种，其中水生动物 641 种，属国家一级重点保护水生野生动物的有达氏鲟、白鲟 2 种，属国家二级保护水生野生动物的有斑海豹、海豚、松江鲈鱼等 7 种。陆生无脊椎动物 583 种，脊椎动物 317 种（张晓龙等，2009）。浮游动物原生动物由轮虫类、枝角类、桡足类等组成。

黄河河口三角洲保存有完整的河口湾和滨海湿地生态系统，鸟类资源丰富，是东北亚内陆和环西太平洋鸟类迁徙的重要中转战、越冬栖息地和繁殖地。湿地内有鸟类 9 目 21 科（中国湿地百科全书，2009），近年来观察到的鸟类已达 283 种，属国家一级重点保护鸟类的有丹顶鹤、白头鹤、白鹤、东方白鹳、黑鹳、大鸨、金雕、白尾海雕、中华秋沙鸭 9 种；我国及亚洲有 9 种鹤，该保护区就有 7 种（张晓龙等，2009）。每年夏秋两季，数以万计的鹤类、鸭雁类、鹭类、鸻鹬类水禽在此停留栖息。本地还是世界濒危鸟类黑嘴鸥的重要繁殖地；是我国东方白鹳的重要繁殖地。

表 2－3　黄河河口湿地生物多样性

生物种类	种类	占区域种类百分比（%）	占中国种类百分比（%）
海洋浮游植物	116	27.2（渤海）	6.8
海洋浮游动物	79	52.3（渤海）	5.8
海洋底栖动物	222	—	—
潮间带底栖硅藻	10	—	—
潮间带植物	4	—	—
潮间带动物	191	—	—
海洋鱼类	122	64.7（渤海）	3.89
其他海洋动物	11	—	—
淡水浮游植物	291	—	26

续表

生物种类	种类	占区域种类百分比（%）	占中国种类百分比（%）
淡水浮游动物	144	—	—
淡水底栖动物	69	—	—
淡水鱼类	102	89（山东）	13
高等植物	608	—	—
陆栖无脊椎动物	922	—	—
土壤动物	38	—	—
两栖类	6	75（山东）	—
爬行动物	12	75.59（山东）	—
鸟类	272	67（山东）	22.93
兽类	23	57.5（山东）	—

3）珠江河口

珠江口位于112°58′—114°03′N，21°52′—22°46′E，含伶仃洋，黄茅海和横琴海，南水岛附近水域，位于广东省深圳、佛山、珠海、东莞、中山、惠州等6市境内。是由西江、北江、东江、潭江等相互连通的河道、低地岛屿、河滩沼泽地以及大片的潮间泥滩所组成的三角洲系统。其主流由磨刀门出海，支流由横门、崖门、虎跳门、泯湾门等出海。湿地河网发育，西北江三角洲主要水道有近百条，总长1 600 km；东江三角洲有主水道5条，总长138 km，主要入海河口处有东部的伶仃洋河口、南部的磨刀门河口以及崖门河口。珠江河口水域东西宽约150 km，南北长约100 km，30 m水深以内的水域面积约7 000 km^2。河口大陆岸线长约450 km。河口有8个入海口门，其形态及过流能力各不相同，其中以虎门和磨刀门为最大，两个口门入海量约占八大口门总入海量的50%以上。河口潮汐为半日潮，平均潮差0.86 ~ 1.63 m。河口区水流受径流和潮汐的共同影响，水流及物质输移随时间和空间的变化明显。枯水期潮流界基本覆盖整个三角洲范围，形成径潮流交汇的滨海河网平原区，具有与国内外其他河口显著不同的特点（图2－6）。

三角洲区多为冲积土和海积淤泥，沿海草滩与红树林海岸发育有盐渍沼泽土。河口湿地总面积4 750 km^2。属南亚热带海洋季风气候。年均气温22℃，1月平均气温13.1℃，7月平均气温28.4℃。年均降水量1 900 mm，多集中在4—9月，7—9月常受台风暴雨影响，台风降水量一般为200 mm，最大为500 mm，无霜期352天。冬季陆风风速较强，常达5 m/s；夏季风速较弱，仅3 m/s；夏秋台风风速常大于10.3 m/s，并引起暴潮。

珠江三角洲湿地为中国重要的粮食、塘鱼等产地。区内生物资源丰富多样，河口生物包括浮游植物、浮游动物、鱼卵仔鱼、游泳生物、底栖生物、潮间带生物和红树林，以低盐性生物和广盐性热带、亚热带种类为主，形成了一个独特的河口内湾类型的海洋生态系统。浮游动物有147种，底栖动物平均生物量为29 g/m^2，平均个体数为206.57个/m^2；鱼卵、仔稚鱼鉴定到种的有49种，到属的有29种，科以上的有22种；底栖生物150科，456种；湿地内鸟类有102种，包括28种非雀形目鸟。湿地内主要经济鱼类有鲥鱼、七丝鲚、鳗鲡、赤眼鳟、海南红鲌和大眼红鲌；红树林已知有11科13种，湿地内红树林资源总计13.08 km^2，自

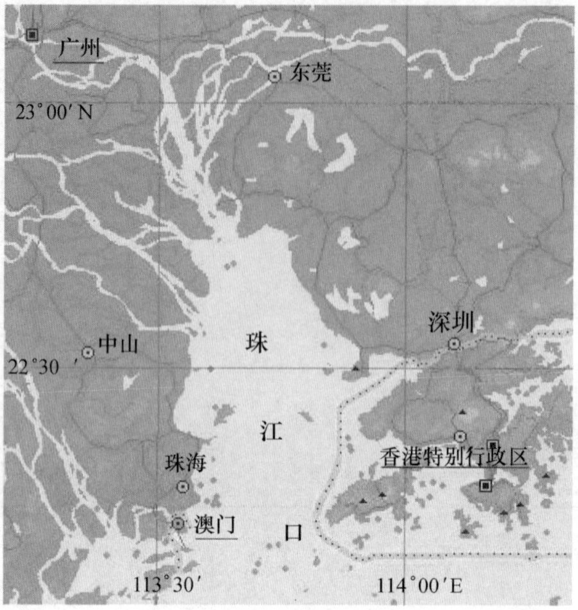

图 2-6　珠江河口地理位置

http://home.online.ti.cnt.hop

然分布的真红树植物有 7 科 8 属 8 种，半红树植物有 4 科 5 种。珠江三角洲湿地是雁鸭类的重要越冬地。

4）鸭绿江河口

鸭绿江河口湿地地理位置 39°40′50″—40°30′N，120°21′39″—123°0′50″E，位于中国海岸线最北端，濒临黄海，东起鸭绿江河口文安滩岛，西至东港市与庄河县交界处，北起鹤大公路，南临黄海海域 5 m 等深线，沿 93 km 黄海岸线呈带状分布，东西长约 120 km，南北宽 25 km，总面积 108 057 km^2（张晓龙，2010；高明，2003）。

鸭绿江湿地属北温带大陆性季风湿润气候，四季分明，雨热同季，平均气温 9.8℃，历年最低气温 -28.2℃，最高气温 33.9℃。年降水量 680 ~ 1 200 mm，最大降水量 1 321 mm。年均相对湿度 72%，降水量 1 029 mm，全年日照时数 2 368.6 h，无霜期 165 d。全年盛行东北风，最大风速 4.4 m/s（中国湿地百科全书，2009；刘利等，2010）。

（1）湿地状况

湿地地貌包括湿地平原、沿海滩涂、河口三角洲、水下三角洲等。沿东港市境内的海岸线，由东向西呈带状分布，地势总体低洼平坦，出大鹿岛海拔 189 m 外，其他海岛和丘陵海拔均在 5 m 以下，湿地平原属陆上地平湿地，由还退和河流冲积而成，地面由淤泥质亚黏土组成，质地黏重。

（2）水文

湿地水文受地理位置影响包括地表水、潮水、海水和地下水。

①地表水。保护区内有 12 条河流，东部有鸭绿江、安名河、柳林河、是佛河，中部有新沟河、二道河、沙坝河、龙态河、枣儿河、依龙河，西部有大洋河、小洋河。其中，鸭绿江流域总面积 61 889 km^2，多年平均入海水量 2.51×10^{11} m^3，大洋河流域面积 6 202 km^2，多年

平均入海水量 2.05×10^{10} m^3，降水量集中在每年6、7、8月份，形成洪汛期，加之海水顶托，排泄不畅，为湿地提供了充足的水资源。

②潮溪及潮溪水。鸭绿江口湿地河流潮沟密布，进入枯水期各河流水量大减，此时湿地主要受到潮溪水的补给，保护区沿岸属正规半日潮，每日两次涨潮落潮，潮流运动为往复式。因鸭绿江径流沿海南下及浅水分潮共同作用，使东西部海域潮溪日不等现象极为明显，平均潮差由渤海海峡向鸭绿江口递增。

③海水。黄海北部近海水域水色较高，透明度较低，平均盐度23.98‰，冬季含盐量高，夏季降低，pH值一般在7.6~8.4，总冰期100 d，盛冰期45 d。

④地下水。水位埋深0.00~1.10 m，矿物度为10~20 g/L，水化学类型为氯化物水和氯化物重碳酸盐水。

(3) 土壤

湿地土壤主要有滨海盐土、潮滩盐土、草甸土、盐化沼泽土、水稻土、棕壤，除棕壤是由酸性岩和黄土、红土等形成外，其他土壤都是由坡冲积物和冲积海积物形成的。滨海盐土、潮滩盐土主要分布在沿海滩涂；草甸土主要分布农田和菜田；盐化沼泽土分布在近海河口地带；水稻土分布在沿海平原的水稻田；棕壤分布在北部海拔较高的地带（中国湿地百科全书，2008）。

(4) 湿地生物资源丰富

长期以来，这里的鸟类与湿地环境相互依存形成统一体，构成了若干相对稳定的生态群落，包括河口湾、芦苇、獐茅湿地鹤、鹭、苇莺群落；碱蓬、碱蒿等盐沼黑嘴鸥群落；香蒲、芦苇、眼子菜、骨顶鸡群落；芦苇、碱莲、海滩、河岸鸻、鹬群落等7个生态群落（赵冰梅等，2008）。

湿地的植物区系为华北植物区系，已发现植物362种，共72科，科、属组成的优势现象明显；区系具有一定的古老性，但特有程度低；单种属和少种属数量较多，具有一定生态脆弱性；区系地理成分复杂，分布区类型多样；温带成分优势明显，显示出植物交汇的特点（刘利等，2010）；按植物生态类型可分为湿生植物、水生植物、盐生植物等3类。湿生植物主要代表种有禾本科的芦苇、天南星科的菖蒲等。湿生植物群落优势种为芦苇；水生植物优势种为眼子菜科的龙须眼子菜和龙胆科的荇菜等；盐生植物优势种为藜科的碱蓬、禾本科的双稃草等，野大豆为国家二级重点保护植物。

鸭绿江河口独特的湿地条件，养育着丰富的野生动物资源，区内有鱼类265种，两栖、哺乳动物8种，底栖动物74种，浮游动物54种，湿地动物资源中，鸟类资源最为丰富，有15目44科241种，其中国家一级重点保护动物8种，包括丹顶鹤、白枕鹤、白鹤、东方白鹳等，国家二级重点保护动物29种，包括大天鹅、白额雁、小杓鹬等，世界濒危鸟类有黑嘴鸥和斑背大尾莺；《中日候鸟保护协定》规定种有43种（中国湿地百科全书，2009）。

本区兼有内陆湿地、河口湿地、海岸带湿地以及海洋生态类型的复合原生生态系统，是东北亚大陆候鸟迁徙的主要通道，越冬栖息地和繁殖地。每年有242种、上百万只候鸟在此停歇，其中：水鸟104种，32种在这里繁殖，12种在这里越冬；陆栖鸟类106种，82种在这里繁殖，18种在这里越冬（高明，2000）。特有种中华秋沙鸭、黑颈鹤、白头鹤、赤颈鹤等，鸻鹬类和雁鸭类是本区代表性鸟类。

该区还拥有非常丰富的经济动植物资源，年产芦苇 5×10^4 t，文蛤、蛏等水产品 9×10^4 t

以上。保护区的建立，为全球提供了一个永久性的滨海湿地生态环境的天然本底和野生生物的基因库，具有重要的经济价值、社会价值和环境价值（中国国家级自然保护区简介，2006）。该区地处我国海岸线的最北端，为华北和东北植物区系的交汇处。区内陆地、滩淤、海洋三大生态系统交汇过渡，形成了包括芦苇湿地、沼泽、湖沼、潮沼及河口湾等复杂多样的生态系统类型，自然环境特殊、敏感、脆弱，湿地生态系统的形成与演变漫长而复杂（中国国家级自然保护区简介，2006）。

5）辽河河口

辽河河口湿地位于渤海辽东湾北面，是辽河、双台子河、大凌河和小凌河等河流入海并联成的一个复合三角洲，面积约 3 000 km^2。辽河河口湿地是中国最大的芦苇滨海湿地。湿地包括永久性的淡水沼泽、盐沼、沙滩和潮间泥滩。主要的芦苇沼泽东起双台子河东岸，西至大凌河下游，北起小台子村，南至海岸。沼泽区平均水深 20 ~ 30 cm，变动较小，pH 值 7.9 ~8.2. 冬季所有的淡水沼泽冰冻深达 30 cm（中国湿地百科全书，2008）。河口区潮水潮落范围平均 3.9 m，沼泽地区及其周围分布有大面积的苇田，此外还有许多鱼塘。

（1）气候

辽河河口湿地属于温带季风气候，年均气温 8.5℃，1 月平均气温 -12℃，最低气温 -29.2℃，7 月平均气温 24℃，最高气温 35.2℃，全年无霜期 150 ~ 180 d，年均降水量 600 ~ 640 mm，多集中在 7 ~ 9 月份，年蒸发量 1 700 ~ 1 800 mm，是年降水量的 2.8 倍（董厚德等，1995）。由于地势平坦，降水年径流系数只有 0.10，故湿地内水分主要来源于河水的滞留和潮水的补给。

（2）水文

辽河、双台子河、大凌河和小凌河等河流均由此湿地入海，由于受到潮水的顶托，大量泥沙多沉积于此，形成了一个巨大的复合三角洲。河水携带的溶解氧、有机碎屑为湿地生物的生长繁殖提供了条件。由于辽河是南北方向的河流，又位于温带季风区，夏季盛行偏南风，冬季盛行偏北风，波浪在潮流及季风性增水与风向的影响下，呈周期性冲刷河床两岸。渤海为浅海，波浪大部分能量都能到达海底，可掀起海底淤泥和粉沙，并随潮流搬运到河流，落淤于河床上，从而促进滩涂湿地的发育（董厚德等，1995）。

（3）土壤

本区土壤主要有盐土、草甸土、沼泽土 3 个土类及滨海盐土、草甸盐土、盐化草甸土、草甸沼泽土、盐化沼泽土 5 个亚类。在大凌河沿岸地势稍高地段，还分布少量风沙土。在大面积芦苇沼泽中，土壤泥炭层发育不明显（郎惠卿，1983）。

（4）生物资源

本区植物类型以水生或湿生为主，其中以芦苇沼泽为主的湿地面积约为 820 km^2，为世界第二大苇田，主要集中在双河子河口。毗邻地区的植被主要是白茅草地、稻田、柳树、白杨树，另外还有少量的宽叶香蒲、长苞香蒲、毛果苔草、苔草、罗布麻等植物。除芦苇外还伴生有普香蒲、铁杆蒿和翅碱蓬等植物，并有野大豆等濒危保护物种。一般低滩涂为泥质盐土，生长稀疏碱蓬、芦苇和盐芨；高滩涂为草甸盐土，生长碱蒿、芦苇和柽柳；沼泽盐土上生长芦苇，还有水葱和三棱藨草等。初级生产力芦苇群落平均为 14.15 $t/hm^2 \cdot a$，低杂草甸群落为 2.778 $t/hm^2 \cdot a$，碱蓬群落为 3.7 $t/hm^2 \cdot a$（王丽荣等，2003）。盐沼群落以灰绿碱蓬为优势种。在滨海滩涂上还分布有大面积的低等植物群落——硅藻群落，以针杆藻属占优势。

辽河三角洲湿地是重要的水禽栖息地，湿地为鹭类、鸭雁类、鹤类、鸻类、鹬类等迁徙水禽的重要繁殖地和驿站。湿地野生动物共有321种，已发现鸟类236种，其中水禽114种，丹顶鹤和黑嘴鸥是主要保护的迁移鸟类（陈宜瑜，1995；董厚德等，1995）。另外有鱼类35种，虾类5种，蛤类5种以及爬行类和两栖类等；哺乳动物有麝鼠、黄鼬、沙狐等；鱼类包括鲫鱼、乌鳢、鲢鱼、红鳍鲌、鲈鱼等；两栖、爬行动物有水蛇、棕黑锦蛇、黑斑蛙、中国雨蛙等。由于鱼类资源遭到破坏，传统的经济鱼类小黄鱼和带鱼等几乎绝迹。现在河口湾的鱼种主要有河刀鱼、梭鱼和面条鱼等，甲壳类主要有河蟹、河虾和毛虾，软体类主要是海蜇。

6）滦河河口

滦河河口湿地是滦河的入海口，是渤海湾内的主要河流入海口之一，处于39°20′—39°28′N，119°07′—119°23′E（张玉峰等，2010），属于滨海型湿地，位于唐山市乐亭县与秦皇岛市昌黎县交界处，北距唐山市100 km，东距秦皇岛市140 km，临近北戴河，处于咸水淡水交接地区。由于滦河裹带泥沙不断在河口淤积，形成湿地面积69 km^2，并淤积出水下三角洲250 km^2（时玉涛等，2011），为中国著名的入海口和国际观鸟胜地。

该地区属于暖温带半湿润大陆性季风气候，四季分明，春季少雨多风，夏季多水，秋季天高气爽，冬季寒冷封冻。年平均气温10.0℃，最高气温33.0℃（张玉峰等，2010），温差小于内陆地区。

独特的地理位置和优越的生态环境，使该区会聚了陆生、海洋两大动植物区系的众多动植物种类，是黑嘴鸥、黑鹳、丹顶鹤、白琵鹭等珍稀鸟类的迁徙中转站或栖息地（孙立汉，2005）。本区的植物种类主要有盐地碱蓬、柽柳等，其中盐地碱蓬为本区优势种，占滦河口自然植被的60%（张玉峰等，2010）。

鸟类的优势种共3种，包括绿头鸭、红嘴鸥、环颈鸻；常见种共81种，如灰椋鸟、红脚隼、黄腰柳莺、普通䴓鹟、白鹭等；罕见种和稀有种共93种，如丹顶鹤、斑嘴鹈鹕、白琵鹭、东方白鹳等（张玉峰等，2010）。对于这些水鸟来说，滦河口地区在它们的生长、发育、繁殖等诸多阶段都起着非常重要的作用。

大多数牡蛎、蟹类产自河口，虾、鳗鱼等海洋生物要到河口产卵和发育。河口生态系统中动物类有鱼类、半索动物、甲壳动物、软体动物、腕足动物、腔肠动物、浮游生物等。游泳生物：滦河口渔场以2000年9月调查为例，游泳生物19种，鳀鱼占36.42%，青鳞鱼占15.20%，小带鱼占9.57%，黄鲫占7.92%，小黄鱼占7.51%（远立国等，2011）。浮游动物：滦河口渔场以2000年9月调查为例，浮游动物共有21种，强壮箭虫占36.79%，夜光虫占31.93%，中华哲水蚤占6.38%，真刺唇角水蚤占6.19%，水母幼体占5.65%。浮游植物：滦河口渔场以1998年8月调查为例，共有29种浮游植物，扁面角毛藻占22.76%，其次为窄隙角毛藻占17.27%，佛氏海毛藻占14.45%，三角角藻占7.54%，暹罗角毛藻占7.43%。底栖生物：滦河口渔场以2000年8月调查为例，底栖生物69种，海葵占12.85%，变化柄锚参占12.85%，拟特须虫占10.28%，花冈钩毛虫占10.2%，鲜明鼓虾占10.15%（远立国等，2011）。

7）钱塘江河口

钱塘江总流域面积55 558 km^2，其中有5 877 km^2 在安徽，钱塘江干流长668 km，是浙江省最主要的河流，其集雨面积为31 829 km^2，富春江电站大坝以下经282 km流入东海称钱塘江河口。

钱塘江河口是典型的河口湾，平面外形呈喇叭形，河口区上自潮区界芦茨埠，下至杭州湾口，全长274 km。可分为3段：芦茨埠至闻家堰，长83 km，受潮汐影响，江中多江心洲，河床基本稳定，是河口近口段；闻家堰至干浦，长101 km，径流潮流相互作用，水浅流急，涌潮汹涌，河床多变，是河口段；干浦以下称杭州湾，长90 km，是钱塘江河口的口外海滨段。湾口自南汇嘴至甬江口宽达100 km，湾顶干浦断面宽仅20 km，呈显著的喇叭形（中国河口海岸治理网）。

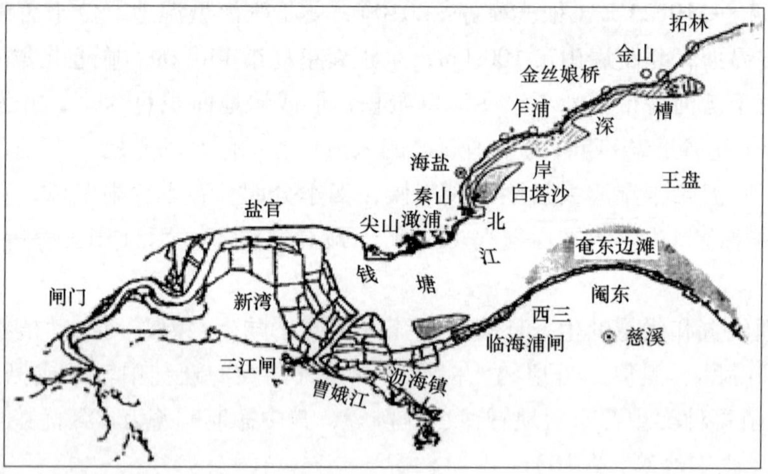

图2-7 钱塘江河口形势图

钱塘江位于北亚热带，属于北亚热带季风湿润气候区，四季分明，气候温和湿润，降水充沛，总的气候条件优越，但本区处于中纬度冷暖多变，天气变化较复杂，四季均可遭到不同程度的灾害性天气。其多年平均气温为15.7～16.5℃，常年降水量在1 124.6～1 398.9 mm，空气较湿润，常年平均相对湿度为78%～83%（中国海湾志，1998）。

在钱塘江已检出浮游植物228种，其中硅藻门209种，蓝藻门4种，甲藻门2种，绿藻门13种。在秦山附近水域中出现的浮游动物有八大类共38种，其中水螅水母类7种，枝角类1种，桡足类13种，糠虾类3种，连虫类1种，等足类3种，端足类6种及十足类4种，另有多毛类幼体、长尾类幼体、短尾类幼体等。浮游动物平均个体密度为318.8个/m^3（中国海湾志，1998）。

8）瓯江河口

瓯江为浙江省第二大江，位于浙江东南部，流域面积17 985 km^2，全长388 km（恽才兴，2010）。流域内总的地势是西南高、东北低。瓯江河口是瓯江河流与海洋的过渡段，瓯江河口是一个山溪性强河口，感潮河段长 79 km，潮区达温溪。河流在梅岙上游山体之间，河道狭窄，进入平原区，河床展宽，沙洲发育，水流分汊，最后经南北两口分流入海（中国海湾志）。瓯江河口受上游径流、流域来沙以及外海来水、来沙的控制而变化，同时又受人类活动的影响，每年入瓯江河口出海的径流重量平均为 1.695×10^{11} m^3，进入河口的年平均输沙量为 2.45×10^7 t。瓯江河口主要受潮流、波浪及外海来沙控制，河口地区地貌以河口边滩、心滩和拦门沙为主要特征。瓯江河口区域拥有丰富的港口、滩涂、人文、旅游等得天独厚的资源。

瓯江上中游干支流均为山丘地区，河谷下切很深，两岸地形陡峻，纵向底坡较大，使部分河段河床受到强烈冲刷，还导致部分河段河床抬高。除沿江有狭长小台地外，还有龙泉、碧湖 、丽水三片盆地。河床多险滩浅滩，下游温州市以下河宽达 1.2 ~ 2.4 km。自温溪以下至河口段为感潮河段，瓯江河口是我国强潮河口之一，潮汐性质为规则半日潮，河口内龙湾潮差平均为 4.52 m，最大曾达 7.17 m。流域内有耕地 199 万亩①，其中水田 176 万亩，旱地 23 万亩 ，居住人口 469 万人（中国河口海岸治理：http：//www.cjk3d.net/old/estuaries /notes/zhongtu.html）。

瓯江流域属中亚热带季风气候，年平均温度 17.7℃，面临东海，常遭台风暴雨海潮袭击，降雨强度大，多年平均降水量 1 745.8 mm。流域西南部是浙江暴雨区之一，水旱灾害严重。东部平原水网地带地势低洼，常遭洪涝渍害。

河口系统的脆弱性增强；河口防洪、防潮灾害的能力降低；河口航道的承载负担增大；河口水质恶化；滩涂生态资源严重不足是瓯江河口面临的五大主要问题（恽才兴，2010）。

9）九龙江河口

九龙江河口位于福建省厦门龙海市境内。湿地总面积 60 km^2，主要由九龙江和另一条小河的河口系统的河道和小岛、微咸沼泽地、红树林沼泽地和潮间沙滩、泥滩组成。九龙江是福建省第二大河流，流域面积 1.47×10^5 km^2，年平均输沙量 2.5×10^7 t。河口区属亚热带季风型海洋性气候，年平均气温 21℃，最热月平均气温 29℃，最冷月平均气温为 12℃（恽才兴，2010）。年平均降水量 1 100 mm 左右，年日照时数 2 171 ~ 2 235 h，无霜期 325 ~ 360 d，由于太平洋温差气流关系，每年平均受台风影响 5 ~ 6 次，而且多集中在 7—9 月，夏秋季节最大风力为 12 级以上。

河口湿地主要为红树林、大米草、芦苇、咸草沼泽。湿地海拔 2.2 ~ 2.8 m，九龙江携带沙泥入海并淤积，形成河口三角洲，大量泥沙充填于金门岛以西海域，使该地带成为水深约 10 m 的浅海地带。中细砂构成的底质上覆盖薄层淤泥，滩坡平缓，小于 0.1%，滩沟相间，潮沟宽而浅，沼泽水源补给以海水、地表径流和大气降水为主，湿地是九龙江流域多年形成的大片淤涂，区内土壤主要是滨海盐土，在不同的位置分布不同的亚类：在甘文片的东北角属于海泥沙土，其余均为海泥土，滨海区内土壤主要是滨海盐土，由海积母质发育而成，因受海水侵蚀，土壤盐渍化和脱盐化交替出现，盐分高营养丰富，对植物和海产生物生长有利，滩面物质组成为灰色淤泥，土质黏重。

① 1 亩 = 0.0667 公顷。

湿地内有维管束植物54科107属134种，湿地植被主要为红树林和滨海沙生植被，其中红树林植被有木榄、秋茄、海漆、老鼠勒、桐花树等10种，分布于南北两岸高潮区和中潮区第一层，部分延伸至中潮层第二层的上界附近，呈与岸线平行的狭长林带，以秋茄为优势种，白骨壤、桐花树、老鼠勒、黄槿为伴生种。截至2005年年底，有红树林林地约5 km^2，约占福建省红树林面积的一半，滨海沙生植被以月见草为优势种，芦苇、沟叶结缕草为伴生种，主要分布在滨海沙土上。哺乳动物有3目3科6种，鸟类有16目40科180种，包括鸻鹬类、鹭类等迁徙水禽。属国家二级重点保护动物的有赤颈鹏鹕鸟，卷羽鹈鹕、褐鲣鸟海鸬鹚、黄嘴白鹭、岩鹭、小天鹅、赤腹鹰、鹗、游隼、燕隼、花田鸡、小杓鹭、小青脚鹬、褐翅鸦鹃、短耳鸮等28种，两栖动物有1目5科8种，爬行动物有1目6科17种。底栖动物有25种，主要由软体动物及甲壳动物组成，软体动物主要有黑口滨螺、中间拟滨螺、石磺、褶牡蛎、黑荞麦哈等；甲壳动物有白脊藤壶、白条小藤壶和蟹等，其中藤壶和船蛆等为优势种（中国湿地百科全书，2009）。

10）韩江河口

韩江河口沿海主要包括汉江三角洲、榕江和练江平原及南澳岛（黄镇国，2000）。韩江三角洲河口地处粤东沿海，受亚热带海洋性东南季风影响很大。气候温暖湿润，夏长而无酷暑，冬短而无严寒，多年平均气温在21～22℃，多年平均相对湿地82%，多年平均日照数2 056 h，多年平均降水量1 300～1 500 mm（恽才兴，2010）。此外，韩江河口面临南海，受太平洋和南海热带气旋影响或直接侵袭频繁，是多发灾害性天气地区。

据韩江三角洲上游潮安水文站1955—2004年资料，韩江多年均流量为778.3 m^3/s，历年最大和最小平均流量为1 198 m^3/s 和355 m^3/s；历年平均径流量为 2.457×10^{11} m^3，历年最大径流量和最小径流量分别为 4.76×10^{11} m^3 和 1.12×10^{11} m^3，最大实际丰枯比为4.25，潮安站1955—2000年的平均含沙量为0.28 kg/m^3，年输沙量为 7.09×10^7 t。

11）北仑河口

北仑河口是我国沿海最西南端的一个入海河口，位于广西壮族自治区防城港市西南沿海地带，南濒北部湾，西与越南交界，自西向东跨越北仑河口、万尾岛和珍珠湾（港湾），包括东起防城区江山乡白龙半岛，西至东兴市东兴镇罗浮江与北仑河汇集处的滩涂和部分海域，跨越东兴市和防城区的13个自然村。湿地总面积30 km^2，属于海洋和海岸生态系统类型，湿地内的红树林面积12.74 km^2，其中珍珠湾内连片红树林面积最大，为10.68 km^2。

湿地河口呈三角形，海湾为半封闭的圆形，湾口向南，海岸线长105 km，其中有6 000 m的中越界河岸线，沿岸6%为沙质岸，15%为淤泥质海岸，19%为基岩海岸，60%为人工海岸。沿岸多丘陵、台地，东面有白龙半岛作为屏障，抵挡海上风流，区内滩地平缓开阔，潮沟密布交错。湿地处于热带和亚热带季风气候区，春季湿暖，夏季高温多雨，秋季多台风暴雨，冬季湿冷。河口年均气温为22.4℃，最热月为7月，多年月平均气温为27.9℃，最冷月为1月，多年月平均气温14.7℃。多年平均降水量为2 884.3 mm，平均降雨日数为180 d（恽才兴，2010），集中在6—9月份，年均蒸发量为1 400 mm，全年盛行东北风和西南风，平均风速为5.1 m/s，4—9月份是台风暴雨季节，多有雷暴雨，台风带来的暴雨和海浪冲击海岸，破坏能量巨大。

（1）水文

湿地有多条河流流入，河口特征明显，流域总面积约为1 672 km^2，潮汐以全日潮为主，平均潮差为2.25 m，最大潮差为4.93 m，夏季海水表层水温约为2.9℃，盐度0.26%；冬季表层水温约为13℃，盐度约为2.8%。水体pH值从河口至顶部再至湾口呈升高趋势，平均为7.86。由于海水占绝对优势，径流的淡水输入影响极小。

（2）土壤

湿地土壤多为浅海沉积、潮汐及河流搬运的堆积物，在红树林生长作用下逐渐发育，形成盐渍沼泽土，林地土壤沙化是红树林土壤中营养元素不高的主要原因之一。沿海陆地土壤为砂页发育形成的砖红壤，厚1～1.5 m，有机质含量高，珍珠港淤涂土壤主要为沙质、沙泥质和基岩。沙质滩涂主要分布于该湾的西部和北部沿岸，退潮时大多露出，宽3 500～6 000 m，面积约40 km^2，主要生长白骨壤林，沙泥滩涂主要分布于港湾的东北部和江平河口两侧沿岸滩地，宽1 000～2 000 m，面积12 km^2，主要生长以秋茄、木榄为优势种的红树林；基岩滩涂主要分布在东部白龙半岛沿岸的海蚀陡崖之下，除散生极少的桐花树外，几乎无红树林分布。

（3）生物资源

北仑河口湿地内有红树林植物14种，鸟类187种，鱼类34种，浮游动物46种，底栖动物124种。

①植物资源。湿地内有红树林14种，约占广西红树林植物总数的93%，其中真红树9种，分别为木榄、秋茄、红海榄、白骨壤、桐花树、海漆、老鼠勒、榄李、银叶树；海芒果、木榄、秋茄、桐花树和白骨壤为主要红树植物种类，是绝大多数红树植物群落的建群种和优势种；海漆、卤蕨和老鼠勒只在北仑河口和江平河口的心滩红树植物小群落种可以形成明显的群落，主要的红树植物群系有白骨壤群系、桐花树群系、秋茄群系、木榄群系、海漆群系、红海榄群系、海草群系、银叶树群系和老鼠勒群系等12个，其中老鼠勒群系分布面积较大且为国内少见。

②动物资源。湿地内的动物种类有鸟类、鱼类、浮游生物、底栖动物等。

鸟类共有16目49科187种，其中145种为候鸟，占该湿地鸟类总数的77.5%。湿地鸟类中全球性受威胁鸟类有7种；国家二级重点保护动物有13种，包括黄嘴白鹭、白琵鹭、黑脸琵鹭、风头鹰、苍鹰、松雀鹰、灰脸鵟鹰、燕隼、红脚隼、红隼、小鸦鹃、红脚鸮、鹰鸮。

鱼类共有34种。

浮游动物共有33属46种。

底栖动物共有94属124种，包括多毛类24属27种、软体动物34属48种、甲壳动物23属35种、棘皮动物1属1种、底栖鱼类5属5种、其他动物7属8种。湿地内底栖动物的生物量居全国首位，其中大型底栖动物鸭嘴海豆芽属国家一级重点保护动物；园尾鲎、中国鲎属国家二级保护动物。

2.6 流域－河口生态安全认知

2.6.1 生态安全概念认知

在归纳总结国内外学者对生态安全概念认识和理解的基础之上，笔者认为生态安全应是一种复合生态系统的动态安全，即包括了社会、经济等人类活动影响在内的生态系统的持续安全；生态安全既要考虑到自然生态系统内部各个组织结构之间的关系，又要考虑到社会、经济等外部作用对生态系统的影响，同时还要考虑到自然生态系统对人类社会和经济发展的促进作用，即生态系统的服务功能；对生态安全概念的理解应上升到动态和持续的高度，静止的安全状况已不再适应生态评价和管理的需求。因此本文在整合国内外学者观点及相关概念的基础上，认为生态安全概念应包括目前较流行的“生态系统健康”、“生态系统服务”和“生态风险”三个概念的内容。

（1）生态系统健康

生态系统健康的研究正式起源于20世纪70年代，此后在河流、湖泊和森林生态系统健康评价等领域取得了一定的进展，但学术界在生态系统健康的定义方面尚未取得共识。众多学者对生态系统健康的状态与生态系统健康学科体系有不同的看法。其中，以下面3种生态系统健康概念得到广泛认可：生态系统健康是指生态系统没有任何病痛反应、相对稳定且可持续发展，即生态系统随着时间的进程具有活力并能维持其组织及自主性，在外界胁迫下容易恢复；顶级生态系统就是健康的生态系统，它满足拥有最大的物种丰富度（多样性）、最强的生境特化性、最完善的循环和反馈机制、最活跃的系统整体这4个条件；生态系统健康共涵盖6个方面：自我平衡、没有病症、多样性、有恢复力、有活力和能够保持系统组分间的平衡。

生态系统健康是一种状态的健康，其反映出生态系统的结构健康，强调生态系统自身结构的健康和无病痛状态。健康的生态系统需要满足拥有物种丰富度（多样性）、生境特化性、完善的循环和反馈机制、活跃的系统整体等条件。虽然学术界在生态系统健康的定义方面尚未取得共识，众多学者对生态系统健康的状态与生态系统健康学科体系有不同的看法。但总体上说，目前国内外学者一般从生态系统的结构和状态方面理解生态系统健康，生态系统健康可看作是生态系统结构和状态的健康。结构的稳定和完善是安全的保证，状态的健康是安全的基本表征形式，因此生态系统健康可以认为是生态系统安全的基本要求和组成部分。

（2）生态系统服务

生态系统服务主要反映生态系统对人类提供的各种服务，反映生态系统对人类的作用，也反映生态系统受到人类的影响。生态系统的服务功能是生态安全的重要组成部分，考虑到生态系统与人类社会经济之间的相互关系，是对生态安全概念的重要补充。对生态系统服务功能的了解是人类保护生态系统的前提基础，也是人类开发利用资源环境以及进行生态安全评价的基础。Daily主编的《大自然的贡献：社会依赖于自然生态系统》的出版，以及Constanza等的文章“地球生态系统服务和自然资本的价值”在《Nature》杂志上的发表，标志着生态系统服务成为当前生态学研究的热点。

但是人们并未把生态系统服务与生态安全紧密联系起来，笔者认为它们二者之间的关系非常密切。如果人类不了解生态系统所提供的各种服务，很可能就会破坏生态系统；同样，如果一个健康的生态系统为人类提供的生态服务却很少，这样的生态系统也很容易被人类忽视或者改造破坏，所以这样的生态系统虽健康但不安全。因此生态系统服务功能引入生态安全的概念具有实际意义。

（3）生态风险

生态风险就是生态系统及其组分所承受的风险，它指在一定区域内，具有不确定性的事故或灾害对生态系统及其组分可能产生的不利作用，包括生态系统结构和功能的损害，从而危及生态系统的安全。目前，对生态系统中由于各种自然原因和人为活动，如污染物的排放、化肥和药的使用、大型开发活动或各种自然灾害等引发的持久的、相对缓慢的自然生态系统的变化缺乏警惕，生态风险评价的研究和应用尚处于初级阶段。刘红等认为生态风险是指特定生态系统中所发生的非期望事件的概率和后果，如干扰、灾害对生态系统结构所造成的损害。

笔者认为生态风险主要反映生态系统安全的持续状况和是否将受到潜威胁。生态风险强调的是生态系统及其组分所受到的外界影响和潜在的胁迫程度。一个随时会面临风险的生态系统不是一个安全的生态系统，安全的生态系统应该是一种相对不受威胁的持续系统，生态安全应要求不存在生态风险或者低风险，要求一种持续安全，而不仅仅是一种静止的安全状态。在这里把动态的思想引入生态系统，是生态安全评价和可持续发展的需要，同时也是一种创新，可促进生态安全监测、预测等研究进一步深入发展。

2.6.2 流域－河口生态安全基本认知

流域－河口是流域和海洋的交汇处，河口生态系统受到岩石圈、水圈、生物圈和大气圈的共同影响，各种过程（物理、化学、生物和地质过程）耦合多变，演变机制复杂，生态环境敏感脆弱。河口海岸地带又是经济发达、人口集居之地，世界60%的人口和2/3的大中城市集中在沿海地区，日益加剧的人类活动增加了河口海岸地区的压力。河口生态系统不仅是一种结构和功能特殊而复杂的生态系统，而且是一种典型的社会－经济－自然复合生态系统（图2－8）。

依照对生态安全概念的理解，认为河口生态安全的概念应该包括以下几个部分。

（1）河口生态系统健康

生态健康的概念要求河口生态系统具有自我平衡、没有病症、多样性高、有恢复力、有活力等。河口生态健康具体表现在：河口生态系统的生产力，包括浮游植物和底栖植物的初级生产力；食物链及食物网的结构及稳定性；河口不同生物的多样性指数（浮游植物、浮游动物、游泳动物、鸟兽类等）；河口的污染状况，包括水质和底质及生物污染状况；生境变化状况，由水环境状况改变导致的泥沙沉积改变而引起河口生境的变化状况。河口生态系统中因其特殊的盐度、光照、水文动力等理化环境，存在着不同的生态系，不仅生物种类分布广泛，而且一些种类的时空变化较大，这使得对河口生态健康的概念理解和评价具有一定的难度。

（2）河口生态系统服务功能

河口生态系统服务功能是河口生态安全的重要组成部分，但是国内外目前对其研究较少。河口生态系统的服务功能主要包括：食物来源，河口地区的渔业产量一般很高，鱼、虾、蟹、

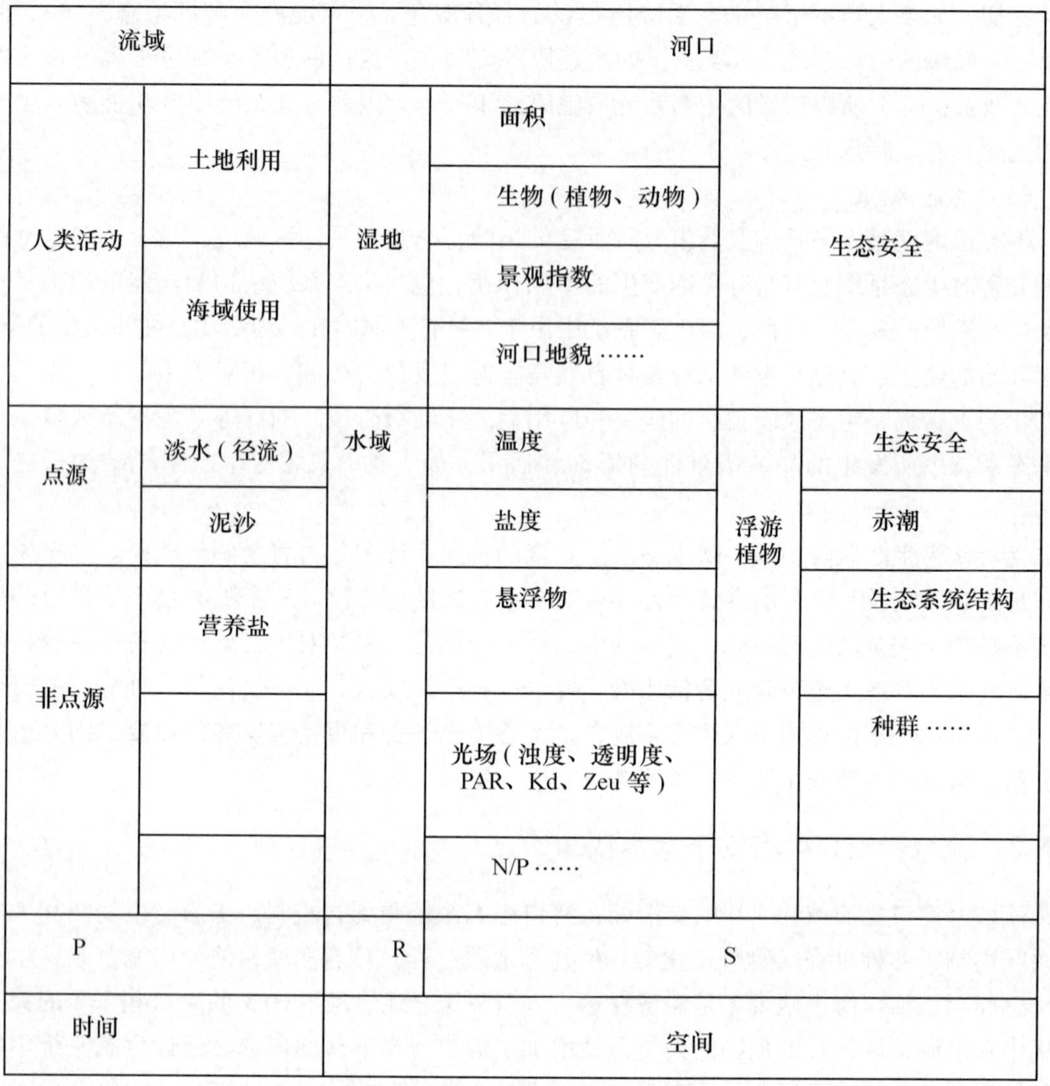

图2－8　流域－河口生态安全认知概念图

藻类等经济种类为人类提供了丰富的食物，长江河口就曾经是我国最大的河口渔场；净化环境，河口通过水动力稀释扩散、化学絮凝和络合等，植物和微生物的降解、吸附、吸收等，Mageau MT等估算了河口海草和红树林的净化价值；调节功能，河口通过水面蒸发及植物的升腾等作用以及储水等途径调节水循环、缓解洪涝和灾害。调节大气温室气体量，缓解全球气候变暖，同时可以明显调节河口区域的空气环境质量；此外河口生态系统的一些服务功能还包括造陆和护岸功能、科学文化和旅游价值等。

（3）河口生态风险

河口生态风险指河口生态系统已经受到的或潜在的破坏河口生态系统结构和功能的威胁。河口生态系统因其特殊的位置和在社会经济中的特殊地位，生态环境敏感而脆弱，且受人类活动影响较大，其生态风险包括自然风险和人为风险两大类，主要来自流域、海岸带、海洋，具体包括污染、大型开发活动、咸水入侵、台风、风暴潮、生物入侵等。目前，一些学者对河口生态风险开展了分析和研究，大部分学者关注和研究的焦点集中在污染风险方面，主要是重金属和有机物的污染风险上。

2.7 中国河口湿地面临的主要问题

2.7.1 人类开发活动影响大

湿地退化最主要的人为原因就是人口压力。随着人口的不断增长，人类对自然资源的开发力度也不断加大，这种开发虽然促进了工农业及相关产业的发展，但不合理的开发利用方式对湿地却构成了严重的破坏。

1）污染

随着工农业生产和城市化进程的快速发展，污染物的排放量也与日俱增，废水、固体废弃物中含有的营养物质、重金属、有机物及农药杀虫剂的流失，最终会随着径流进入河口湿地，使湿地水质恶化，进而导致生态结构的破坏和功能的丧失（徐恒力，2007）。

同时，河口区域围网养鱼规模的不断扩大，破坏了河口地区生态环境。许多河口湿地设置了大量的人工网箱，在养鱼过程中不但对围网区的湿地生态结构造成破坏，而且对非围网区无节制的捞草，大量的挺水、沉水植物群落被清除，已使得全湖的水生植被遭受破坏以及大量鱼类饵料的投放，河水自净能力下降，水体富营养化问题也日趋突出。

2）湿地资源的过度开发

在许多河口地区，因为人口压力增大，土地资源日益紧张，通过排水疏干，联圩造田，将大面积的湿地改造成农田、建设用地等，直接导致湿地面积急剧萎缩。

（1）渔业过度开发

湿地生物资源的过度利用，以滥捕导致鱼类资源衰退的问题最为严重。崇明东滩湿地具有丰富的浮游生物、底栖生物和水产资源。冬春之交鳗苗汛期，吸引了10多个省、市的捕鳗大军汇集长江口。成千条渔船堵塞长江口，机油污染水面，“捕鳗大战”严重干扰了雁鸭类越冬（杨永兴，2005）。由于过度捕捞，使鱼产量下降和种类减少。

（2）湿地植被群落被破坏

芦苇是崇明东滩湿地优势种植物。每年到芦苇收获时节，要雇用大量的民工进行长达1个月的大规模收割，对湿地自然环境造成严重破坏，对底栖动物的生存空间造成破坏，干扰了鸟类的栖息地（杨永兴，2005）。上游森林植被遭到破坏，导致水土流失加剧，河口泥沙淤积严重，造成河床、湖底淤积，湿地面积不断缩小，功能衰退。

（3）过度放牧

据统计调查，崇明东滩特别是东旺沙一带，约有数千头耕牛、肉牛放牧，牛群主要取食海三棱藨草的茎叶。由于海三棱藨草的球茎是候鸟的主要食物来源，对鸟类的生存造成了一定的威胁。此外，因为大面积草地被牛群践踏成泥浆地，几乎寸草不生，对湿地生物资源及其生境造成了严重的破坏。

（4）无序采沙

1985年以来，西江、北江三角洲网河区年均采沙在$5\,000\times10^4 \sim 6\,000\times10^4\ m^3$，近10多

年来的河道采沙总量相当于珠江三角洲河道100多年的自然淤积总量（罗章仁，1998）。人工采沙是三角洲上部河床下切的直接原因（陈晓宏，2002）。河床人工下切导致水位下降和咸水入侵，已经严重影响东江三角洲地区经济发展和人民生活。根据水位资料和多套航道平面测图对比分析发现，近年大规模的无序河道采沙是近年三角洲河区局部河段洪水位异常壅高的主要原因（周作付，2001）。滥挖河沙等改变了河道地形，而河道地形的改变导致水位和流量的变化，部分河段由于水量集中、流速加大而利于输沙，大多数靠近河口的河段则淤积加重（杨永兴，2005）。

3）水利工程活动

新中国成立以来，水利工程建设得到了飞速发展。据不完全统计，目前已修筑堤防 25×10^4 km，建造各类船闸3万余座，兴修各类水库8.6万余座。这些水利工程在防洪、航运、发电和灌溉上确实发挥了巨大的作用，但也带来了一些不协调的后果（徐恒力，2007）。

水库和堤防的修建，切断了陆地与水体之间的物能交换通道，导致水系的变化，下游水源的匮乏，进而引发沼泽的陆地化，与此同时，地表盐分难以向下游排泄而加剧湿地盐碱化。湿地水源缩减使水生生物食物链中断，栖息地破坏，生物多样性减少和生物生产力下降。

珠江三角洲上游是修建堤围最早的地区，如西江、北江三角洲上游，早在宋元时代堤围就已基本固定，千年来极少分汊或游荡，并且弱支不断被堵塞，使得这一带河系简单。河系简化的过程，使得河网密度从下游向上游变小，口门万顷沙地区河网密度为1.10 km/km^2，中山地区为0.90 km/km^2，顺德为0.88 km/km^2，佛山地区为0.68 km/km^2（黄镇国，2004）。河道固定使得河流失去了在三角洲平原上分汊和游荡的机会，河流所带的泥沙不再在三角洲平原上淤积，而是直接引向河口，加速河口淤积，促进新沙洲的形成，加快了三角洲陆地的扩展。

联围筑闸改变了网河天然形态，加强了外堤的防洪能力，但由于堵塞一些河汊，使得分洪、蓄洪能力减弱。由于水位抬升，增加了三角洲河口区的中顺大围、樵桑联围等十几个大围的排涝困难，一遇洪涝，就会有严重的经济损失。

20世纪90年代，崇明东滩先后进行了两次大规模的围垦活动。1991年围垦团结沙，1992年围垦东旺沙。新建堤坝围到了海三棱藨草带，甚至筑到了海三棱藨草带外带的位置（保护区的核心位置），围垦面积多达61.3 km^2。1998年在东旺沙和团结沙外建成现在的98堤，属于中滩围垦，围垦高程为2.5 m。这次围垦约产生土地22 km^2。围垦后的土地主要用作农业用地和水产养殖。过度的围垦对崇明东滩湿地生态系统的干扰和破坏是严重的（杨永兴，2004）。

随着围垦湖滩规模和强度的不断加大，其负面影响也日趋明显。围垦恶化了河口的水情，直接减少了对江河供水调蓄的容积，使洪水出现频率升高。而广大圩区的涝渍水反而还要向河湖排放，又加大了江湖调蓄压力，更增加了洪涝灾害风险，调蓄功能减退，洪涝灾害发生率增加（宋玉芝，2007）。

由于大量围垦，水面面积缩小，浅滩发育，纳潮量减小，因而径潮比（径流量与纳潮量的比值）增大。围垦引起口门区网河分流分沙的比值变化（王兆印，2005）。入海河槽的延长和分汊使得水流挟沙能力下降，导致泥沙在河槽内的淤积和洪水位抬高。这种水文情势对河口区的防洪、排涝、灌溉和近海区的生态造成了不利影响（徐民，2002）。

湿地生态系统退化示意图如图2-9所示。

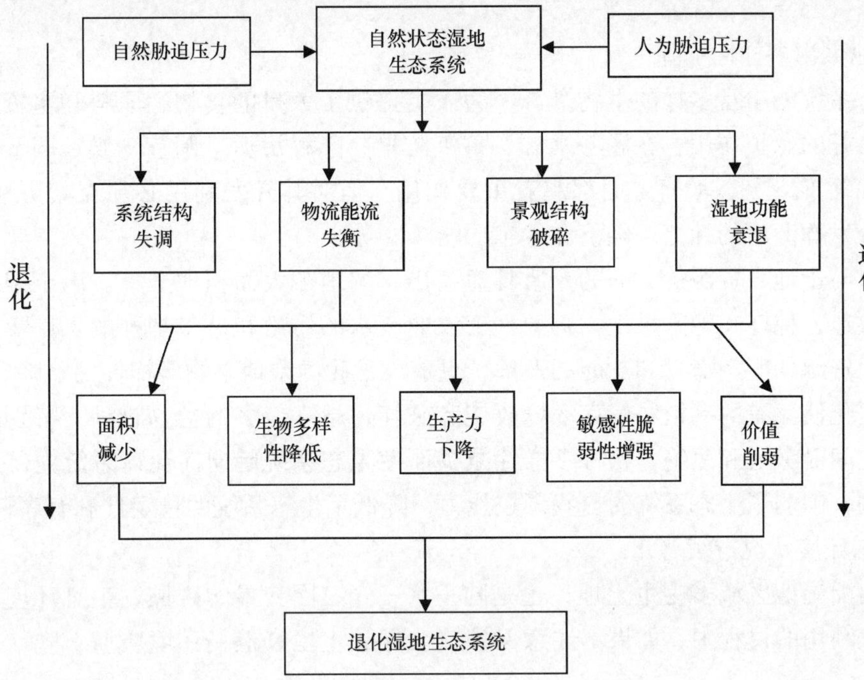

图2-9 湿地生态系统退化示意图

2.7.2 河口湿地功能退化

湿地的退化主要是指由于自然环境的变化，或是人类对湿地自然资源过度地以及不合理地利用而造成的湿地生态系统结构破坏、功能衰退、生物多样性减少、生物生产力下降以及湿地生产潜力衰退、湿地资源逐渐丧失等一系列生态环境恶化的现象和过程。湿地退化是世界上一种普遍存在的现象，它是环境变化的一种反应，同时也对环境造成威胁，是危及整个生态环境的重大问题；湿地退化是自然生态系统退化的重要组成部分（任海等，2001），中国大约有40%的重要湿地受到严重退化的威胁，特别是在近50年来湿地的退化和丧失以惊人的速度发展（张明祥等，2001）。表现为湿地生态系统结构、功能和价值以及与生态系统相联系的生境的丧失和破坏等。可能导致水资源短缺气候变异、各种自然灾害频繁发生等。李培英等（李培英，2007）认为一旦形成退化湿地生态系统，要想恢复已被破坏的生态环境和失调的生态平衡是非常艰难的。即使可能恢复，所需时间和资金投入也是相当可观的。况且，有些退化过程是不可逆转的，结果可能是毁灭性的，湿地退化的现状。

（1）天然湿地面积不断减少

我国的湿地类型多样，为我国提供了巨大的经济、生态和社会效益。然而，随着人口的快速增加，为解决农业和建设用地的需求，对湿地不合理的利用，导致我国天然湿地不断减少。此外，风暴潮的侵袭破坏、滩涂的开发利用、油田开采占地、农业生产垦殖、水中建筑与道路的阻隔，都使三角洲地区的自然湿地不断减少。向来以快速增长著称的黄河三角洲，近半个世纪特别是近年来，由于黄河水沙量减少，岸线不断后退，水下岸坡不断深，天然湿地呈现出不断萎缩的趋势（李培英，2007）。盲目的开垦和改造，在河口湿地最为严重，调查结果表明开垦湿地、改造自然湿地用途和城市开发占用天然湿地已经成为我国湿地面积减少的主要原因（吕宪国，2008）。

（2）湿地生物多样性下降

湿地生态系统的丰富多样的生物资源，为人类提供了大量的食物、原料和水资源，并对环境起到了良好的保护作用，在涵养水源、蓄洪防旱、降解污垢、调节气候、调节地下水和控制土壤侵蚀等维持生态平衡方面都起着重要作用。但对其开发利用必须在其更新范围内，这样才能充分发挥湿地的社会、经济和生态功能。

我国人口与土地、资源等方面的矛盾日益突出，湿地被大面积地开垦。由于湿地资源的盲目开垦和改造，掠夺式地开采生物资源，工农业废水的污染和外来物种的入侵等，不仅抑制了我国湿地资源的生产潜力和功能的发挥，更造成了我国湿地生物多样性的下降。

湿地的退化使原有的动植物生存环境改变和破坏，越来越多的生物物种，特别是珍稀生物失去生存空间而濒危和灭绝，物种多样性减少而使生态系统趋向简化，系统内部能流和物流中断或不畅，削弱了生态系统的自我调控能力，降低了生态系统的稳定性和有序性。

（3）生态环境状况持续恶化

河口三角洲湿地区域多为生土地，也是陆—水—气三圈交界的区域，生态环境脆弱。人们在不断开发利用的过程中，如果不注意保护就会导致生境衰退，环境质量下降，生物多样性降低。

在黄河三角洲湿地，由于污染的持续加重，加之黄河淡水来源减少，湿地系统受到损害，系统结构的完整性和功能的正常发挥，面临着严重的威胁，特别是黄河断流导致滨海湿地生态环境发生深刻变化。断流直接造成湿地的干旱，影响了湿地植被的正常生长，湿地退化甚至消失，某些水鸟生境遭到破坏，范围萎缩，土壤的次生盐碱化不断加重。同时，淡水的减少使河口营养盐入海量下降、盐度升高，导致河口及近岸海域的浮游生物、底栖生物及洄游性生物大量减少和死亡，物种减少，生物量下降。河口区表层海水近年来的最高盐度已达34.2%，与1959年同期相比，增加了约25%，黄河口水域已丧失作为鱼类产卵地的功能（国家海洋环境质量公报，2004）。生态环境的恶化也使得黄河口海域频繁发生赤潮灾害，威胁当地水生生物的健康及渔业生产（李培英，2007）。

湿地功能的退化还有其他的现象：滨海湿地生产力不断下降、湿地生态服务功能下降、湿地水量减少、湿地水质的恶化、湿地土壤污染等。

2.7.3 海平面上升与盐水入侵

海平面上升是由于全球气候变暖、极地冰川融化、上层海水变热膨胀等原因引起的全球性海平面上升现象。目前，全球性增温和海平面上升及其影响已引起了世界沿海国家的高度重视。据IPCC（2007）对过去100年的海平面评估认为：海平面已上升了18 cm，对全球海平面变化的预测认为，2050年将上升20 cm，2100年上升49 cm。根据近40多年的验潮资料分析，中国沿海海平面上升速率为1.4～2.0 mm/a，与全球上升速率一致（陈吉余，2002）。全球变暖和海平面总体上升背景下发生的相对海平面上升，对于局部地区来讲影响更大。

河口三角洲和沿海低地将有大片地方及湿地（主要是海拔低于2 m）受到海水浸淹的威胁。据估算，易受浸淹的面积共约有35 000 km^2，包括上海、天津和广州市区的大部分，其中人门约4 500万人（1990年估算），国民生产总值约3 000亿元（任英锋等，1995）。

海平面上升不仅使沿海湿地面积减少，而且湿地受海水地下入侵而加剧盐碱化。目前，海岸侵蚀的各种因素中海平面上升的影响比重较小，但海平面上升的影响具有长期性、潜在性和累积性（陈吉余，2007）。

有关专家指出：如果未来海平面上升 1 m 而不设防，包括广州在内的珠江三角洲低积平原区都将全被淹没；即使上升 0.6 m 也将被淹没 74%。至于珠江三角洲地区相对海平面上升量，也相当惊人。在未来 50 年内（至 2050 年），据中科院院士调查团 1993 年估算，海平面上升将达 0.4 ~ 0.6 m。国家测绘总局和国家海洋信息中心在 1996 年宣布的联合研究结果，海平面将上升达 0.42 m，这将加大八大口门内外的水深和海平面高度，减缓三角洲边缘的淤长，甚至增强对岸线和堤岸的侵蚀破坏。而已有的大片围垦区，因围堤高度偏低，如果不加高加固，也有被毁坏、被淹没的危险（陈桂珠，2005）。

2.7.4 入海泥沙减少

河口是流域物质入海的必经之地，是陆海相互作用的通道，陆地的物质流——水、沙、化学物质，通过这个通道输送到海洋。在河口和邻近海岸陆海相互作用中，河流入海物质是海岸形成过程的一个重要方面（陈吉余，2002）。据估算，每年由陆地进入海洋的物质约有 85% 是经河口搬运入海的，可见，河口在陆地物质入海过程中起着重要作用。其中，入海泥沙的变化是一个重要方面。河流入海物质在口外的扩散，形成的冲淡水漂浮在盐水层上面，形成河口峰，泥沙在河口沉积，形成三角洲，进而孕育了三角洲湿地。

我国主要河口与世界上其他许多河口一样都面临着入海泥沙显著减少的威胁。全球入海的泥沙总量为（1.8 ~ 2.4）$\times 10^{11}$ t/a，在 20 世纪 50—80 年代，我国河流每年挟带 2×10^{10} t 的泥沙入海，占全世界入海泥沙的 10%，其中主要是黄河和长江，两大河流占全国入海泥沙量的 80% 左右。所以中国河流对于世界大洋的贡献是较高的。其中，黄河过去的年输沙量为（1.1 ~ 1.2）$\times 10^{10}$ t，素以多沙著称于世（恽才兴，2010）。黄河在 1960 年由于三门峡水库截流出现第一次断流，之后，自 1972 年起在人类活动的影响下，黄河下游断流日趋严重，1997 年利津水文站就断流 13 次，累计 226 d，河口 330 d 无水沙入海。黄河的断流导致入海泥沙锐减，近几年的黄河来沙仅相当于 50 年代的 1/60，2000 年黄河入海泥沙不到 2×10^{8} t（陈吉余，2007）。

我国海岸的一个主要特点是河口众多，淤泥质海岸分布广泛。近年来，流域开发日益加剧，水资源开发利用率不断增加，高坝总数占世界一半，加上跨流域调水工程的实施对河流入海水沙产生明显的改变。河流入海泥沙的改变，直接引起河口三角洲及其邻近海岸的冲淤演变。水库的建设对水资源的利用起到调控作用，而对沙则起到了拦截作用。入海泥沙锐减带来的新问题表现为，河口三角洲海岸岸滩在新的动力泥沙环境条件下发生新的冲淤演变调整，过去淤长型河口海岸，由于淤长速度减缓，转化成平衡型或侵蚀型。如黄河三角洲从过去的年均造陆 23 km^2 演变为大面积的侵蚀后退，使胜利油田受到潮淹堤坍的威胁，具有重要生态功能的滨海湿地大面积丧失和滩涂资源减少，而长江口潮间带滩地，近年来虽然保持着较高的淤长趋势，但水下三角洲堆积速率已明显趋缓。

参考文献

Calabrese EJ, Baldwin LA. 1993. Performing Ecological Risk Assessment. Boca Raton: Lewis Publishers, 1 – 257.

Constanza R, d'Arde R, de Groot R, et al. 1997. The value of the world's ecosystem services and natural capital [J]. Nature, 387 : 253 - 260.

Daily GC. 1997. Nature's Services: Societal Dependence on Nature Ecosystems [M]. Washington DC: Island Press.

Eckersley R. Ecological security dilemmas [EB/OL]. http: //www. Arts. monash. Edu. au/ncas /teach /unit/ pol/ chpt08. html

Ehrenfeld Joan G. 2001. Neal Scott. Invasive species and the soil, effects on organisms and ecosystem process [J]. Ecological Application, 11 (5): 1259 - 1260.

Homer - Dixon TF. 1991. On the th reshold: Environmental changes as causes of acute conflict. International Security, 19 (1): 5 - 40.

Homer - Dixon TF. 1994. Environmental scarcities and violent conflict: Evidence from cases. International Security, 16 (2): 76 - 116.

Homer - Dixon, Thomas F, Jeffrey H Boutwell, et al. 1993. Environmental Change and Violent Conflict. Scientif ic A-merican, 268No. 2 (February): 38 - 45.

Jonathan M. 2000. Levine species diversity and biological invasions: relating local process to community pattern [J]. Science, 288: 852 - 854.

Jones KC, Voogt Pde. 1999. Persistent organic Pollutant (POPs): state of the science. Environmental Pollution, (100): 209 - 221.

Jrgensen SE. 1999. A systems approach to the environmental analysis of pollution minimization [M]. New York: Lew-is Publishers, 20 - 53.

Jyldyz. Sydygalieva. Ecological security: an urgent necessity for central Asia [EB/OL]. http: // www. cacianalyst. org/Headline 2. htm, 2001 - 12 - 05.

Leister R Brown. 1984. Building a society of sustainable development. Beijing: Scientific and Technological Literature Press.

Libiszew ski S. 1992. What is an Environmental Conflict? Environment and Conflicts Project (ENCOP), Occasional Paper NO. 6. Zurich: Center for Security Studies and Conflict Research.

Losey JE, Rayor LS. 1999. Carter ME. Transgentic pollen harms monarch [J]. Nature, 399: 214.

Mageau MT, Costanza R. 1998. Ulanowicz RE. Quantifying the trends expected in developing ecosystems. Ecological Modeling, 112 (1): 1 - 22.

NRC. 1994. Science and Judgment in Risk Assessment. Washington D C: National Academy Press.

Odum EP. 1969. The strategy of ecosystem development [J]. Science, (164): 262 - 270.

Pirages D. Ecological security: micro - threatsto human - being [EB/OL]. http: // www. Bsos. Umd. edu/ harri-son/papers/paper13. htm.

Rapport DJ, Costanza R, McMichael AJ. 1998. Assessing ecosystem health. Trends in Ecology & Evolution, 13 (10): 397.

Rapport DJ. 1989. What constitute ecosystem health? [J]. Perspectives in Biology and Medicine, 33: 120 - 132.

Richard Matthew, Mark Halle, Jason Sw itzer. 2002. Conserving the Peace: resources, livelihoods and security. International Institute fo rSustainable Development (IISD) and IUCN - The World Conservation Union.

Schaeffer DJ, Henricks EE, Kerster HW. 1988. Ecosystem health : 1. Measuring ecosystem health [J]. Environmental Management, 12: 445 - 455.

Spillman KR and Bchler G. 1995. Environmental Crisis: Regional Conflicts and Ways of Cooperation. Environment and Conflicts Project Occasional Paper NO. 14. Zurich: Center for Security Studies and Conflict Research.

Stockholm International Water Institute (SIWI) and United Nations Development Programme (UNDP). Balancing

Human Security and Ecological Security Interests in a Catchment – Towards Up stream/Downstream Hydrosolidarity. SIWI Seminar, Stockholm, August 16. 2002.

陈吉余，陈沈良. 2002. 中国河口海岸面临的挑战［J］. 海洋地质动态，18（1）：1 – 5.

崔保山，杨志峰. 2006. 湿地学. 北京：北京师范大学出版社.

崔胜辉，洪华生，黄云凤，等. 2005. 生态安全研究进展［J］. 生态学报，25（4）：861 – 868.

崔书红. 沙尘暴雪暴频频来袭，我国生态安全危机四伏［EB/OL］. http：//www. news. sohu. com/20010209/file/0936，004，100234. html，2001 – 05 – 03.

崔伟中. 2004. 珠江河口滩涂湿地的问题及其保护研究［J］. 湿地科学，2（1）：26 – 30.

傅明珠. 2007. 烷基酚在近海海洋及河口环境中的浓度分布与初步生态风险［D］. 中国海洋大学.

郭中伟. 2001. 建设国家生态安全预警系统与维护体系：面对严重的生态危机的对策［J］. 科技导报，（1）：54 – 56.

黄桂林，何平，侯盟. 2006. 中国河口湿地研究现状及展望［J］. 应用生态学报，17（9）：1751 – 1756.

姜福敏. 北黄海口湿地资源面临的主要问题及保护对策. http：//d. g. wanfangdata. com. cn /Conference _ 7403476. aspx.

姜同. 1999. ’98 长江洪水的警示与反思［J］. 长江职工大学学报，16（1）：6 – 10.

金元欢. 1988. 我国入海河口的基本特点［J］. 东海海洋，6（3）：1 – 11.

刘成，王兆印，何耘，等. 2002. 环渤海湾诸河口潜在生态风险评价［J］. 环境科学研究，15（5）：33 – 37.

刘红，王慧，刘康. 2005. 我国生态安全评价方法研究述评［J］. 自然生态保护，8：34 – 37.

刘建军，王文杰，李春来. 2002. 生态系统健康研究进展［J］. 环境科学研究，15（1）：41 – 44.

陆健健. 1988. 湿地与湿地生态系统的管理对策. 农村生态环境，2：39 – 42.

马德毅，王菊英. 2003. 中国主要河口沉积物污染及潜在生态风险评价［J］. 中国环境科学，23（5）：521 – 525.

马世骏，王如松. 1984. 社会—经济—自然复合生态系统［J］. 生态学报，4（1）：1 – 9.

毛小苓，刘阳生. 2003. 国内外环境风险评价研究进展［J］. 应用基础与工程科学学报，11（3）：266 – 273.

倪勇，陈亚瞿. 2006. 长江口区渔业资源、生态环境和生产现状及渔业的定位和调整［J］. 水产科学情报，33（3），121 – 124.

曲格平. 2002. 关注生态安全之一：生态环境问题已经成为国家安全的热门话题［J］. 环境保护，5：3 – 5.

王宝灿. 1989. 地貌学原理. 北京：高等教育出版社.

王金辉. 2002. 长江口 3 个不同生态系的浮游植物群落［J］. 青岛海洋大学学报，32（3）：422 – 428.

王兆饮，程东升，刘成. 2008. 人类活动对典型三角洲演变的影响：黄河和海河三角洲［J］. 中国三峡建设，64 – 71.

王肇鼎，练健生，胡建兴，等. 2003. 大亚湾生态环境的退化现状与特征［J］. 生态科学，22（4）：313 – 320.

吴玲玲，陆健健. 2007. 长江河口湿地生物多样性及其生态服务价值［J］.

肖笃宁，陈文波，郭福良. 2002. 论生态安全的基本概念和研究内容［J］. 应用生态学报，13（3）：354 – 358.

杨永兴，吴玲玲，赵桂瑜. 2005. 崇明东滩湿地退化、成因与保护对策［J］. //崇敏东滩生态化建设高层论坛文集［M］，195 – 201.

张丽旭，蒋晓山，赵敏. 2007. 长江口洋山海域表层沉积物重金属的富积及其潜在生态风险评价［J］. 16（3）：351 – 356.

中国河口海岸治理：http：//www. cjk3d. net/old/estuaries/notes/zhongtu. html.
邹长新，沈渭寿 . 2003. 生态安全研究进展［J］. 农村生态环境，19（1）：56 – 59.
左伟，周慧珍，王桥 . 2003. 区域生态安全评价指标体系选取的概念框架研究［J］. 土壤学报，（1）：2 – 7.
《中国湿地百科全书》编辑委员会. 2009. 中国湿地百科全书. 北京：北京科学技术出版社.
陈晓宏，陈永勤. 2002. 珠江三角洲网河区水文与地貌特征变异及其成因［J］. 地理学报，57（4）：429 – 436.
周作付，罗宪林，罗章仁，等. 2001. 近年珠江三角洲网河区局部河段洪水位异常壅高主因分析［J］. 热带地理，21（4）：319 – 322.
徐恒力. 2007. 浅谈水利工程质量监督与管理存在的问题及对策［J］. 科技资讯，（9）：8 – 9.
黄镇国，张伟强. 2004. 珠江河口近期演变与滩涂资源［J］. 热带地理，24（2）：97 – 102.
宋玉芝，秦伯强，高光. 2007. 附着生物对太湖沉水植物影响的初步研究［J］. 应用生态学报，18（4）：928 – 932.
王兆印，程东升，刘成. 2005. 人类活动对典型三角洲演变的影响——Ⅰ长江和珠江三角洲［J］. 泥沙研究，（6）：76 – 81.
IPCC. Climate Change 2007［M］. Cambridge University Press，2007.
操文颖，李红清，李迎喜. 2008. 长江口湿地生态环境保护研究［J］. 人民长江. 30（23）：43 – 45.
陈吉余，陈沈良. 2007. 中国河口研究五十年：回顾与展望［J］. 海洋与湖沼，38（6）：481 – 486.
国家海洋局. 2004 年中国海洋环境质量公报［R］. http：//www. coi. gov. cn/gongbao/huanjing/201107/t20110729_ 17480. html. 2011 – 04 – 15.
吕宪国，刘晓辉. 2008. 中国湿地研究进展——献给中国科学院东北地理与农业生态研究所建所 50 周年［J］. 地理科学，28（3）.
任海，蔡锡安，饶兴权，等. 2001. 植物群落的演替理论［J］. 生态科学，20（4）：
徐民 . 2002. 珠江河口整治近期方案的构筑和选择［J］. 广东水利水电.（5）：15 – 17.
恽才兴. 2010. 中国河口三角洲的危机. 北京：海洋出版社 .
张明祥，严承高，王建春，等. 2001. 中国湿地资源的退化及其原因分析［J］. 林业资源管理，（3）：23 – 26.
张晓龙，李培英，刘月良，等. 2007. 黄河三角洲湿地研究进展［J］. 海洋科学，31（7）：81 – 85.

3　流域河口湿地生态系统健康评价的前提——发育年龄

3.1　问题的提出

流域河口湿地生态系统健康评价经历了一个由水质监测到指示物种再到生态质量评价和自然—社会—经济复合系统综合评价的发展过程，健康评价的范围尺度由池塘、溪流健康评价向流域、陆地或海洋生态系统及全球生态系统健康评价扩展。评价原理由最初的生物学原理发展到生物群落及生态系统理论，再发展到系统综合评价理论（Costanza，1998；Rapport，1992；崔保山，2002）。评价指标参数取样也由点向河流及流域扩展。如美国河口湿地健康评价计划（WHEP）主要针对生物指标参数进行评价（Richardson，2007）；澳大利亚河流湿地健康评价则选用水文、地质构造特征、滨河区域、水质状况及水生生物5个方面共计22项指标对流域健康进行评价（Ladson，1999）；在中国七星河流域湿地健康评价中，构建了湿地生态特征指标体系、功能整合性指标体系和社会政治环境指标体系共28个评价指标参数对湿地健康进行系统综合评价（崔保山，2002）。黄河三角洲湿地生态系统进行综合评价时，选取了湿地功能整合性、湿地生态特征和湿地社会环境共27个指标参数构建指标体系，进行生态健康评价（王薇，2007）；而辽河三角洲湿地区域生态风险评价选取了生态指数、生物多样性指数，干扰强度和自然度，物种重要性指数等景观生态学指标进行风险评价（付在毅，2001）。

湿地生态健康评价方法从不同角度去探究湿地生态系统健康标准，并给予一个“时间段”式的健康评价。但是不能忽略的一个事实，就是河口湿地作为一个独立的“活体”，有其自身的地理发育、成熟和衰老的生长过程。不同发育时间轴上的河口湿地所体现的外部和内部系统特征都将会有所不同，这就导致“时间片段”式的评价不能充分反映河流及河口湿地的健康状况。

3.2　河口湿地的发育年龄与河口湿地健康评价的关系

河口湿地的地质年龄是河口湿地开发的前提和基础，河口湿地生态系统伴随着流域的形成、演化和消亡。自人类起源之日起，就和湿地有着不可分割的渊源，她为人类的持续发展提供了重要保障。同时，也随着湿地的变迁，导致高度依赖自然条件的先祖文明的消亡或迁徙。随着人类技术水平的不断提高，人类开发自然改变自然的能力增强，加大了对河口湿地的改造力度，导致湿地的服务能力大幅度降低，而这根本原因是忽略了湿地的发育年龄，也即是其不同的发育阶段，河口湿地的自然演化包括发育、成长、壮年、消退、衰亡5个阶段。

在不同的阶段其悬浮物入海量、径流量和入海的生源地球化学要素都有着较大的变化，在不同的阶段应采取不同的开发和保护对策，同时这也是评价湿地生态系统健康状况和生态安全的前提。

3.3 河口湿地发育年龄的界定方法

每个阶段都直接与河流输入河口的泥沙含量密切相关，而河流的输沙能力又与流域地貌的演化过程有着直接联系（叶青超，1994）。因此，参照河流泥沙含量，将河口湿地演化过程与流域地貌演化过程建立相关联系，通过研究流域地貌形态来揭示河口湿地的自身发育阶段，从而作为判断河口湿地生态系统健康状况的基准，是科学而合理的。

河口湿地发育阶段与流域发育阶段是一致的。可以通过河流流域地质地貌发育过程来推算和确定河口湿地发育阶段。而流域地质发育过程的具体方法前人已有探索（朱永清，2005；冯平，1997；王林，2007）。

3.3.1 积分曲线法

积分曲线法源于美国地理学家 W. 戴维斯提出的地形发育阶段的学说。经过后人的逐渐完善，逐渐演变成为高程分析法，或叫面积－高度分析法［式（3－1）］。该理论认为：任何一流域地形的发育阶段，可以用反映物质分配状况的高程积分曲线来表示，任何一个流域地貌地形的高程曲线的形态，都可以用来判别该流域地形发展的阶段。高程积分值大于60%时，地貌特征发生迅速变化，水系不断扩展与分枝，侵蚀过程强烈，视为未均衡的幼年期地形。当高程积分值大于35%而小于60%，侵蚀过程变慢，流域的地貌形态基本上趋向于稳定状态，地形特征不再发生明显的变化，视为均衡的壮年期地形。当高程积分值小于35%，侵蚀过程很弱，地貌形态稳定，地形不再发生变化，属于老年残丘阶段（承继成，1986）。具体的高程曲线特征如图3－1所示。

$$\frac{V}{HA} = \int_0^1 \frac{a}{A}\mathrm{d}\frac{h}{H} \text{或者} \frac{V}{HA} = \int_0^1 x\mathrm{d}y \qquad (3-1)$$

式中：V 为流域地形体积；H 为流域地势高差；A 为流域总面积；a 为水平断面面积；h 为等高线的相对高度。

图3－1纵坐标表示等高线的相对高度（h）与流域地势高差（H）之比，即 $y = h/H$；横坐标表示等高线所切的水平断面面积（a）与流域总面积（A）之比，即 $x = a/A$。

3.3.2 分形理论

分形理论是一门新兴学科，旨在探索自然界中无序、非稳定、非平衡、非确定性的非线性现象和过程，研究自然界中有序—无序、宏观—微观、整体—局部之间的内在规律（朱永清，2005）。在流域地貌特征的研究中，分形维数可以看做是复杂的流域地貌量化参数，能够综合地体现流域地貌特征。同时，分形研究有助于研究河流长度与流域汇水面积的关系，有助于模拟流域水网形态，反映水系所处流域地貌侵蚀发育程度和流域地貌发育程度的差异（冯平，1997）。具体计算公式如下：

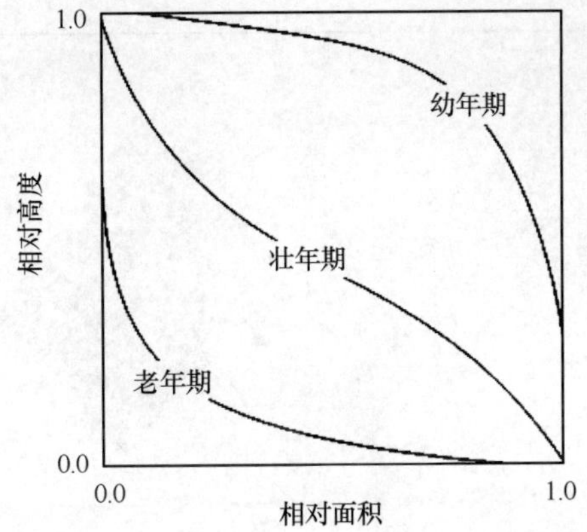

图 3－1 反映地形发育阶段的高程曲线特征示意图（仿承继成，1986）

$$D = \min[\max(\ln R_b / \ln R_l, 1), 2] \tag{3-2}$$

式中：D 为河道分维值；R_l 为水系的长度比；R_b 为分别水系的分枝比。

国内学者何隆华等（王林，2007）将分维值 $D \leq 1.6$ 的流域地貌划定为侵蚀发育幼年期，此时，水系尚未充分发育，河网密度小，地面比较完整，河流深切侵蚀剧烈，河口泥沙供应量逐渐增加，河口湿地处于发育阶段。$1.6 < D \leq 1.89$ 流域处于地貌发育壮年期，流域地势起伏大，在河流侧蚀、重力作用和坡面冲刷下，尖锐的分水岭山脊不断蚀低，谷坡变得缓平，河口泥沙供给充足且稳定，河口湿地面积扩展迅速，易形成大面积的河口冲积平原和湿地三角洲。$1.89 < D \leq 2$ 流域地貌发育处于老年期，河流下蚀作用弱，河口泥沙供应减少，河口湿地处于发育的老年期，面积不再扩大，而在潮汐作用强烈地区，开始出现河口湿地退化和海侵现象。

3.4 案例分析

以大洋河河口湿地发育过程为例，给出湿地发育不同阶段的评价方法，探讨湿地生态健康与湿地发育的相关关系。本文主要引用地形发育阶段学说提出的面积——高程积分曲线分析法和水系分形理论提出的河道分维数算法来确定流域河口的地质发育阶段。

3.4.1 研究区域

大洋河流域地理坐标介于 39°48′—39°N，123°31′—123°43′E。源于鞍山市的岫岩县西北部偏岭山脉的帽山，流经丹东市的凤城和东港市，由东港孤山镇和黄土坎镇入黄海，河长 202 km，年平均径流量 31×10^9 m^3，流域面积 6 520 km^2。整个大洋河流域形状呈梯形，上宽下窄。河网发育良好，密度大，支流多，河道弯曲，比降大，流程短。水系内多为山地，丘陵，为山区性河流。该区属于北温带湿润季风气候，四季分明，降水丰沛，年内时空分布不均，多暴雨，为暴雨洪水和泥石流多发地（张建华，2000）。流域内现有人口 83.3 万人，现有耕地面积 132.7 万亩。河口区发育典型的湿地生态系统，主要湿地植被为芦苇群落，河口区域为强感潮河口，高低潮差约 4 m（图 3－2）。

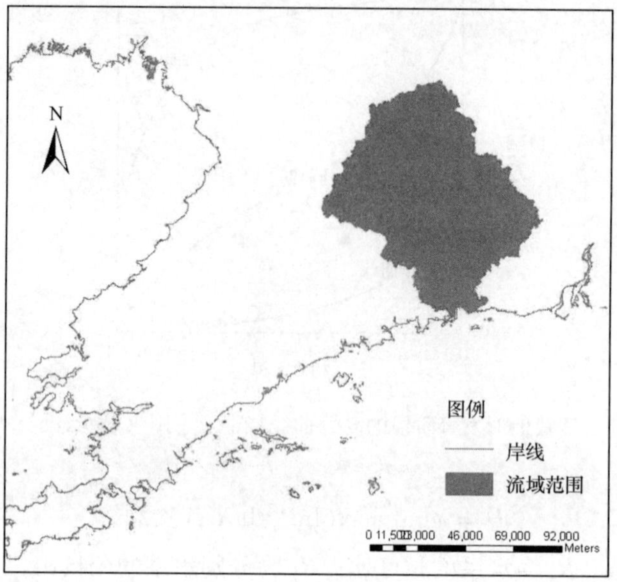

图 3－2　研究流域图

3.4.2　材料来源

收集或购买的数据，主要有大洋河全流域高精度 DEM 数据和大洋河流域 1∶50 万河网水系图。具体参数如表 3－1 所示。

表 3－1　数据主要参数

数据类型 (Type)	数据范围 (Extent)	数据精度 (Cellsize)	单位 (Unit)	数据类型 (Format)	空间参数 (Spatial Reference)
DEM	全流域	24.96	m	GRID	WGS_ 1984_ Transverse_ Mercator
河网水系图	全流域	1∶50 万	km	纸质图件	公里网

3.4.3　结果与分析

1）面积高程积分法

在地理信息系统软件中生成大洋河流域 DEM 数据，如图 3－3 所示，针对研究流域地形特征，对不同海拔高度进行等高面切面，共取 11 个流域地形切面（20～1 000 m），计算不同等高面的切面面积、相对高度和相对面积，结果如表 3－2 所示。将计算得出的相对高度与相对面积在统计软件中生成关系曲线，如图 3－4 所示。

图 3 – 3 大洋河流域 DEM

表 3 – 2 不同海拔的断面面积

海拔高度（m）	断面面积（m^2）	相对高度（h/H）	相对面积（a/A）
20	5 882 853 186	0. 018	0. 9
50	5 446 675 934	0. 045	0. 84
100	4 719 659 231	0. 089	0. 72
200	3 041 107 839	0. 178	0. 47
300	1 729 105 350	0. 266	0. 27
400	880 296 408	0. 355	0. 14
500	40 2791 716	0. 443	0. 06
600	160 213 795	0. 532	0. 02
700	53 771 753	0. 621	0. 008
800	14 255 390	0. 709	0. 002
1 000	89 089	0. 886	0. 000 01

2）分形法

另将河网水系图数字化，如图 3 – 5 所示。在相关软件中几何校正后进行矢量分级提取，按经典水系分级标准，将大羊河流域所有干、支流分为 5 级水系，并计算统计水道数、水道

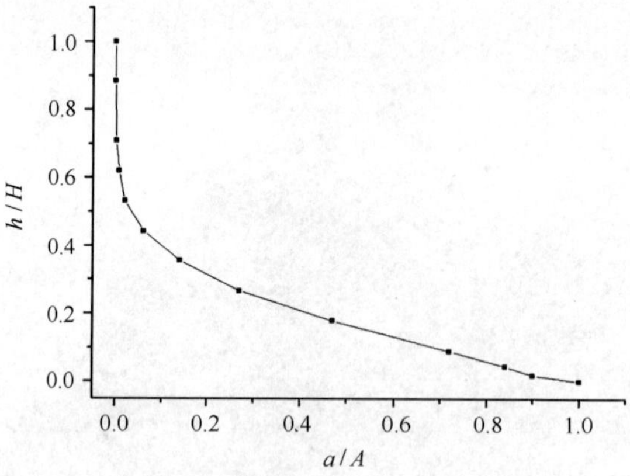

图 3-4　流域面积-高程曲线

分支比和水道长度比，结果如表 3-3、表 3-4 所示。将获得的流域分支比（Rb）和流域平均长度比（Rl）代入式（3-2），计算得到大洋河河网分维指数：

$$D = \min\left\{\max\left[\frac{\ln 4.72}{\ln(1.79 + 3.61 + 2.1 + 0.046)}, 1\right], 2\right\} = 2 \qquad (3-3)$$

将图 3-4 所示的流域面积积分曲线与图 3-1 曲线对比分析，从曲线形态可以看出该曲线符合流域老年期发育曲线。同时，按照何隆华对流域分维指数的定义和阈值判断，大洋河流域处于流域发育的晚年阶段。从面积积分曲线和河网分维指数计算结果得出，大洋河流域都应处于河流发育的晚年时期。此阶段河流下蚀作用弱，河口泥沙供应减少，河口湿地也处于发育的老年期，面积不再扩大，而在潮汐作用强烈地区，开始出现河口湿地退化和海侵现象（图 3-5）。

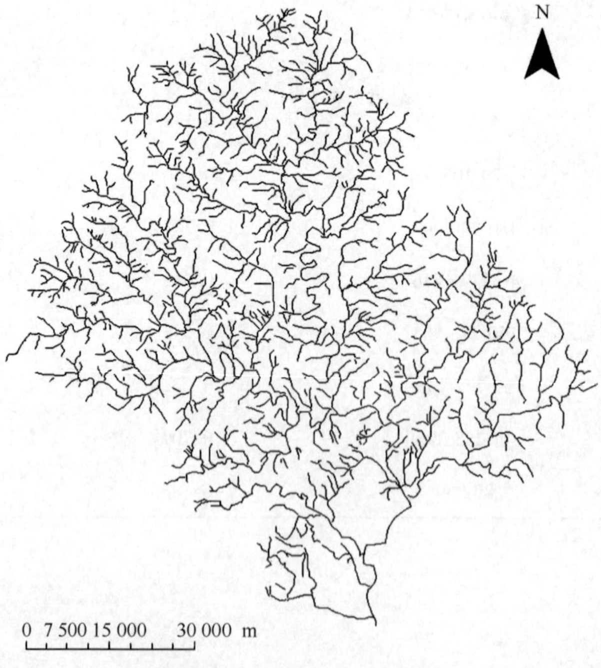

图 3-5　大洋河流域水系网

表 3－3 流域水系分支比计算

水道级别	水道数目	相邻两级水道分枝比	相邻两级水道数	"第三项"ד第四项"
Ⅰ	694	4.63（694/150）	694 + 150 = 844	4.63 × 844 = 3 907.72
Ⅱ	150	4.84（150/31）	150 + 31 = 181	4.84 × 181 = 876.04
Ⅲ	31	6.2（31/5）	31 + 5 = 36	6.2 × 36 = 223.2
Ⅳ	5	5（5/1）	5 + 1 = 6	5 × 6 = 30
Ⅴ	1			
总量			累计总量 1 067	累计总量 5 036.96
				流域分枝比 R_b = 5 036.96/1 067 = 4.72

表 3－4 流域水系长度比计算

水道级别	水道数目	总长度（m）	平均长度（m）	长度比
Ⅰ	694	1 688 970.7	2 433.67	1.79（l_2/l_1）
Ⅱ	150	653 289.9	4 355.27	3.61（l_3/l_2）
Ⅲ	31	487 717.8	15 732.8	2.1（l_4/l_3）
Ⅳ	5	164 511.8	32 902.4	0.046（l_5/l_4）
Ⅴ	1	1 514.31	1 514.31	

前期研究结果表明，目前大洋河河口天然湿地在萎缩与退化，天然湿地面积下降，湿地核心区域面积缩减，湿地最大斑块面积指数下降，破碎化程度加剧，湿地生境多样性减少等特征（吴涛，2011）。大洋河河口湿地呈现的景观结构与本文结论相吻合，即大洋河口湿地处于地质历史发育的晚年阶段。

3.5 讨论

3.5.1 河口湿地是一个自然演化的"生命体"

河口湿地作为一个独特的"活体"，有其自身的地理发育、成熟和衰老的生长过程。在河流流域地貌发育早期，河流底蚀、侧蚀、溯源侵蚀强烈，含沙量高，泥沙在河口地区沉降易形成河口湿地，随着流域地貌发育到壮年期，河流泥沙含量输出稳定，河口湿地面积继续扩张；到流域地貌发育晚期，侵蚀减弱，河流含沙量减少，河口湿地缺乏稳定的泥沙供应，逐渐萎缩，直至消亡。

3.5.2 人类活动加速湿地自然演化过程

影响河口湿地发育的因素众多，从地理学来看，主要有气候、流域盆地的地形、河流流量、沉积物供应量、近岸波浪和潮汐等。从近期国内外研究成果来看，泥沙输入量和人类活动一直是河口湿地发展变化的主要影响因子。河流泥沙的输入量是河口湿地的生态健康的保障。而人类活动不仅直接影响河口湿地环境的物理、化学和生物组分，也间接影响和改变河口泥沙的输入量及沉积环境。

河流中上游的筑坝、采砂，河口地区围海造田，围海养殖等人类活动直接改变了河流的含沙量和河口湿地的景观格局，加速了河口湿地自身的演化过程，促使湿地加速萎缩与衰亡Han，2009；Zhao，2009）。另外，河流流域范围内的毁林开荒等农牧业生产活动，加速了流域水土流失，增加了河流的泥沙含量，给河口湿地提供了充足的泥沙来源，促使河口湿地植被生长，暂时性增大湿地淤积速率，扩大湿地面积，但从整个河口湿地地质发展过程来看，后一种行为事实上是缩短了河口湿地的生长时间，加速了其灭亡过程。

除此之外，河口地区的防洪建闸、围海工程、人工种植湿地植被等行为改变着河口湿地的沉积环境，改变着湿地的生境状况，也影响着河口湿地生态系统的自然生长演化过程（韩大勇，2012；徐东霞，2007）。

3.5.3 湿地保护与开发应以河口湿地发育阶段及地质发育过程为基础

河口泥沙输入量的变化是河口湿地生态健康状态的重要标志之一。流域自然输沙能力主要通过河流对河床的溯源侵蚀、底蚀和侧蚀来完成。一般来说，在流域地貌发展早期至壮年期，流域溯源侵蚀和底蚀强烈，河流泥沙含量高，保证了河口湿地泥沙和营养物质来源，此阶段河口湿地扩展迅速，湿地植被发育良好，该阶段为河口湿地生态系统健康发育期。而在流域发育晚期，河流主要通过侧蚀提供泥沙，其泥沙供应能力减弱，带至河口的营养物质减少，河口湿地植被开始退化，湿地面积开始萎缩，此阶段河口湿地处于非健康的衰亡期。

处于流域地貌发育的中、老年阶段的河流对河口的输沙能力减少，河口湿地植被群落逐渐退化，湿地面积将会出现萎缩，河口湿地将进入非健康的发展时期，直至消亡。已有研究发现，密西西比河三角洲由于泥沙输入量的减少，导致了该地区湿地植被出现退化，湿地面积开始萎缩，而通过人工引渠输沙工程，进行沉积物修复方法对湿地生态环境的修复效果显著。

针对不同发育阶段的河流，在制定河口湿地保护政策和修复措施时，必须充分考虑其地质发育特征，政策的制定要符合其发展规律。总的来说，在流域发展早期至成熟期间，河流泥沙供应丰富，河口湿地处于生长发育阶段，应严禁在河口地区进行大范围的围海、圈地工程，以保证河口湿地有其足够的发展空间。而在河流发展晚期，泥沙含量减少，河口湿地相应处于萎缩和退化阶段，此时河流中、上游水工建设要注意泥沙截留问题，河口地区在建立自然保护区的同时，应制定严格管理措施，禁止将天然湿地转化为养殖用地、工农业用地，并可以通过人工输沙和保护工程建设等人为活动对萎缩和正在退化的河口湿地进行保护与修复。

参考文献

2007 Wetland Healta Evaluation Program Report Dakota County, MN. Coordiated By: Datota County 14955 Galaxie Avenue Apple, MN 55124 - 8579 Prepared By: Fortin Consulting, lnc. 2008.

Costanza R. 1998. The value of ecosystem services: putting the issues in perspective [J]. ecological economics, 25: 67 - 71.

Day JJW, Barrasd J, Clairaine E, et al. 2005. Implications of global climatic change and energy cost and availability for the restoration of the Mississippidelta [J]. Ecological Engineering, 24 (4): 253 - 265.

Han DY, Li HY, Yang YF. 2009. β－diversity patterns of plant taxon in fragmented habitat islands in a degenerated meadow in the Songnen Plains, China［J］. Chinese Geographic Science, 19（4）: 375－381.

Ladson AR, White LJ, Doolan JA, et al. 1999. Development and testing of an index of stream condition for waterway management in Australia s［J］. Freshwater Biol, 41: 453－468.

Rapport DJ. 1992. Evolution of indicators of ecosystem health［C］. //Danil H Ecological Indicators. Barking: Elsevier Science Publishers Ltd, 121－134.

Richardson CJ, King RS, Qian SS, et al. 2007. Estimating ecological thresholds for phosphorus in the Everglades［J］. Environmental Science and Technology, 41: 8084－8091.

Zhao RF, Chen YN, Zhou HR, et al. 2009. Assessment of wetland fragmentation in the Tarim river basin, western China［J］. Environmental Geology, 57（2）: 455－464.

承继成，江美球. 1986. 流域地貌数学模型. 北京：科学出版社. 50－65.

崔保山，杨志峰. 2002. 湿地生态系统健康评价指标体系Ⅰ理论［J］. 生态学报，22（7）：1005－1011.

崔保山，杨志峰. 2002. 湿地生态系统健康评价指标体系Ⅱ方法与案例［J］. 生态学报，22（8）：1231－1239.

冯平，冯焱. 1997. 河流形态特征的分维计算方法［J］. 地理学报，52（4）：324－330.

付在毅，许学工，林辉平，等. 2001. 辽河三角洲湿地区域生态风险评价［J］. 生态学报，21（3）：365－373.

韩大勇，杨永兴，杨杨，等. 2012. 湿地退化研究进展［J］. 生态学报，32（4）：1293－1307.

王林，陈兴伟. 2007. 基于DEM的流域水系分维计算与结果分析［J］. 地球信息科学，9（4）：133～137.

王薇. 2007. 黄河三角洲湿地生态系统健康综合评价研究［D］. 济南：山东农业大学，1－65.

吴涛，赵冬至，张丰收，等. 2011. 基于高分辨率遥感影像的辽东大洋河河口湿地景观格局分析［J］. 应用生态学报，22（7）：1833－1840.

徐东霞，王明全，章光新. 2007. 人类活动对中国滨海湿地的影响及其保护对策［J］. 湿地科学，5（3）：282－288.

叶青超. 1994. 黄河流域环境演变与水沙运行规律. 济南：山东科技出版社. 1－233.

张建华. 2000. 大洋河流域水土流失成因分析［J］. 东北水利水电，1：35－36.

朱永清，李占斌，崔灵周. 2005. 流域地貌形态特征量化研究进展［J］. 西北农林科技大学学报（自然科学版），33（5）：149－155.

4 河口湿地评价的景观生态学理论与方法

湿地是介于水生生态系统和陆生生态系统之间的一种特殊的生态系统，具有稳定环境、物种基因保护和资源利用功能，被誉为自然之肾、生物基因库和人类摇篮。河口湿地生态系统是咸淡水交汇、陆海邻接的交错区，具有独特的结构与功能。目前，我国的河口湿地存在的问题主要有两方面：一是天然湿地数量减少；二是湿地生态功能退化、质量下降。具体来说，由于围垦和滥采乱挖、渔业开发、环境污染、肆意侵占、盲目开发，造成湿地植被破坏和物种灭绝、湿地面积锐减、水资源萎缩、污染加剧、生物多样性受损，湿地景观、生态功能明显下降，在许多湿地及周边地区出现了生态环境恶化现象。面对河口湿地出现的问题，合理的河口湿地监测与评价能够为河口湿地保护与恢复提供服务。

相对于传统方法在湿地资源调查的工作费时、费力、耗费高，调查范围小、受人为因素影响大，对湿地具有破坏性、调查精度有限等缺点。遥感技术因为具有探测范围广、信息量大、获取信息快、更新周期短等特点，在定量化获取以及分析湿地空间、时间的信息上有着很大的优势。另外，现代遥感信息的应用分析也已从单一遥感资料向多时相、多数据源的复合分析过渡，从静态分析向动态监测过渡，从对资源与环境的定性调查向计算机辅助的定量分析过渡，从对各种现象的表面描述向软件分析和计量探索过渡。

遥感数据（如可见光、近红外、热红外、微波）作为一种信息源，可用于提取地表环境各类地学宏观信息，遥感技术在湿地研究领域中的应用起始于20世纪70年代，1975年，美国鱼类和野生动物保护协会在进行湿地资源调查时就用了高分辨率的航空相片。河口湿地遥感的应用最早可以追溯到Landat－1的MSS传感器。研究结果表明，MSS影像可以有效地识别大于1.5 km^2无林环境下的湿地，但是传感器有限的空间和光谱特征在辨别湿地类型时效果并不明显（Butera，1983；Ernst－Dottavio等，1981）。Landsat TM的发射，空间的光谱分辨率的提高，使得湿地研究得到进一步的发展。在美国北达科他州的草场研究中，TM影像可以探测到90%的2～4 km^2的湿地盆地和70%的0.8～2 km^2的湿地盆地，然而对于小于0.8 km^2的湿地盆地，探测率只有20%（Federal Geographic Data Committee，1992）。

在河口湿地研究中卫星遥感作为一种新的技术手段，可以在空间上对湿地进行监测，与过去的点状调查相比能提供更加丰富的湿地信息，通过卫星遥感提取的湿地信息，可以对湿地进行空间分布上以及时间上的动态评价。

4.1 河口湿地评价的景观生态学基础

4.1.1 概念

景观（landscape）的定义有多种表述，但大都是反映内陆地形、地貌或景色的，或是反映某一地理区域的综合地形特征。在生态学中，景观的定义可以概括为狭义和广义两种。狭义景观是指在几十千米至几百千米范围内，由不同类型生态系统所组成的、具有重复性格局的异质性地理单元。而反映气候、地理、生物、经济、社会和文化综合特征的景观复合体相应地称为区域。狭义景观和区域即人们通常所指的宏观景观；广义景观则包括出现在微观到宏观不同尺度上的，具有异质性或斑块性的空间单元。广义景观概念强调空间异质性，景观的绝对空间尺度随研究对象、方法和目的而变化。它体现了生态学系统中多尺度和等级结构的特征，有助于多学科、多途径研究。因此，这一概念越来越广泛地为生态学家所关注和采用（邬建国，2001）。

景观生态学（landscape ecology）强调空间格局，生态学过程与尺度之间的相互作用，同时将人类活动与生态系统结构和功能相整合也是景观生态学的重要学科特点和研究优势。经过最近20多年的发展，人们对景观生态学的认识有趋同的倾向，无论是欧洲还是北美，空间异质性被广泛地认为是景观生态学的核心问题。这里所说的空间异质性既包括物理和生物的，也包括社会经济和人文方面的空间格局（邬建国，2007）。在目前流行的英文教科书之一中，将景观生态学定义为，研究空间格局和生态过程相互关系，或不同尺度上空间异质性的原因和后果的生态学分支学科（Turner，2001，2005）。这一定义充分体现了北美景观生态学的核心所在，但不少欧洲学者对该定义不甚满意。在综合众家之说的基础上，将景观生态学定义为是研究和改善空间格局与生态和社会经济过程相互关系的整合性交叉科学（Wu，2006）。

4.1.2 对象与内容

景观生态学研究的对象和内容可以概括为以下3个方面。

①景观结构。即景观组成单元的类型、多样性及其空间关系。例如，景观中不同生态系统（或土地利用类型）的面积、形状和丰富度，它们的空间格局以及能量、物质和生物体的空间分布等，均属于景观结构特征。

②景观功能。即景观结构与生态学过程的相互作用，或景观结构单元之间的相互作用。这些作用主要体现在能量、物质和生物有机体在景观镶嵌体中的运动过程。

③景观动态。即指景观在结构和功能方面随时间的变化。具体地讲，景观动态包括景观结构单元的组成成分、多样性、形状和空间格局的变化，以及由此导致的能量、物质和生物在分布与运动方面的差异（杨帆，2007）。

景观的结构、功能和动态是相互依赖、相互作用的。无论在哪一个生态学组织层次上（如种群、群落、生态系统或景观），结构与功能都是相辅相成的。结构在一定程度上决定功能，而结构的形成和发展又受到功能的影响。比如，一个由不同森林生态系统和湿地系统组成的景观，在物种组成、生产力以及物质循环等方面都会显著不同于另一个以草原群落和农田为主题的景观。即使是组成景观的生态系统类型相同，数量也相当，它们在空间分布上的差别也会对能量流动、养分循环、种群动态等景观功能产生明显的影响。景观结构和功能都必然随时间发生变化，而景观动态反映了多种自然的和人为的、生物的和非生物的因素及其作用的综合影响。同时，景观功能的改变可导致其结构的变化。然而，最引人注目的景观动态，往往是森林砍伐、农田开垦、过度放牧、城市扩展等以及由此造成的生物多样性减少、植被破坏、水土流失、土地沙化和其他生态景观功能方面的破坏（图4-1）。

景观生态学作为一门新兴的生态学学科，其研究内容、方法和热点都在不断地改变。一般而言，景观生态学的研究重点主要集中在下列几个方面。

①空间异质性或格局的形成和动态及其生态学过程的互相作用。

②格局－过程－尺度之间的相互关系。

③景观的等级结构和功能特征以及尺度推译问题。

④人类活动与景观结构、功能的相互关系。

⑤景观异质性（或多样性）的维持与管理。

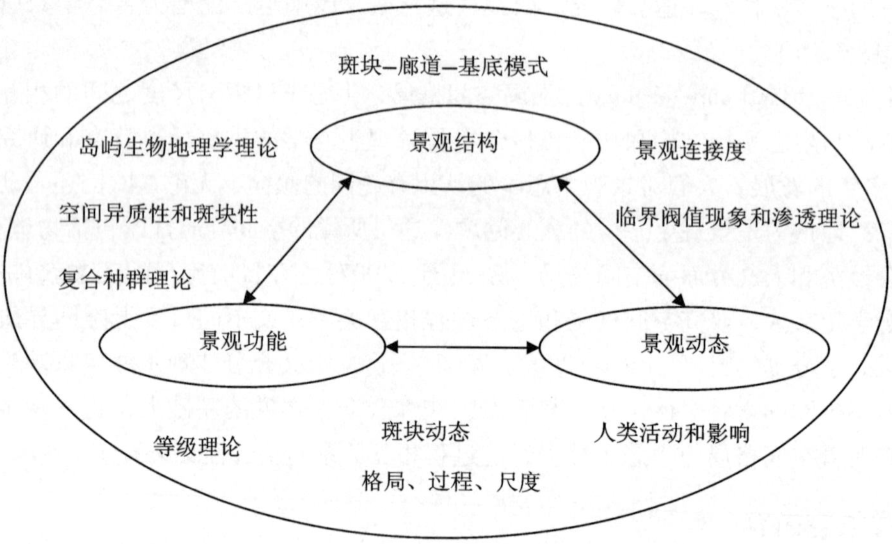

图4－1　景观生态学研究的主要对象、内容及一些基本概念和理论（邬建国，2001）

4.1.3　景观的生态意义

景观的结构单元分为：斑块（patch）、廊道（corridor）、基底（matrix）。斑块泛指与周围环境在外貌或性质上不同，并具有一定内部均质性的空间单元。这种内部均质性，是相对于其周围环境而言。具体地讲，斑块可以是植物群落、湖泊、草原、农田或居民区等。廊道是指景观中与相邻两边环境不同的线性或带状结构。常见的廊道包括农田间的防风林带、河流、道路、水渠等。基底则是指景观中分布最广、连续性最大的背景结构。常见的有森林基底、草原基底、湿地基底、城市用地基底等（图4－2）。

景观格局的生态功能与生态学意义体现在景观结构的面积，大小和数量对物种的影响，主要有以下几个方面。

（1）种—面积关系

景观中斑块面积的大小、形状以及数目对生物多样性和各种生态学过程都会有影响。如物种数量与生境面积之间的关系一直是生物地理学和生态学的研究热点之一。

一般而言，物种多样性随着斑块面积的增加而增加。但是，除了面积以外的景观特征对物种多样性也是很重要的。在现实景观中，各种大小的斑块往往同时存在，具有不同的生态学功能。Forman（1995）对大斑块和小斑块的生态学价值做了一个简要总结。大斑块对地下蓄水层和湖泊的水质有保护作用，有利于生境敏感种的生存，为大型脊椎动物提供核心生境和躲避所，为景观中其他组成部分提供种源，能够维持更近乎自然的生态干扰体系，在环境变化的情况下，对物种绝灭过程有缓冲作用。小斑块也有重要的生态学作用，可以作为物种传播以及物种局部绝灭后重新定居的生境和“踏脚石”（stepping - stone），从而增加了景观的连接度，为许多边缘种、小型生物类群以及一些稀有种提供生境。

（2）边缘效应

边缘效应（edge effect）是指斑块边缘部分由于受到外围影响而表现出来与斑块中心部分不同的生态学特征的现象。斑块中心部分在气象条件（如太阳辐射、温度、湿度、风速）、物种的组成以及生物地球化学循环方面，都可能与其边缘部分不同。许多研究表明，斑块周界部分常常具有较高的物种丰富度和初级生产力。

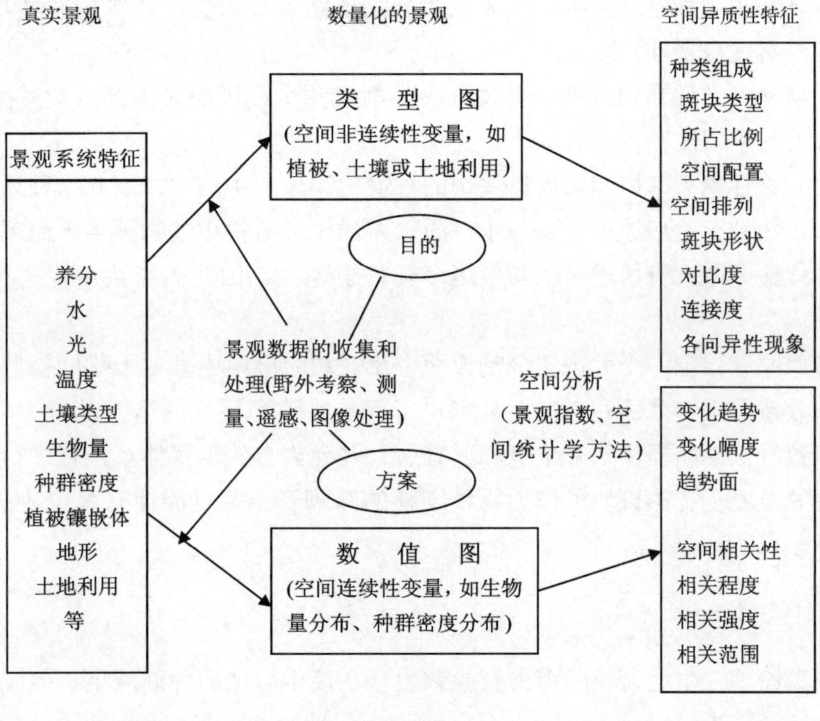

图4－2 景观生态学的方法过程

（3）斑块结构与生态系统过程

斑块的结构特征对生态系统的生产力、养分循环和水土流失等过程都有重要的影响。例如，景观中不同类型和大小的斑块可导致其生物量在数量和空间分布上的不同。由于边缘效应，生态系统光合作用效率以及养分循环和收支平衡特征都会受到斑块大小及有关结构特征的影响。斑块边缘常常是风蚀或水土流失的引发或程度严重之处。一般而言，越小越容易受到外围环境或基底中各种干扰的影响。

景观生态学中的概念、理论和方法对解决实际的环境、资源和生态学问题都有重要的应用价值。近年来，一些学者提出了景观生态学原理，然而必须指出的是，景观生态学原理尚未成熟，其理论与原理都还有待于进一步具体化和验证（邬建国，2007）。

4.2 景观生态学原理

4.2.1 斑块原理

斑块原理包括斑块的大小、斑块的数目和斑块的位置原理。

1）斑块的大小

①边缘生境和边缘种原理：将一个大斑块分割成两个小斑块时边缘生境增加，往往使边缘种或常见种丰富度也增加。

②内部生境和内部种原理：将一个大斑块分割成两个小斑块时内部生境减少，从而会减少内部种的种群和丰富度。

③大斑块—物种绝灭率原理：大斑块中的种群比小斑块中的大，因此物种灭绝概率较小。

④小斑块—物种灭绝率原理：面积小、质量差的生境斑块中的物种绝灭概率较高。

⑤生境多样性原理：斑块越大，其生境多样性也越大，因此大斑块可能比小斑块含有更多的物种。

⑥干扰障碍原理：把一个大斑块分割成两个小斑块时会阻碍某些干扰的扩散。

⑦大斑块效益原理：大面积自然植被斑块可保护水体和溪流网络，维持大多数内部种的存活，为大多数脊椎动物提供核心生境和避难所，并允许自然干扰体系正常进行。

⑧小斑块效益原理：小斑块可作为物种迁移的踏脚石，并可能拥有大斑块中缺乏或不宜生长的物种。

2）斑块的数目

①生境损失原理：生境斑块的消失会导致生存在该生境中的种群减小，生境多样性减小，进而导致物种数量减少。

②复合种群动态原理：生境斑块消失会减少复合种群，从而增加局部斑块块内物种的绝灭概率，减缓再定居过程，导致复合种群的稳定性降低。

③大斑块数量原理：在景观中，若一个大斑块包含同类斑块中出现的大多数物种，那么，至少需要两个这样的大斑块才能维持其物种丰富度；然而，如果一个大斑块只包含一部分物种，为了维持这个景观中的物种丰富度，最好是由4～5个大斑块作为保护区。

④斑块群生境原理：在缺乏大斑块的情况下，广布种可在一些相邻的小斑块中存活，这些小斑块虽然是离散的，但作为整体还能够为这些广布种提供适宜的、足够的生境。

3）斑块的位置

①斑块位置—物种绝灭率原理：在其他条件相同的情况下，孤立的斑块中物种绝灭概率比连接度高的斑块中的要大。生境斑块的隔离程度取决于其他斑块的距离以及基底的特征。

②物种再定居原理：在一定时间范围内，与其他生境斑块或种源紧邻的斑块的再定居率要高于相距较远的斑块。

③斑块选择原理：在自然保护中，生境斑块的选择应基于斑块在整个景观中的重要性

（如有的斑块对景观连接度起着枢纽作用）和斑块的特殊性（即斑块中是否包含稀有种、濒危种或特有种）。

4.2.2 边界原理

1）边缘结构

①边缘结构多样性原理：在一个结构多样性高的植被边缘（无论是垂直还是水平结构），边缘动物物种的丰富度也高。

②边缘宽度原理：斑块的边缘宽度是不同的，面对主风向和太阳辐射方向的边缘宽度更宽些。

③行政边界和自然生态边界原理：当保护区的自然生态边界与行政边界不一致时，可将两条边界间的区域当做缓冲区，以减少对核心区的影响。

④边缘过滤原理：斑块边缘具有过滤功能，可减缓外界对斑块内部的影响。

⑤边缘陡度原理：斑块边缘陡然（即与周围环境对比度高）时可增加沿着边缘方向的生物和物质流动，而过渡较缓的边缘则有利于横穿边缘的生物和物质流动。

2）边界形状

①自然和人工边缘原理：大多数自然边缘是曲折、复杂、和缓的，而人工边缘多是平直、简单、僵硬的。

②平直边界和弯曲边界原理：生物对平直边界的反应多为沿着边界方向运动，而弯曲边界促进生物穿越边界两侧的运动。

③和缓与僵硬边界原理：弯曲边界比平直边界的生态效益更高（例如，可减少水土流失和有利于野生动物活动）。

④边缘曲折度和宽度原理：边缘的曲折度和宽度共同决定景观中边缘生境的总量。

⑤凹陷和凸出原理：凹陷和凸出边缘的生境多样性高于平直边缘，因而其生物多样性也高（多为边缘种）。

⑥边缘种和内部种原理：弯曲边界增加边缘生境，从而增加边缘种数，但降低斑块中内部种的数量的比例。

⑦斑块与基底相互作用原理：斑块的形状越曲折，斑块与基底间的相互作用就越强。

⑧最佳斑块形状原理：最佳形状斑块具有多种生态学效益，通常与“太空船”形状相似，即具有一个近圆形的核心区、弯曲边界和有利于物种传播的边缘指状突出。

⑨斑块形状和方位原理：斑块的长轴与生物传播的路线平行时，其再定居概率低，垂直时，再定居概率较高。

4.2.3 廊道和连接度原理

1）廊道和物种运动

①廊道功能的控制原理：宽度和连接度是连接控制廊道的生境、传导、过滤、源和汇5种功能的主要因素。

②廊道空隙影响原理：廊道内的空隙对物种运动的影响取决于空隙的长度和物种运动的空间尺度以及廊道与空隙之间的对比度。

③结构与区系相似性原理：在多数情况下，只要廊道和斑块的植被结构相似就可以满足内部种在斑块间运动的需要；但若能使廊道与斑块间在植物区系方面也相似，其效果会更好。

2）踏脚石

①踏脚石连接度原理：在廊道间或没有廊道的地方，加设有益物种迁移的踏脚石（小斑块）可增加景观连接度，并可增加内部种在斑块间的运动。

②踏脚石间距原理：具视力的动物在踏脚石间移动时，其有效移动距离往往由对相邻踏脚石的视觉能力来决定的。

③踏脚石消失原理：作为踏脚石的小斑块消失后会抑制物种在斑块间的运动，并增加斑块隔离程度。

④踏脚石群原理：在大斑块间的踏脚石斑块的最佳分布格局是，所有踏脚石作为群体形成连接生境斑块的多条相互有联系的直接通道。

3）道路和防风林带

道路及另外的槽形廊道原理：公路、铁路、电缆线和便道通常在空间上是连续的，相对较直，常有人为干扰。因此，它们常把种群分隔为复合种群，主要是耐干扰种活动的通道，是侵蚀、沉积、外来种入侵以及人类对基底干扰的源端。

4）河流廊道

①河流廊道和溶解物原理：具有宽而浓密植被的河流廊道能更好地减少来自周围景观的各种溶解物污染，保证水质。

②河流主干道廊道宽度原理：河流主干道两旁应保持足够宽的植被带，以控制来自景观基底的溶解物质，为两岸内部种提供足够的生境和通道等。

③河流宽度原理：河流两旁植被带的宽度和长度共同决定河流的生态学过程，不间断的河岸植被廊道能维持诸如水温低、含氧高的水生条件，有利于鱼类生存。

4.2.4 镶嵌体原理

1）网络

①网络连接度和环回度（circuitry）原理：网络连接度（即所有结点通过廊道连接的程度）和网络环回度（即环状或多选择路线出现的程度）可表示网络的复杂程度，并可作为对物种运动的连接度的指标。

②廊道密度和网孔大小原理：随着廊道网络网孔的减小，受廊道抑制的物种的存活能力显著下降。

③连接点效应原理：在自然植被廊道的交接点上，常常有一些内部种出现，而且其种丰富度高于网络的其他地方。

④相连小斑块原理：连接在廊道网络上的小斑块或结点可能比面积相同但远离网络的斑

块有较高的种丰富度和较低的物种灭绝率。

⑤生物传播和相连小斑块原理：网络上的小斑块或结点可为某些生物提供暂栖息地和临时繁殖地，从而有利于生物在景观中传播。

2）破碎化和格局

①总生境和内部生境损失原理：景观破碎化降低总的生境面积，但内部生境面积比边缘生境面积降低得更快。

②分形斑块原理：分形是对过渡变化的自然反应，彼此隔离的斑块常常对干扰作出相似的反应。它们虽然可能变大或变小，但相互之间的结构关系或格局保持相似。

③市郊化、外来种和保护区原理：在市郊化和外来种入侵的景观中，应建立严格控制外来种的缓冲区，以保护生物多样性或自然保护区。

3）尺度粗细

①镶嵌体粒度粗细原理：一个由粗粒度地段和细粒度地段相间组成的景观可为内部种、多生境种提供最佳生态效益及一系列环境资源和条件。

②动物对破碎化尺度的感官理解：活动范围大的物种把细粒度破碎化生境视为连续生境；但粗粒度破碎化生境对于绝大多数动物来说是不连续性的（即存在生境隔离效应）。

③多生境种的镶嵌格局原理：多种生境会合处或不同类型生境相间排列的景观有利于多生境物种（即同时需要多种类型生境的物种）的存活。

虽然上述各条原理从一般意义上说是有道理的，但在具体应用中尚需谨慎。首先，这些原理大多是经验之积累，不可能是“放之四海而皆准”。其次，不同地区的景观自然地理条件和人文社会条件的差异，会导致以上原理产生偏差，因此，在实际应用中，需要将多个原理合理地组合使用（邬建国，2001）。

4.3 3S 技术在河口湿地生态评价中的应用

遥感（remote sensing，RS）、地理信息系统（geographic information system，GIS）和全球定位系统（global positioning system，GPS）是景观生态学研究中的重要技术工具。尤其在大的空间尺度上，景观生态学研究所需要的许多数据往往都是通过遥感手段得来的。而在收集、存储、提取、显示和分析这些容量庞大的空间数据时，地理信息系统作为一个极为有效的计算机工具常常是不可缺少的。而 GPS 能够方便且精确地获取景观中不同组分的具体地理位置（图 4－3）。

4.3.1 遥感（RS）

广义上讲，遥感是指通过任务不接触被观测物体的手段来获取信息的过程和方法，包括卫星影像（航天遥感）、空中摄影（航空遥感）、雷达及用数字照相机或普通照相机摄制的图像。遥感技术并不是新生事物，当 19 世纪上叶第一张自然风景照片诞生时，它也就诞生了。自此，遥感技术的发展经历了若干个阶段，包括从地面照相、各种气球摄影、飞机摄影到现在广泛应用的卫星摄影技术。遥感技术在生态学的应用可以分为 3 个阶段。第一个阶段是航空摄影，开始于 19 世纪后期一些发达国家利用气球和飞机摄影技术进行林业制图。第二阶段是从航空摄影向航天摄影过渡的阶段。它大约是从 20 世纪 50 年代开始至 70 年代结束，其主要特点包括数字计算机首次用于图像处理以及人类首次获得从太空拍摄的照片。第三个阶段即航天摄影阶段，以各种遥感卫星和先进的图像处理技术为标志。卫星和飞机遥感技术的迅速发展和广泛应用很大程度上促进了景观生态学的发展。没有遥感技术，很难想象如何才能有效地研究大尺度和跨尺度上的景观格局与动态。

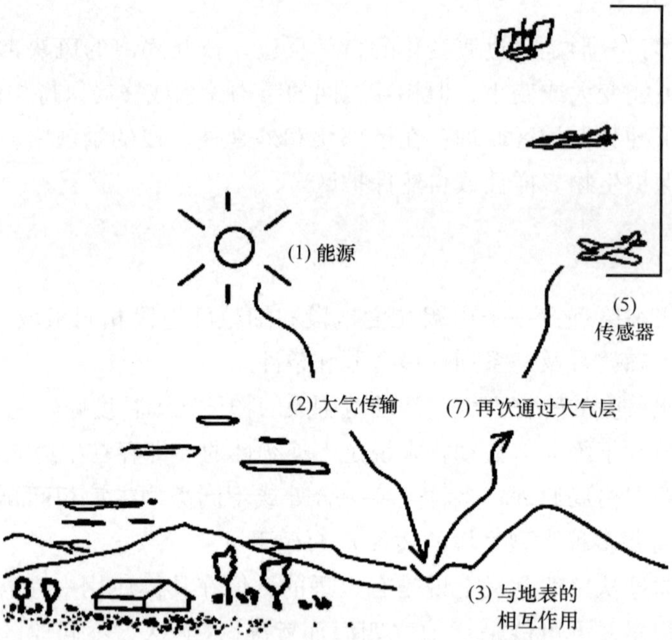

图 4－3　陆地遥感工作原理（邬建国，2001）

在地球表面，不同的土地覆盖类型对不同波长的太阳光或其他形式的电磁波有不同的反射率，遥感技术就是利用这一特点来区分地表不同物体的。与其传统生态学方法相比，遥感技术有以下几个显著优点：第一，由于传感器或摄影镜头与被观测物体不相接触，可以避免研究者对研究对象的直接干扰，并且允许重复性观察；第二，航空摄影和卫星遥感技术是生态学家目前获取大尺度上（尤其是区域或全球范围）各种生态和物理信息的主要手段；第三，遥感技术是大尺度格局动态的唯一监测手段；第四，由于航空摄影镜头和卫星传感器有一系列不同光谱幅度和空间分辨率，而且又处于不同观察高度上，遥感可以有效地为景观生态学研究提供所必需的多尺度上的资料；第五，遥感数据一般都是空间数据，即所测信息与地理位置相对应，这也是研究景观的结构、功能和动态所必需的数据形式。此外，现代遥感技术直接提供数字化空间信息，从而大大地促进了景观生态学资料的收集、储存以及处理和分析过程，并且使遥感、地理信息系统和计算机模型的密切配合成为必然（邬建国，2001）。

遥感可以为景观生态学提供哪些有用的信息呢？最常用的信息包括：植被类型及其分布，土地覆被类型及其面积，生物量分布，土壤类型及其水分特征，群落蒸腾量，叶面积指数，以及叶绿素含量，等等。例如，最常用的卫星遥感资料来源之一是美国 1972 年发射的陆地资源卫星 TM（Landsat Thematic Mapper）影像，包括 7 个波段，每个波段的信息反映了不同生态学特点。第一波段（0.45～0.52 μm，即可见蓝光区）可较好地区分水体、土壤和植被，甚至区分落叶阔叶植被和常绿针叶植被；第二波段（0.52～0.60 μm，即可见绿光区）对植被绿光反射高峰较敏感；第三波段（0.60～0.69 μm，即可见红光区）对叶绿素吸收光的作用敏感；第四波段（0.76～0.90 μm，即近红外反射区）可用于辨识植被类型和生物量以及土壤水分特征；第五波段（1.55～1.75 μm，中红外反射区）和第七波段（2.08～2.35 μm，中红外发射区）均属于中程红外区（mid－infarred），前者主要用于区分土壤和植被的含水量，而后者主要是区分矿物和岩石类型；第六波段（10.4～12.5 μm，即远红外反射区）则主要用于植物胁迫（stress）分析、土壤水分条件分类以及热红外绘图方面。随着卫星传感器分辨率、覆盖率和精度的提高，以及图像处理和解译能力的不断改进，有些能够反映生态系统功能特征的变量（如植被蒸腾、第一性生产力）也能通过遥感技术来估测（表4－1和表4－2）。

表4－1　卫星波段及其能够测量的生态学特征（以Landsat 7个波段为例）

波段	主要生态学应用
第一波段（0.45～0.52μm） 可见蓝光区	识别水体、土壤及植被 识别针叶与阔叶林植被 识别人为（非自然）地表特征
第二波段（0.52～0.60μm） 可见绿光区	测量植被绿光反射峰值 识别人为的（非自然）地表特征
第三波段（0.60～0.69μm） 可见红光区	检测叶绿素吸收 识别植被类型 识别人为的（非自然）地表特征
第四波段（0.76～0.90μm） 近红外反射区	识别植被类型及生物量 识别水体和土壤湿地
第五波段（1.55～1.75μm） 中红外反射区	识别土壤湿度及植物含水量 识别雪和云
第六波段（10.4～12.5μm） 远红外反射区	识别植物受胁迫程度、土壤湿度 测量地表热量
第七波段（2.08～2.35μm） 中红外发射区	区别矿物及岩石类型 识别植被含水量

表4－2　可以通过卫星遥感系统观测的生态学和生物物理学特征

土地覆盖类型及其面积	植物叶含水量
植被与土壤覆盖面积比例	植被冠层水势
植被总叶绿素浓度	植被吸收的光合有效辐射
植被冠层高度	非植被吸收的光合有效辐射
植被冠层纤维浓度	植被蒸腾
植被冠层木质浓度	活生物量
植被指数	死生物量
物候期、季节性生长量	叶面积指数（初级生产力）
土壤湿度	

不同波段的信息还可以以某种形式组合起来，更好地反映某些地面生态学特征。例如，最常见的植被（绿度）指数之一——NDVI（normalize difference vegetation index），是近红外和红光两个波段所测值之差再被其和“标准化”的结果：

$$\mathrm{NDVI} = \frac{\lambda_{\mathrm{IR}} - \lambda_R}{\lambda_{\mathrm{IR}} + \lambda_R} \tag{4-1}$$

式中，λ_{IR} 和 λ_R 分别是地面表层在近红外和红光波段的反射量。近年来，多种植被指数已被广泛地应用在生物量估算、资源调查、植被动态监测、景观结构和功能以及全球变化的研究中。

总之，遥感资料在景观生态学中的应用可以归纳为以下 3 类。

①植被和土地覆被分类。

②生态系统和景观特征的定量化：不同尺度上斑块的空间格局；植被的结构特征、生境特征以及生物量；干扰的范围、严重程度及频率；生态系统中生理过程的特征（光合作用、蒸发蒸腾作用、水分含量等）。

③景观动态以及生态系统管理方面的研究：土地利用在空间和时间上的变化；植被动态（包括群落演替）；景观对人为干扰和全球气候变化的反应。

显然，遥感技术是监测生态学系统在不同尺度上格局与过程变化的极为重要的工具。美国生态学会主办的杂志——《生态学》，于 1991 年以专刊形式集中讨论了卫星遥感技术对生态学研究的重要性以及如何能使遥感和生态学研究更好地结合到一起（mastson and ustin, 1991）。quattrochi 和 pelletier（1991）详细而准确地讨论了遥感在景观生态学中的用途，并以实例说明了这一技术手段在大尺度景观生态学研究中的极端重要性和可行性。1998 年 1 月在德国柏林举办的研讨班汇集了世界各地的生态系统、景观、遥感、气候以及其他有关方面的专家，对复杂景观中水文、生态系统动态和生物地球化学循环的整合进行了讨论，其中一个主要的论题就是遥感在景观生态学中的应用问题。在其出版的专著中全面而系统地对遥感技术在生态学中应用的现状和前景，尤其是研究大尺度景观空间格局和生态系统过程及其变化的作用进行了详细的阐述（邬建国，2001）。

4.3.2 地理信息系统（GIS）

地理信息系统是在计算机软硬件支持下，对整个或者部分地球表层空间中的有关地理分布数据进行采集、存储、管理、运算、分析、显示和描述的技术系统。地理信息系统处理和管理的对象是多种地理空间实体数据及其关系，包括空间定位数据、图形数据、遥感图像数据、属性数据等，主要用于分析和处理一定地理区域内分布的各种现象和过程，解决复杂的规划、决策和管理问题。

地理信息系统将景观中不同物理和生态学变量以不同的数据层来表示，这些数据在同样的坐标系中相互联系在一起。GIS 在表达和处理空间数据方面有两种截然不同，但又可以相互转化的数据格式：栅格和矢量数据。栅格数据采用离散化的空间单元或栅格细胞（grid cell）来表达和处理空间数据，这种数据结构比较简单，容易进行多种空间分析，便于直接利用具有同类数据结构的遥感资料。虽然用栅格数据来表示实际空间中的点、线和各种形状的斑块有时会带来很大的误差，但其在遥感应用、资源和环境管理以及景观生态学格局分析和动态模拟方面仍占有重要地位。与栅格不同，矢量数据是以点、线和多边形组合在一起来表达和处理空间信息的，因此能够精确地表达景观中的线性特征（如各种斑块边界、生态过渡带、道路、河流及其他廊道）。

GIS 在景观生态学中的应用非常广泛。它的用途主要包括：分析景观空间格局及其变化；确定不同环境和生物学特征在空间上的相关性；确定斑块大小、形状、毗邻性和连接度；分析景观中能量、物质和生物量的方向和通量；景观变量的图像输出及模拟模型组合在一起的使用。GIS 对景观生态学的帮助和促进主要表现在以下几个方面。

①将零散的数据和图像资料加以综合并存储在一起，便于长期地、更有效地利用。

②将各类地图和有关图中的文字和数字记录通过计算机高效率地联系起来，从而使这两种形式的资料完善地融为一体。

③为经常不断地、长期地储存和更新空间资料及其相关信息提供了一个有效的工具。

④为空间格局分析和空间模型提供了一个有力而又较容易操作的技术构架，从而有利于生态学家采用一些数学和计算机方法上非常复杂的研究途径。

⑤提高了某些景观资料的质量，大大增加了对资料的存取速度和分析能力，从而促进了景观生态学原理和方法在环境规划和资源管理诸方面的实际应用。

GIS 在存储和处理空间数据、制图以及简单空间关系分析方面的功能是很强大的，但是大部分的 GIS 软件不具有空间统计学分析的能力。以前生态学家在处理 GIS 空间数据后，将其以某种通用格式储存，再用空间统计学软件来分析。近年来，随着 GIS 软件的发展，几种常用的 GIS（如 Arcinfo，Arcview）在空间分析方面的能力长足发展。现在可以利用 Arcview 通过空间分析模块直接计算景观格局指数等空间数据。

4.3.3 全球定位系统（GPS）

地理位置及地理坐标常常是空间资料中必须具有的重要信息。全球定位系统为解决这一难题提供了一个精确而可靠的工具。

GPS 是由美国国防部耗资 100 亿美元为军用目的发展起来的。目前，在美国国防部的监控下，GPS 迅速地被应用于地球科学的各个领域里。全球定位系统由一系列卫星组成，这些卫星不停地绕地球运转并发回地面它们具体空间位置的信息。根据这些信息和三角测量的原理，地面任何一个地点的地理坐标即可算出。

GPS 技术对景观生态学有重要的推动作用，目前已被用于监测动物活动行踪，制作生境图、植被图，以及航空和卫星遥感图像的定位和地面校正等方面（johnston，1998）。

总之，3S 技术为景观生态学提供了极为有效的一系列研究工具。尤其在流域或区域景观的尺度上，3S 技术成为资料收集、储存、处理和分析所不可缺少的手段。因此，遥感和地理信息系统在很大程度上改变了生态学做研究的方式，同时也逐渐成为景观生态学的特征之一。

参考文献

Forman RTT，Godron M. 1986. Landscape Ecology. New York：John Wiley and Sons.

Paul A Keddy. 2000. Wetland Ecology Principles and Conservation［M］. Cambridge：Cambridge University Press，124－238.

Forman RTT，Godron M. 1986. 1990 景观生态学. 肖笃宁等译. 北京：科学出版社.

陈文波，肖笃宁，李秀珍.2002. 景观指数分类、应用及构建研究［J］. 应用生态学报，13（1）：121－125.
崔保山，杨志峰.2002. 湿地生态系统健康评价指标体系Ⅰ. 理论［J］. 生态学报，22（7）：1005－1011.
崔保山，杨志峰.2003. 湿地生态系统健康的时空尺度特征［J］. 应用生态学报，14（1）：121－125.
傅伯杰，等.2001. 景观生态学原理及应用. 北京：科学出版社.
李秀珍，布仁仓，常禹，等.2004. 景观格局指标对不同景观格局的反应. 生态学报，24（1）：123－134.
邬建国.2001. 景观生态学：格局、过程、尺度与等级. 北京：高等教育出版社.
肖笃宁，等.1997. 当代景观生态学的进展和展望［J］. 地理科学，17（4）：356－364.
杨帆，赵冬至，马小峰，等.2007. RS 和 GIS 技术在湿地景观生态研究中的应用进展［J］. 遥感技术与应用，22（3）：471－478.

5 河口湿地植被信息遥感监测技术

5.1 河口湿地植被分类及编码

生物景观是指河口区植被群落和动物群落，根据中国海岸带和海涂资源综合调查专业报告集，将生物景观共分为天然植被、动物群落、人工植被、入侵物种4个二级类。其中，天然植被指该区域特有的、原始生长的植被群落景观，共包括5个三级类，13个四级类和27个五级类。动物群落主要指珊瑚礁景观（不包括鸟类和其他动物群落）。人工植被指经过人工引进或栽培的植被群落景观，共包括2个三级类，4个四级类和9个五级类。入侵物种指外来种，破坏了当地生态群落，主要有互花米草和大米草（详见表5－1）。

表5－1　河口湿地生物景观分类及编码表

一级		二级		三级		四级		五级	
名称	编码	名称	编码	名称	编码	名称	编码	名称	编码
生物景观	A	天然植被	A1	丘陵山地植被	A11	针叶林	A111	马尾松	A11101
								赤松	A11102
								油松	A11103
						阔叶林	A112	辽东栎	A11201
								白杨	A11202
								刺槐	A11203
								槲树	A11204
						竹林	A113	暖性竹林	A11301
								热性竹林	A11302
						灌丛	A114	栎类灌丛	A11302
				沙生植被	A12	沙生草丛	A121	白茅	A12101
								沙蓬	A12102
						沙生灌丛	A122	刺灌丛	A12201
				盐生植被	A13	红树林	A131	海滩红树林	A13101
								海洋半红树林	A13102
						盐生灌丛	A132	柽柳	A13201
								盐木豆	A13202
								白刺	A13203
						盐生草本	A133	碱蓬	A13301
								盐蒿	A13302
								盐角草	A13303
								海三菱藨草	A13304

续表

一级		二级		三级		四级		五级	
名称	编码	名称	编码	名称	编码	名称	编码	名称	编码
				沼生植被	A14	盐沼生植被	A141	盐地碱蓬	A14101
						淡沼生植被	A142	芦苇	A14201
								香蒲	A14202
				水生植被	A15	盐水生植被	A151	海草床群落	A15101
								其他海草/海藻植被	A15102
						淡水生植被	A152	眼子菜	A15201
								金鱼藻	A15202
		人工植被	A2	人工林地	A21	人工经济林	A211	茶园	A21101
								油桐	A21102
								橡胶林	A21103
								椰子林	A21104
						防护林	A212	刺槐	A21201
								海棠	A21202
						用材林	A213	水杉	A21301
								栎树	A21302
						果园	A214	各种果树（包括梨、桃、杏等）	A21401
				人工草地	A23				
		动物群落	A3	珊瑚礁	A31				
		入侵物种	A4	互花米草	A41				
				大米草	A42				

5.2 主要河口湿地植被

中国河口湿地主要分布着翅碱蓬、芦苇、大米草、互花米草、海三菱藨草等植被群落类型。

5.2.1 翅碱蓬（*Suaeda salsa*）

1）形态特征

翅碱蓬（*Suaeda salsa*）群落，又名盐吸菜、黄须菜，被子植物，属藜科，碱蓬属。一年生草本植物，半灌木，植株高 1 m，茎直立，50～90 cm，圆柱形，浅绿色，有条棱，上部多分枝，枝细长，上升或斜伸，叶丝状条形，半圆柱形，灰绿色光滑无毛，稍向上弯曲，先端微尖，基部稍收缩，有关节。花两性兼有雌蕊；单生或2~3多团聚，大多着生于叶的近基底部处，花被片卵状三角形。果时增厚，略成五角星状，干后变黑色（中国湿地百科全书，2008）。包被果实；雄蕊5，花柱极短，柱头2，锥形，具隆形突起。胞果圆形，扁平，果皮模质，种子横生，双凸，直径约2 mm，黑色，具有清晰的颗粒状点斑，稍具光泽，花果期7—9月（张树仁，2009）。

2）群落分布

翅碱蓬群落分布于亚热带和温带的广大地区，生于海滨、海滩湿地、沟边、田边含盐碱的土壤上，耐贫瘠（张树仁，2009），喜温暖潮湿的环境。生境一般比较低洼，地下水埋深一般较浅或常有季节性积水，土壤多为滨海盐土或盐土母质，土壤盐分含量较高。翅碱蓬群落是陆地向滩涂延伸的先锋植物群落，耐盐能力强，主要分布在平均海潮线以上的近海滩地，地表高程较低，土壤多为沙壤土，湿度大，含盐量高，养分条件差，地表高程、土壤全盐含量以及全磷含量对翅碱蓬群落的分布具有重要的影响（宋创业等，2010）。翅碱蓬群落是我国北方滨海湿地的一个重要群落。

3）土壤特征

翅碱蓬在低盐浓度下生长最好，当盐分含量在1%左右时，翅碱蓬由绿色变为红色，当盐分含量达到或超过16%时，生长受到抑制或大量死亡（康艳华，2004）。翅碱蓬适宜的土壤盐分含量在10 g/kg至16 g/kg之间。当土壤盐分含量超过16 g/kg时，植株体内吸收盐分过多，生长受到抑制，甚至死亡；当土壤盐分含量低于10 g/kg时，翅碱蓬也能生长，但春、夏季植株呈现绿色（李琦，2010）。

4）生态价值

翅碱蓬群落为鸟类提供良好的生存环境。双台子河口国家自然保护区的红海滩景观由生长在潮间带的天然翅碱蓬群落形成，是世界上数量最大的黑嘴鸥的觅食和繁殖场所，是濒危物种黑嘴鸥和丹顶鹤的主要觅食和繁殖场所（梁余，1991），曾经在此栖息和繁殖的黑嘴鸥种群是世界上数量最大的（肖笃宁等，2001）。红海滩是双台子河口国家自然保护区的核心区，鸟类种类和数量众多，具有极高的生物多样性研究和保护价值（台培东等，2009）。

翅碱蓬由于嗜盐的特性，而成为陆地向海滩进军的先锋植物，盐地碱蓬的建群和扩散能显著增加低质的有机含量，加速潮滩的土壤化过程（何文珊，2008），对改良土壤、净化污水、防洪抗旱、调节气候等都有重要的作用，具有巨大的环境功能和效益。生物改变盐碱土，而且是一种极为重要的湿地资源。

5）经济价值

①翅碱蓬群落具有极高的观赏价值，是一种天然的生态旅游资源。碱蓬为盐碱土上的指示植物，外形美观，有“翡翠珊瑚”之称。每年4月末、5月初长出时一片粉红，8—9月份加深至紫红色。由于碱蓬的茎及肉质的叶为红色，远眺海滩呈现一片红色，因而被称为红海滩，可以成为一个重要的旅游景点。辽东湾双台子河口的翅碱蓬群落，犹如一幅巨大的红色地毯镶嵌在“绿苇蓝海”间，被誉为天下奇观，已列为辽宁“五十佳境”之一。

②营养丰富，具有较高的食用性。据江苏沿海地区农科所测定，碱蓬的营养成分全面而丰富，其鲜嫩茎叶的蛋白质含量占干物质的40%，与大豆相仿；而籽粒的脂肪含量高达36.4%，远高于大豆（18.8%）。另外，碱蓬茎叶中含有大量的人体所必需的氨基酸、维生素、胡萝卜素和钙、磷、铁、铜、锌、锰、硒等微量元素。其嫩茎叶既可鲜食，又可制干，便于贮藏和运输，是当地人喜食的一种优质野菜，经加工后更是一种美味佳肴，因此碱蓬具有较好的开发前景。是一种油料作物，其种子含油约25%，可榨油供工业用（中国湿地百科全书，2008）。

③可以作为畜禽的精饲料。收集碱蓬种子作为畜禽的精饲料，其茎叶可收获作牲畜的优质饲料，用其喂养的牲畜日增重等于或超过传统干草，且牲畜肉的质量也有所提高（胡树慧，2001）。其他的经济价值还包括药用性，收割其茎秆作柴禾，用于印染、玻璃工业等。

5.2.2 芦苇（*Phragmites australis*）

1）形态特征

芦苇，被子植物，属禾本科，芦苇属。多年生水生或湿生高大草本植物。植株秆高1～3 m，直立，具20多节，节间中空，每节上有芽，节下常生白粉；地下有发达的匍匐根状茎。叶鞘圆筒形，无毛或有细毛；叶舌边缘密生一圈长约1 mm的短纤毛，两侧缘毛易脱落。叶长15～45 cm，叶片长线形或长披针状线形，排列成两列，粗糙。圆锥花序顶生，分枝稠密，花斜伸展，花序长10～40 cm，羽毛状小穗，有小花4～7朵，第一小花多为雄性，其余为两性；雄蕊三枚，花粉黄色。颖果小，褐色。花期7—8月（中国湿地百科全书，2008）。

由于芦苇广泛分布，各地生活条件有所差异，因此有许多变种。目前，在滨海湿地记录到射阳苇和立紫苇两个变种（何文珊，2008）。

2）群落分布

芦苇群落广泛分布于温带和亚热带，在我国各地均有分布，芦苇常成片生于湖泊、浅水洼地、河流沟渠沿岸、滨海滩涂和河口，形成群落，在干旱的沙丘也能生长（吴玲，2010）。芦苇是一种喜光、耐湿、耐盐碱、耐酸的多年生禾本植物，在滨海湿地、内陆的淡水湿地、咸水湿地都能生长。在我国北自黑龙江边，南至雷州半岛、海南岛、台湾，东自沿海滩涂、海岛，西到新疆塔城、博斯腾湖，乃至全青藏高原和柴达木盆地都有分布（中国湿地植被，1999），但此群落在我国北方比较典型。

该群落对水分的适应性很强，植株的生长发育状况受水文条件的影响而显差异，最适宜的水深为30 cm左右，且流速较慢的地段。随着水的深度减少，植株变矮，在常年积水地段生长较好，季节性积水地段植株较矮，而且群落的伴生植物也有差异。水的pH值一般在6～7.5，耐碱不耐酸，pH值8.5以上也能生存，但长势不好，植株较矮，茎秆细软（中国湿地植被，1999）。水化学类型和矿化度差异较大。

3）土壤特征

芦苇群落的土壤类型有淤泥沼泽土、腐殖质沼泽土、泥炭沼泽土、泥炭土和滨海盐土等，而且土壤含盐量越高，越不利于芦苇的生长（邢尚军，2006）。三江平原小兴凯湖芦苇群落为淤泥沼泽土（张养贞，1988），其特点是上层为较厚的腐殖质层，无草根层，下部为灰色潜育层。土壤有机质含量少为2.7%，全氮含量为0.15%，全磷含量为0.14%，pH值为6.0~7.0。

辽宁盘锦双台河口沿岸的芦苇群落为盐化沼泽土，土壤母质为冲积物，上层土壤为草根夹泥，下部为青灰色潜育层。土壤中可溶性盐含量较高（中国湿地植被，1999）。

4）生态价值

芦苇有很高的利用价值，其茎纤维含量高达49%~51%，秆是重要的造纸原料；还可以作为人造棉、人造丝的原料，也用作编席织帘等；芦苇的嫩茎、幼芽是水禽的食物，家畜也喜食，以马、牛大牲畜尤甚（中国湿地植被，1999），因为芦苇的化学成分中粗蛋白质、粗脂肪和氨基酸含量较多；其根状茎和花序可供药用；花序可作扫帚、花絮可填枕头。

芦苇群落通常是鱼、虾、贝、蟹的聚居地，是各类鸟类的栖息场所。芦苇群落具有促淤防蚀的功能，其原理是削减波浪能量，减缓流速，促使水中的泥沙颗粒沉降下来，从而促进海岸淤涨，降低风暴潮等自然灾害带来的冲刷风险（何文珊，2008）。

此外，芦苇群落还有改良盐碱土、调节气候、净化污水、澄清水质、抑制藻类和维持生物多样性的作用（中国湿地百科全书，2008），在沿海和湖滩的盐碱土上，为先锋植物。

5.2.3 大米草（*Spartina anglica*）

种中文名：大米草，种拉丁名：*Spartina anglica*，原产于英国南海岸，是欧洲海岸米草和美洲米草的天然杂交种。

1）形态特征

多年生草本，具根状茎。株丛高20~150 cm，丛径1~3 m。根有两类：一为长根，数量较少，不分枝，入土深度可达1 m以下，另一为须根，向四面伸展，密布于30~40 cm深的土层内。秆直立，不易倒伏。叶舌为一圈密生的纤毛，叶片狭披针形，宽7~15 mm，被蜡质，光滑，两面均有盐腺。总状花序直立或斜上，2~6枚，呈总状排列，长7~10 cm，穗轴顶端延伸成刺芒状，小穗狭披针形，长14~18 mm，含1小花，脱节于颖之下，颖及外稃均被短柔毛，第一颖短于外稃，具1小脉，第二颖长于外稃，具1~6脉；外稃具1~3脉，颖果长1 cm左右。染色体$2n=122$、120、124。基部腋芽可萌发新蘖和生出地下茎，在土层中横向生长，然后弯曲向上生长，形成新株。叶互生，表皮细胞具有大量乳状突起，使水分不易透入；叶背面有盐腺，根吸收的盐分大部分由这里排出体外。圆锥花序，长10~35 cm，由4~15枚直立的总状花序组成；小穗含1小花，长14~18 mm。5—11月陆续开花，10—12月结实，结实率低。成熟种子易脱落，无休眠期，可被潮水漂流扩散至远近各处。

2）群落分布

大米草在我国分布于辽宁、河北、天津、山东，江苏、上海、浙江、福建、广东、广西等省（市、自治区）的海滩上，国外分布于丹麦、德国、荷兰、法国、英国、爱尔兰、新西兰、澳大利亚、美国。

5.2.4 互花米草群落（*Spartina alterniflora*）

互花米草群落（*Spartina alterniflora*）是我国沿海近30年内出现的优势群落。我国为了保滩护岸，促淤造陆，有关部门批准从国外引进互花米草。互花米草为泌盐盐生植物，具有盐腺结构，耐海水淹没，是潮间带中下部的优势物种（何文珊，2008）。

1）形态特征

互花米草，被子植物，属禾本科，大米草属。多年生草本植物，秆丛生。形似芦苇，秆粗0.5～1.5 cm，株高1.5～3.5 m（时钟，1995），直立不分枝。叶长达60 cm，平时常内卷，先端长渐尖；叶舌毛环状，基部叶鞘常纤维状，中脉不明显。圆锥花序由3～13个直立的穗状花序组成，小穗卵状披针形，颖先端稍急尖，具一脉，第一颖短于第二颖，无毛或沿脊疏生短柔毛。膜质，雄蕊3；柱头2；顶端呈羽毛状。颖果圆柱状，平滑，花果期8—10月。种子可随风浪传播。植株耐盐耐淹，抗风浪。根系可深达60 cm的滩土中，单株一年内可繁殖几十甚至上百株（中国湿地百科全书，2008；张树仁，2009）。

2）群落分布

互花米草属入侵物种，原产大西洋沿岸美国南部海岸，在美国西部和欧洲海岸归化。它是潮间带湿地的优势植被。由于人类有意或无意的引种，该植被已广泛分布于北美西海岸、欧洲大西洋沿岸各国、澳大利亚、新西兰以及中国各地（王卿等，2006）。1979年引入中国，上海、浙江、广东等地均有分布（中国湿地百科全书，2008）。

3）土壤特征

互花米草适宜在海滩高潮带下部至中潮带上部宽广的潮间带生长，要求土壤经常保持湿润或常有海水淹没，植株方能扎根生长，它具有很强的耐盐、耐淹能力。在缺水干旱的条件下无法存活，而在每次潮水淹没时间太长的低滩上，由于露光时间太短，植株也无法生存。互花米草对土壤和温度的适应性都很广，从亚热带到温带，在黏土、壤土和沙土中都能生长，但以河口地区的淤泥质海滩上生长最好（沈永明，2002）。

4）生态价值

①保滩护岸，促淤造陆。互花米草的植株高大、根系发达、繁殖能力极强，易形成强固的草滩。当潮流流经滩地时，植株就会给潮流带来很大的阻力，从而削减其波浪，降低其流速，减轻波浪或风暴潮对海堤的破坏，促进潮流中泥沙的沉积，具有很强的保滩护岸功能。对于淤长型海岸，可以利用互花米草的滞、消浪的作用来促淤造陆（沈永明，2002）。

②野生动物的栖息地。初冬以后射阳县新港至大丰中路港一带宽阔的互花米草和芦苇滩

地引来数千只丹顶鹤、天鹅等大鸟栖息（林栖凤，2004）。

③航道的减淤。据温州新塘实验区的观测，沿河两岸种植的互花米草拦淤效果很好，其拦淤速率是对照的2～3倍（林栖凤，2004）。

④控制污染。英国的大米草盐沼可吸收水中80%～90%的氮和磷，米草吸收富集重金属的能力很强。大米草地上根部吸收富集汞是环境中汞的10～56倍，而根部达到250～2 500倍；互花米草根部富集汞为环境的10倍左右（林栖凤，2004）。

此外，互花米草还有改良土壤、净化空气、绿化环境、防风抗浪，抑制沙滩风沙、增加湿地面积等生态功能。

5）互花米草经济价值

（1）米草属植物的传统利用

互花米草平均地上鲜生物量可达30 t/hm^2，最多可达50～80 t/hm^2。经测定，互花米草粗蛋白质的含量占11%，粗脂肪占2%，粗纤维占25%（时钟，1995）。每1 t互花米草鲜草的肥效超过12.5 kg尿素的肥力，能增产稻谷30 kg左右。用互花米草做肥料，还可以改善土壤结构，防止土壤的板结。互花米草的鲜草可用作牛、羊、兔、鹅、鱼的饲料或作配合饲料（沈永明，2002）。还可以发展海滩牧场，用互花米草放牧羊群，互花米草还可作燃料、食品和化工原料以及用于培养食用菌等，造纸原料（沈永明，2002）。

（2）米草属植物的深度开发利用

互花米草复合降脂胶囊、互花米草总黄酮、互花米草饲用着色剂、互花米草特种水产饲用添加剂、互花米草厌氧发酵、远缘杂交水稻及其他深度开发利用（关道明，2009）。

（3）危害

破坏近海生物栖息环境，影响生物多样性和滩涂养殖；堵塞航道，影响船只出港；影响海水交换能力，导致水质下降，并诱发赤潮和水体富营养化；威胁本土海岸生态系统，致使大片红树林消失。

5.2.5 海三棱藨草（*Scirpus mariqueter*）

1）形态特征

海三棱藨草（*Scirpus mariqueter*），莎草科，藨草属，具匍匐根状茎和须根。多年生挺水或湿生草本植物。具长的匍匐根状茎。秆散生，高20～100 cm，三棱形，基部具有2～3个叶鞘，鞘膜质，最上一个鞘顶具叶片。苞片一枚，为秆的延长，三棱形。侧枝聚伞形花序假侧生，有1～8个辐射枝，每个辐射枝顶有1～8个簇生的小穗。小穗卵形或长圆形，密生多数花，花果期6—9月（李强，2010）。海三棱藨草体内具有发达的通气系统，其叶片形态构造上还具有旱生植物的特征，因此海三棱藨草既能适应潮水的淹没，又能适应退潮后太阳的暴晒（沈敏健等，1992）。海三棱藨草可以凭借种子繁殖和地下球茎、根状茎繁殖扩大其种群数量和空间分布范围（陈中义，2005）。海三棱藨草是1961年由唐进和汪发缵联合发表的一个新杂交种。

2）群落分布

海三棱藨草是我国的特有种，该种是生长在潮间带湿地上的原生草本植被。海三棱藨草群落分布在河北、江苏、浙江和上海等地的沿海滩涂上（中国湿地植被，1999），但目前主要分布在长江口诸岛屿以及杭州湾南岸滩涂湿地（何文珊，2008），常形成单种群群落，是长江口盐沼的优势植物（欧善华等，1992）。北起长江口南岸的浏河，南至杭州湾北岸的金丝娘桥，全长 172 km 与江、海交界的滩涂，为海三棱藨草生长最佳地段（杨斌生，1990）。海三棱藨草是适应滩涂环境的先锋植物，在长江口的广阔滩涂上往往形成连片的单种群群落，成为天然的草场（中国湿地植被，1999），它所分布的面积仅次于芦苇群落（高占国，2006）。

3）土壤特征

土壤为中度盐渍化土，含盐量在 0.2% ~0.48%，地表常年积水 0 ~20 cm，雨季水深 10 ~40 cm。土壤为腐殖质沼泽土，没有泥灰。由于常年处于积水状态，潜育层明显（中国湿地植被，1999）。海三棱藨草能耐受一定的土壤盐度，在土壤盐度 0 ~0.4 中生长良好（陈中义，2005）。在中潮位地带生长最好，其密度和单株生物量最高（孙书存，2001），形成密集的单种群草场，群落外貌整齐，结构简单，季相明显（陈中义，2005）。海三棱藨草是我国特有的盐生草本植物，其耐盐性和耐淹性较强，是潮间带盐沼群落演替的先锋物种，既可以在潮间带定居促进泥沙沉积，而且还可以防止潮汐对岸滩的侵蚀（高占国，2006）。

4）生态价值

作为第一性生产者，海三棱藨草的一些生物学和生态学特性使其在河口湿地生态系统中具有重要的作用，其生态价值表现在以下几个方面。

（1）为湿地水鸟提供栖息地

海三棱藨草群落不仅为一些水鸟直接提供了球茎、根状茎和小坚果等植物性饵料（赵雨云等，2003；朱晶等，2007），而且由于海三棱藨草草场内螺类和贝类等底栖动物特别丰富，海三棱藨草群落也是湿地水鸟动物性饵料的主要食源地。

（2）为河口湾提供了大量碎屑，有利于维持河口生物多样性

例如，长江口区域不仅是优良渔场，还是一些特优水产生物和国家级保护动物的繁衍栖息地和洄游通道。这里还有丰富的浮游动物和底栖无脊椎动物（童春富等，2007）。海三棱藨草每年冬季枯死的地上部分腐烂分解后，为动物提供了丰富的碎屑食物，有利于维持长江口的生物多样性（陈中义，2005）。

（3）具有消减波浪、固滩护堤和促进泥沙沉降的作用

由于海三棱藨草棱形的叶片结构，叶面粗糙，具有较高的泥沙拦截能力。当波浪经过密集的海三棱藨草群落时，波能受到衰减。海三棱藨草对底层流速具有较大的滞缓效应，其茎叶对悬浮细颗粒泥沙具有黏附作用，因而能促进泥沙沉降，导致了滩涂不断向大海淤涨。未被潮水淹没的群落能显著地削弱风力，当光滩上的风速超过 10 m/s 时，海三棱藨草的底部风速接近于 0（小于 1 m/s），所以说该群落对风力有削弱和抑制作用。据测定，长江口南汇边滩的海三棱藨草年平均淤积泥沙达 8.7 cm（何文珊，2008）。海三棱藨草具有密集交错的地

下根茎系统，深度可达50～70 cm，有利于防止土壤被冲刷，具有较强的固土作用（陈中义，2005）。

（4）海三棱藨草的碳汇功能

长江口湿地海三棱藨草的现存碳储量为0.34 kg/m^2，平均0.51 kg/m^2；固碳能力为0.36～1.11 kg/a，是我国陆地植被平均固碳能力的73%～227%，是全球植被平均固碳能力的88%～271%（梅雪英等，2007）。

（5）海三棱藨草草场能够提供良好的天然牧草

经测定，海三棱藨草茎叶营养成分一般为：粗蛋白质占11%，粗脂肪占1.73%，粗纤维占28.9%，灰分占14.32%，磷占0.2%，钙占0.5%，无氯浸出物占43.75%［上海植物志（下卷），1999］。其茎叶中的蛋白质含有16种氨基酸，蛋白质含量超过10 %以上，大于一般的禾本科牧草（徐生俊等，1992）。再生能力强，较少有病虫害出现，所以海三棱藨草草场能够提供良好的天然牧草（陈中义，2005）。

（6）具有景观美学价值

海三棱藨草在长江口湿地常成大片分布，群落外貌整齐，季相明显，在生长期呈现出一望无际的绿色景观，春秋季节大批迁徙性鸟类在此栖息，具有开展生态旅游的价值（陈中义，2005）。

此外，海三棱藨草的营养价值较好，可用作家畜家禽的饲料；其茎可造纸或编席，由于面积小，一般未很好利用。

5.3　河口湿地植被光谱特征

5.3.1　植被光谱测量方法

1）测量仪器

ISI921VF系列野外地物光谱辐射计是合肥仪思特光电技术有限公司于2002年推出的最新产品，主要用于户外目标可见－近红外波段的高光谱辐射测量。波段范围为可见－近红外的380～1 050 nm，并可由用户在±20 nm的范围内选择，以侧重短波波段或长波波段的测量应用要求。

野外使用的光谱仪为ISI921VF－256便携式地物光谱辐射计，波长范围为可见－近红外的380～1 050 nm，光谱分辨率4 nm，波长准确性1.4 nm，探头45°视场角（表5－2）。

表5－2　ISI921VF－256光谱仪的主要技术指标

序号	项目	技术指标	
		ISI921VF－256	ISI921VF－128
1	光谱范围	380～1 080 nm	
2	光谱分辨率	4 nm	8 nm
3	波长准确性	1.4 nm	2.8 nm
4	视场角	3°/6.4°	

续表

序号	项目	技术指标	
		ISI921VF－256	ISI921VF－128
5	等效噪声幅亮度	1×10^{-9} W·cm^{-2}·nm^{-1}·sr^{-1}	
6	精度	2%	
7	连续工作时间	6 h	
8	光谱曲线存储	1 000 条	256 条
9	动态范围	60 db	
10	增益	0～7：1～128 倍	
11	积分时间	积分时间 0：72ms 积分时间 1：144ms 积分时间 2：288ms	
12	指示光	10mw@ 665nm 半导体激光器	
13	GPS 定位	20 m 精度	
14	同步录像	320×240 像素彩色图像，静态画面存储及同步显示	
15	加长测量架	10m@ 37kg	

2）测量方法

（1）仪器定标工作

外业使用仪器在实验室内已经完成波长、响应度等项目的仪器定标工作及配准。在每个样方光谱采集前都进行白板光谱采集，测定光谱时，探头垂直朝下，距离植物群落冠层高度 1 m，采集时间从 10：30 到 15：30，尽量在阳光直射、低潮位时进行采集，避免水面的干扰。但在盖度低的样区，出露的泥滩对光谱采集具有一定的干扰。每个测点最好测 2 组（6 条记录）或以上，以便获得地物光谱数据的平均值，降低噪声和随机性。

（2）白板光谱采集

探头垂直于白板上方，采集人面向太阳，防止阴影遮住白板，随机采集，如果在光线过强的时段采集，光谱曲线有溢出，则调节仪器响应值，直到采集到正确的白板光谱曲线。

（3）地物光谱采集

在采集白板光谱后马上进行地物光谱采集，采集时采集人面向太阳，探头垂直于目标物，随机采集 6～7 条地物光谱曲线。

光谱采集时对光照要求比较高，为保证光谱采集的准确性，光谱采集要求白板采集与目标物采集时的光照条件一致。为避免干扰，采集者尽量穿颜色较深的衣物。

3）光谱曲线计算

首先进行参考白板辐射校正，计算校正后的白板辐射值；然后对目标物进行辐射校正，计算校正后的翅碱蓬群落辐射值；最后计算光谱反射率。

首先利用式（4－1）进行参考白板辐射校正，然后利用式（4－2）进行目标物的辐射校正。计算出校正后的辐射值和白板辐射值，最后利用式（4－3）计算得到反射率。

$$R = \frac{R' \times \delta}{\chi} \tag{5-1}$$

$$Q = Q' \times \delta \tag{5-2}$$

$$\lambda = Q/R \tag{5-3}$$

式中：R 为校正后的白板辐射值；R'为实测的白板辐射值；δ 为仪器响应度；χ 为参考白板反射率；Q 为校正后的目标物辐射值；Q'为实测的目标物辐射值；λ 为目标物的反射率。

5.3.2 叶面积指数测量

1）仪器介绍

外业使用仪器为美国 LI－COR 公司开发的、专门用于测量植物冠层结构的仪器——LAI－2000（图 5－1）。测量冠层上、下两个角度的透射光线，并利用植物冠层辐射转移模型计算出叶面积指数（LAI）和其他冠层结构指标。其主要特点能够无损伤测定叶面积指数，测定范围广，可测定草地，森林，单株冠层等不同尺度，且不受天气状况影响，现场可以得到各种评价参数。主要的计算指标有：叶面积指数（LAI）、叶片平均倾斜角（MTA）、用于计算结果的上下观测次数（SMP）、LAI 的标准差（SEL）、MTA 的标准差（SEM）、冠层下可见天空比例（DIFN）等（表 5－3）。

表 5－3 LAI－2000 的主要技术指标

序号	项目	技术指标	
1	传感器连接	2 个 DB15 传感器接口，连接 LAI－2050 传感器；2 个 BNC 接口	
2	内存	64K 用于文件储存，16K 系统内存	
3	存储容量	64K，最多可保存 116 个文件	
4	键盘	24 键触摸式音频回馈键盘	
5	屏幕规格	2 行×16 字符	
6	电源	6 节 1 号碱性电池，可连续使用 260 h	
7	低电压报警	电量<15%时报警	
8	光路	当从第 4 环的环心测量时，最大环中心误差 1.00°，而最大放大误差 0.50°	
9	波长范围	320～490 nm，其他波段滤除	
10	观察帽	4 种方位角覆盖 0°、45°、90°、180°和 270°象限	
11	工作环境	－15～50℃，0～100% RH	
12	尺寸	LAI－2070 控制单元	21L×11.4W×6.9Hcm
		LAI－2050 光学感应传感器	61L×2.9W×2.9Hcm
13	重量	LAI－2070 控制单元	1.8 kg
		LAI－2050 光学感应传感器	0.85 kg

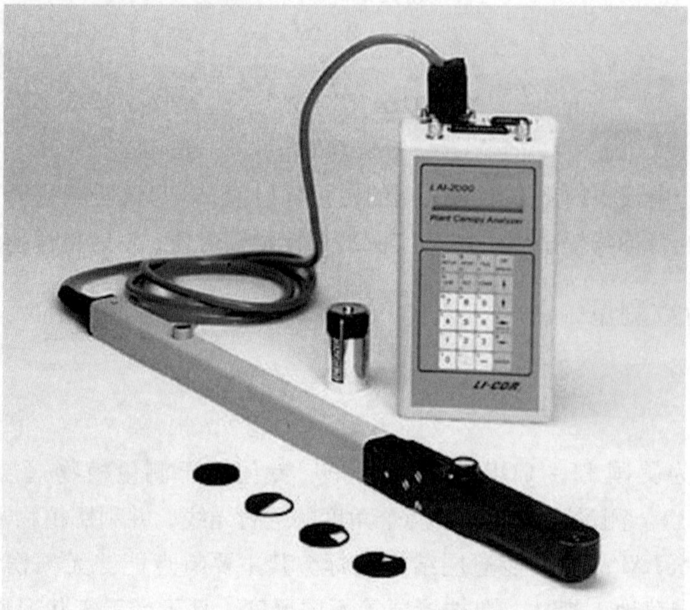

图 5－1　植被冠层分析仪 LAI－2000

2）测量方法

仪器设置：开机后进行设置主要是针对 Set Op Mode 选项，因为使用的是 X 传感器，所以传感器选择时使用默认值，当出现提示输入测量次序时“Seq = ↑ ↓”，根据你的需要输出测量数，如输出“↑ ↓ ↓ ↓ ↓”，代表你将在树冠上测量 1 个值，再在树冠下测量 4 个值，最后系统将根据这 5 个值计算出 LAI 及相关参数。

在野外操作时，主要传感器尽量保持水平状态，在采样时，不要让某个叶片完全遮蔽了“鱼眼”感应器。一般来说，LAI－2000 外业操作主要是测量树冠上的数据 A 和树冠下的数据 B，先测量植物树冠上面的测量数据（A），再在树冠下面测量数据（B），即可得到现场的 LAI 数据等一系列参数指标。从理论上来说，A 值大于 B 值。

5.3.3　主要湿地植被的光谱特征

1）翅碱蓬的光谱特征

翅碱蓬反射曲线［图 5－2（a）］，与普通绿色盐沼植被的反射曲线在线型上保持一致，由于翅碱蓬光谱采集时间为 9 月下旬，此时翅碱蓬已经变红，因此，其在绿光波长没有明显的反射峰值，在 630～650 nm 红光波长出现“红峰”，反射率达到 12%～15%，在 680～700 nm，有明显的“红谷”形态，在 700～750 nm 的近红外，出现明显的“红边”，反射率达到了 25%。

在 400～700 nm 波段，赤碱蓬光谱反射率波动范围大，但变化趋势一致。图 5－2 中，在 400 nm 左右，翅碱蓬反射率在 3%～10% 范围波动，在 630 nm 的“红峰”波长区，峰值在 5%～15% 左右波动。通过计算统计分析，反射率的波动可能与样地植被的盖度和生物量有关。在 700～800 nm 近红外“峰”、“谷”交替出现，但波形不同步。造成这种结果的主要原因，可能是样本光谱采集时，不同样的翅碱蓬颜色深浅不一，而植株体内所含色素的变化对700～800 nm光谱的影响大。针对700～800 nm波段对于翅碱蓬的叶片色彩变化的异常敏感，今后研究中，该波段的光谱特征与翅碱蓬颜色变化将是重点突破方向。

秋季芦苇群落光谱和乔木光谱（以山杨为代表）与翅碱蓬光谱存在明显差异。芦苇光谱与乔木光谱在550 nm左右，存在明显的“绿峰”反射，而翅碱蓬在630 nm，存在明显的“红峰”反射；虽然三种植被都存在“红谷”和“红边”现象，但是在近红外反射率差异明显，总的来说从高到低依次为乔木、翅碱蓬、芦苇。从整条光谱波形看，翅碱蓬的反射率都高于芦苇的反射率［图5－2（b）］。在整个可见光区，乔木反射率除绿光区外其他都较翅碱蓬低，红外区乔木明显高于翅碱蓬。对比高占国等（2006）对盐沼植被的研究发现：秋季翅碱蓬红光区的反射率达到12%，高于同季节的芦苇、互花米草等绿光区的反射率，在近红外区，三种植被都有明显的“红谷”和“红边”现象。

泥滩光谱与翅碱蓬光谱差异明显［图5－2（c）］。泥滩光谱曲线在可见光区有明显的“峰谷”交替现象。在560 nm、585 nm、641 nm、705 nm、740 nm等波长出现波峰，在569 nm、613 nm、685 nm、716 nm等波长出现“波谷”，其中在绿光区（560 nm、585 nm）反射率高达15%；可见光区的其他峰值一般在13%左右。在红外区（760～1 100 nm），泥滩反射率明显比植被低，反射曲线平稳，反射率保持在11%左右。翅碱蓬光谱与泥滩光谱明显的区别在于，泥滩有明显的“绿峰”，且反射率高达15%以上，红外区，泥滩光谱曲线没有“红边”现象，反射率低，保持在10%左右，而翅碱蓬等植被有明显的“红边”，反射率都在20%以上。

2）互花米草光谱特征

互花米草在一年当中各个月份的光谱曲线如图5－3所示。互花米草植被光谱反射率的红边陡坡特征出现在从5月份到10月份获得的数据中，而在12月到翌年1月，3月到4月的反射光谱中，互花米草植被没有明显的红边，也没有明显的绿峰特征和650～700 nm区域的吸收谷。说明从12月到翌年5月，互花米草植被中的叶绿素含量不高，而在5月末期开始到10月，互花米草生长旺盛，植被中含有大量叶绿素。

从7月到10月的数据中可以看出，互花米草的反射光谱在720 nm到约770 nm的近红外区域，有下降的现象，在7月最大，而10月的最低。这可能是因为在7月，互花米草正在经历旺盛的生长阶段，累计一定的生物量之后，在10月转入繁殖生长阶段，光合作用下降。7月到10月互花米草反射光谱的红边位置都在720 nm附近，变化不大。

而在12月到翌年4月的时间内，互花米草的反射光谱失去了典型的植被特征：在近红外区的反射率不高，红边的陡峭度也不高。在冬天（12月、翌年1月、翌年3月）的光谱曲线特征更接近于光滩或是湿润泥土的反射特征。

对于互花米草，4月与5月份之间反射光谱有显著性差异的波段主要是在450～720 nm的可见光范围内；5月和7月之间有显著性差异的波段比较多，在红色、近红外区域的大部分波段都有差异。在550 nm的“绿峰”位置也有差异；而7月与9月之间，仅在小部分近红外光谱的区域内，互花米草的反射光谱出现了显著性差异，说明在这段时间内互花米草的光谱变化不大；9月和10月相比较，互花米草光谱出现显著性差异的部分也主要在红色和近红外区域。

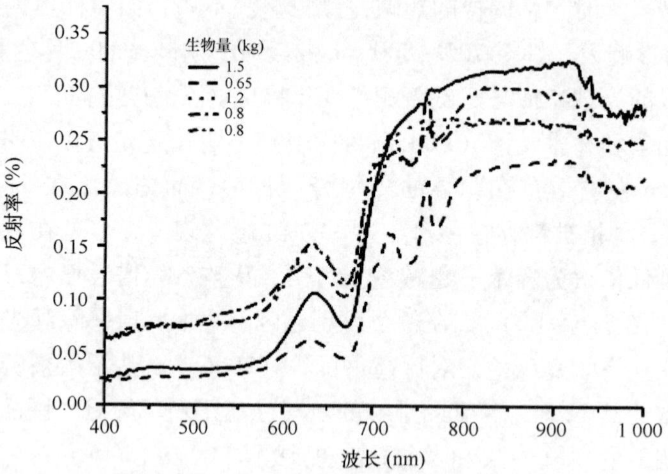

(a)

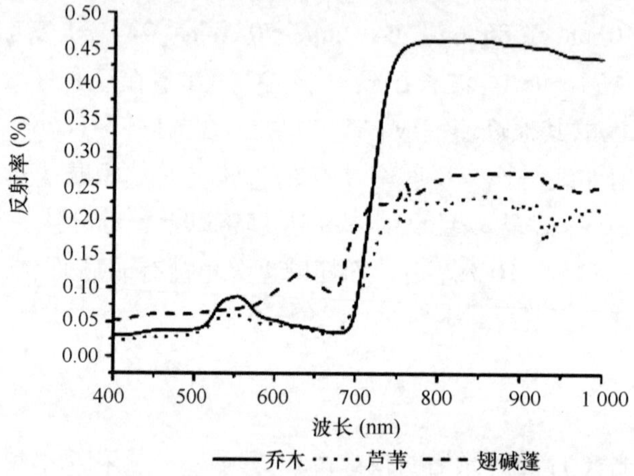

(b)

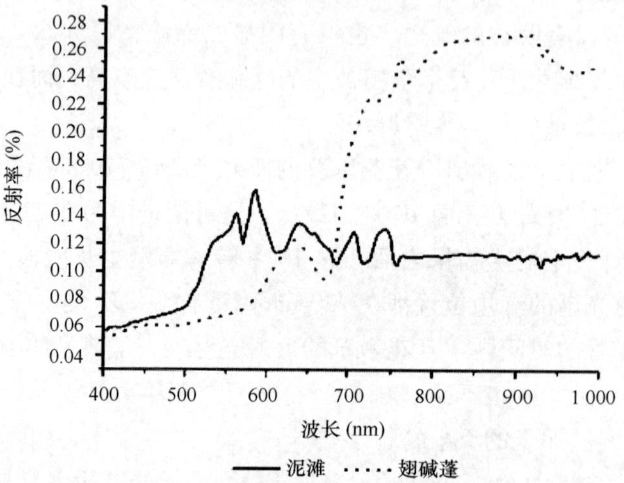

(c)

图 5－2　翅碱蓬、芦苇、乔木、泥滩光谱曲线

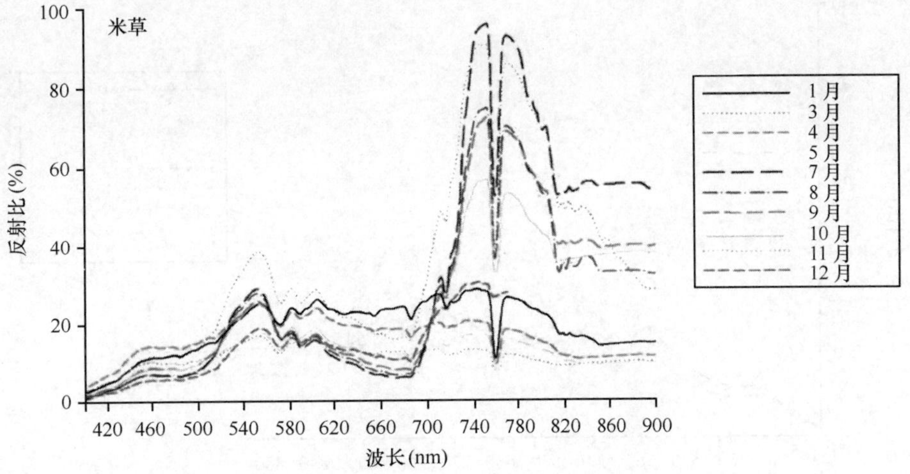

图5-3 互花米草在一年中反射光谱的变化

互花米草群落在不同季节具有独特的反射光谱特征。在5月至9月的夏季生长旺季，由于互花米草的净光合效率较高（赵广琦，2005），互花米草群落的地上生物量随着季节呈直线上升（王长永，1994），因而其反射光谱的“红边”特征较为明显。

互花米草群落的生物量在9月份达到最大，10月份则进入生长后期，其光合作用效率大大降低，而且部分叶片或者植株开始枯黄（王长永，1994），因此其群落冠层反射光谱的“红边”斜率峰值下降，坡降趋缓，然而在近红外波段的反射率仍比糙叶苔草群落和海三棱藨草群落高。

互花米草群落反射光谱曲线在季节上的变化较大，随着群落盖度和高度以及生物量从春季到夏季的上升（王长永，1994），近红外波段的反射率也相应升高。9月份以后，随着互花米草生物量开始下降和花序的出现（王长永，1994），其群落的光谱反射率在近红外波段大幅度下降。

3）藨草光谱特征分析

图5-4是海三棱藨草在一年各月份当中反射光谱的变化曲线。总体来说，海三棱藨草的光谱反射率低于互花米草的光谱反射率。在近红外区域，7月的反射率最高，5月份的光谱曲线在形状和反射率数值上都和7月很接近。9月海三棱藨草的光谱曲线与5月、7月在形状上相似，都有典型植被的在可见-近红外区域内的“两峰一谷”的特征，但是光谱反射率在数值上低于7月。海三棱藨草在7月的红边位置处于740 nm附近。从10月开始，海三棱藨草的光谱反射率曲线形状就开始失去红边特征，一直到翌年4月份。说明海三棱藨草的生长季节较互花米草短，主要在5月到9月的时间内生长，其他时间处于枯萎的状态（何美梅，2008）。

研究结果表明，群落的高度和盖度对近红外波段的光谱反射率影响最大（黄华梅，2005），高度与盖度越大，其生物量越高，近红外波段的光谱反射率也就越高。在生长季节，海三棱藨草群落的高度与盖度一般都比其他群落要低，因此海三棱藨草群落的“红边”斜率峰值与近红外波段反射率都比其他群落要低（高占国，2006）。

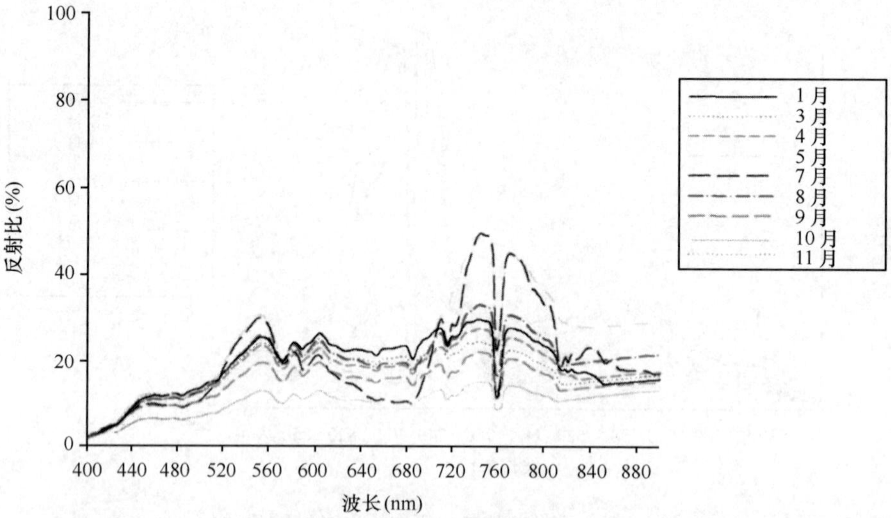

图 5-4　海三棱藨草反射光谱的变化曲线

在 9、10 月份海三棱藨草群落的叶片和植株枯黄，生长期已基本结束，其群落冠层反射光谱的“红边”斜率峰值和近红外波段的反射率明显低于其他群落。

在不同季节中，同一类型的植物群落的反射光谱特征不尽相同（浦瑞良，2000）。海三棱藨草群落由于春季时盖度较低，其可见光波段的光谱反射率相对较高，到夏秋季节，其可见光波段的反射率下降，而在近红外波段的反射率则由夏季到秋季逐渐下降（高占国，2006）。

5.4　叶面积指数遥感监测

植被叶面积指数（leaf area index，LAI），作为植被冠层结构最基本的参数之一，是陆地生态系统中一个十分重要的指标。目前较为普遍的定义即单位地表面积上总叶片面积（双面或多面）的一半（Chen J M. 2001），叶面积指数控制着植被的许多生物、物理过程，与许多生态过程直接相关（李淑敏，2009）。卫星遥感凭借其覆盖范围广、准确度高、时空分辨率高等优点为大范围研究 LAI 提供了有效的方法。

5.4.1　叶面积指数遥感方法

国内外学者们将经典的数学物理理论与遥感实践相结合，建立了近百种不同的遥感模型。这些模型大体可分为经验统计模型、物理模型、半经验模型三种。

所谓“经验统计模型”一般是描述性的，是指对一系列观测数据做经验性的统计描述，或者进行相关分析，建立了遥感参数与地面观测数据之间的线性回归方程：一种直接的统计相关关系，而不解答为什么会具有这样的相关或统计结果这类问题。“经验统计模型”的主要优点是简便、实用性强，一般仅包含 3～6 个参数。但其理论基础不完备，缺乏对物理机理的足够理解和认识，参数之间缺乏逻辑关系。对于不同地区、不同条件，往往可以得出多种统计规律，所建立的经验模型缺乏广泛的普适性。此外，许多遥感参数与地面参数之间并非简单的线性关系，还需要考虑方向反射、结构变化的非线性影响等，情况是复杂的。当然，对于地面实况不清或遥感信息产生机理过于复杂的情况下，“统计模型”应该是一种较适合的描述工具。但是随着地面知识的积累和遥感观测波段数的增加，它的优势则明显减弱。如 Walthall 模型（Walthall et al. ，1985），用于单波段时仅 3 个参数，但用于 7 个波段时由于不同波段的参数之间没有逻辑关系，则参数增加到 21 个。而此时的 5 个结构参数，7 个波段数据的土壤反射率模型仅需 12 个参数（李小文，1995）。

“物理模型”（或叫做过程模型），理论基础完善，模型参数具有明确的物理意义，并试图对作用机理进行数学描述，如描述植被二向反射的辐射传输模型、几何光学模型，描述作物生长过程的动力学模型等。此类模型通常是非线性的，输入参数多、方程复杂、实用性较差，且常对非主要因素有过多的忽略或假定。

半经验模型综合了统计模型和物理模型的优点。模型所用的参数往往虽是经验参数，但又具有一定的物理意义。如 Rahman 的地表二向反射模型、Ambrals 核驱动线性模型等。

目前，利用遥感技术反演植被叶面积指数主要有 3 种方法：统计模型法、物理模型法和综合模型法。

1）统计模型法

统计模型法主要是将遥感图像数据（如归一化植被指数 NDVI、比植被指数 RVI 和垂直植被指数 PVI）与实测的 LAI 数据作经验性统计描述或建立相关性分析或回归方程模型。这种方法的特点是，统计分析模型形式简洁，适应性强，对输入数据要求不高，而且计算也简单易行，但对遥感机理的理解和认识不足，往往在不同地区，不同条件下受多种因素的限制（如土壤，大气，地形等），很难得到具有普遍适应性的统计模型，不适合用于大尺度的遥感影像和多种植被类型的统计分析。

利用遥感技术统计分析叶面积指数的依据是植被冠层的光谱特征。绿色植物叶片的叶绿素在光照条件下发生光合作用，强烈吸收可见光，尤其是红光，因此，红光波段反射率包含了植冠顶层叶片的大量信息。在近红外波段，植被有很高的反射率、透射率和很低的吸收率，因此，近红外反射率包含了冠层内叶片的很多信息（张晓阳，1995）。这就是 LAI 遥感定量统计分析的理论依据。

统计模型法是以 LAI 为因变量，以光谱数据或其变换形式（如植被指数）作为自变量建立的估算模型，即 LAI = f（x）。其中，x 为光谱反射率或植被指数。散见于遥感文献中的具体形式如式（5－4）～式（5－7）

$$\text{LAI} = ax^3 + bx^2 + cx + d \tag{5-4}$$

$$\text{LAI} = a + bx^c \tag{5-5}$$

$$\text{LAI} = -1/2a\ln(1 - x) \tag{5-6}$$

$$\text{LAI} = \ln\left(\frac{\text{VI} - \text{VI}_\infty}{\text{VI}_g - \text{VI}_\infty}\right)K_{VI} \tag{5-7}$$

在式（5－4）～式（5－6）中，x 为光谱反射率或植被指数，a、b、c 为系数（Qi J，2000）；式（5－7）中，VI_∞ 为植被指数的渐进无穷值，在 LAI＞8.0 时，总能达到此限；VI_g 是相应裸土的植被指数；K_{VI} 是一个消光系数（浦瑞良，2000）。

传统的多光谱植被指数是由红光（R）和近红外（NIR）2 个波段得到的。在众多的两波段植被指数中，常应用于LAI定量计算的是绝对比值植被指数SR、归一化差值植被指数NDVI和垂直植被指数PVI，如式（5－8）～式（5－10）所示：

$$SR = \rho_n/\rho_r \tag{5-8}$$

$$NDVI = (\rho_n - \rho_r)/(\rho_n + \rho_r) \tag{5-9}$$

$$PVI = (\rho_n - a\rho_r - b)/(a^2 + 1)^{1/2} \tag{5-10}$$

式中：ρ_n 和 ρ_r 分别是近红外波段和红光波段反射率；a、b 为系数。NDVI具有从－1到1的固定变化区间，避免了当 $\rho_r \to 0$ 时SR的值会无限增大的情况，因而被广泛应用。SR被广泛应用的原因之一在于它对植被变化敏感性强，且与生物物理参数的线性关系更加显著（Chen JM，1996），根据模型模拟SR最适用于LAI的反演（Chen JM，1997）。张晓阳等（Chen J M，1996），从作物冠层对光谱的反射特征出发，推导出利用PVI估算LAI的理论模式，并应用水稻观测数据加以验证，证实PVI估算LAI既有较强的理论基础，又可以消除土壤背景的影响。实测数据表明，水稻叶面积系数PVI估算模式具有较高的精度和应用价值。

除应用两波段计算外，多光谱植被指数还发展了3波段的植被指数，常见的有大气阻抗植被指数（AVRI）、修正的归一化差值植被指数（MNDVI）和减小的绝对比值植被指数（RSR），公式（5－11）～式（5－13）

$$AVRI = (\rho_n - \rho_{rb})/(\rho_n + \rho_{rb}) \tag{5-11}$$

$$MNDVI = \frac{\rho_n - \rho_r}{\rho_n + \rho_r}\left(1 - \frac{\rho_s - \rho_{smin}}{\rho_{smax} - \rho_{smin}}\right) \tag{5-12}$$

$$RSR = \frac{\rho_n}{\rho_r}\left(1 - \frac{\rho_s - \rho_{smin}}{\rho_{smax} - \rho_{smin}}\right) \tag{5-13}$$

式中：ρ_n 和 ρ_r 分别是近红外波段和红光波段反射率；$\rho_{rb} = \rho_r - \gamma\ (\rho_b - \rho_r)$，其中，$\rho_b$ 为蓝光波段反射率，γ 是一个与气溶胶类型有关的参数；ρ_s 为短波近红外反射率；ρ_{smax} 和 ρ_{smin} 分别为短波近红外最大反射率和最小反射率。

计算AVRI时引进了蓝波通道，减小了由于大气汽溶胶引起的大气散射对红波段的影响，使得AVRI对大气的敏感性大大小于NDVI，对于未进行任何大气校正前的图像处理很有效；MNDVI和RSR则引进了短波红外通道，由于短波红外通道对植被下垫面的土壤和其他背景很敏感，因而可以抑制背景（包括灌木、草、苔藓和土壤/森林中杂草）的影响；另外RSR对覆盖类型变化的敏感性很小，特别对混合像元的区分非常有用，但是，由于SWI R对地表水体和土壤湿度很敏感，所以成像前的降水会影响它对LAI的反演精度。

由于高光谱数据具有波段窄且波谱连续的特点，因此可以构建许多对LAI相对敏感的植被指数，或将常规的植被指数变为连续的形式（浦瑞良，2000）。对于高光谱数据而言，可见光和近红外光谱数据可以看做是一个阶梯函数，表达了植被反射率在 $\lambda = \lambda_0 = 0.7\ \mu m$ 处的突然递增，NDVI可表达为（陈述彭，1998）：

$$NDVI = (R_{(\lambda_0+\Delta\lambda)} - R_{(\lambda_0-\Delta\lambda)})/(R_{(\lambda_0+\Delta\lambda)} + R_{(\lambda_0-\Delta\lambda)}) \tag{5-14}$$

式中：λ_0 为中心波长；$\Delta\lambda$ 为递增波长。

实际上，高光谱分辨率植被光谱随波长变化可视为连续过程，因此，上述的NDVI离散形式可变为连续形式，在 $\Delta\lambda \to 0$ 极限条件下：

$$NDVI = \frac{1}{2R(\lambda)} \cdot \frac{dr}{d\lambda} \tag{5-15}$$

同样，其他形式的离散植被指数也可变为连续形式，即微分光谱与一系数的乘积，如垂直植被指数（陈述彭，1998）：

$$P_{ij}^{n} = \sum_{k=0}^{m-1} P_{ik} P_{kj}^{(n-1)} = \sum_{k=0}^{m-1} P_{ik}^{(n-1)} P_{kj} \tag{5-16}$$

浦瑞良等研究表明（浦瑞良，1993），虽然利用遥感数据研究 LAI 大部分是利用相对较宽的传统多波段的红光和近红外光谱通道提取的植被指数，但是，利用高光谱微分图像的单通道同样能获得满意的结果。宫鹏等（Gong P，1995）应用 3 类统计模型方法（单变量回归、多变量回归和基于植被指数的 LAI 估计模型）利用 CASI（小型记载成像光谱仪）数据估计 LAI，研究结果表明，3 类统计模型技术均能产生较高的 LAI 估计精度。而且 CASI 两种成像方式（多光谱和高光谱）得到的数据分析结果显示，与多光谱数据相比，高光谱可见光区数据与实测 LAI 之间有更强烈的相关性（宫鹏，1996）。

2）物理模型法

物理模型方法理论基础完善，模型参数具有相当强的物理意义，不过分依赖于植被的具体类型或背景环境的变化，因而更具普适性，这种模型更适用于均匀的植被，并可对作用机理进行适当的数学描述。但此类模型一般是非线性的，输入参数多，方程复杂，且对非主要因素有过多的忽略或假定，模型在反演过程中有些反函数是不收敛的，这样可能导致反演结果存在不确定性，或者造成错误的反演结果；此外，由于目前计算能力的局限和模型本身的复杂性，模型反演方法非常耗时，对于大区域的遥感图像处理尤为不利（秀琴，2003）。

物理模型包括辐射传输模型和几何光学模型，如 SAIL 模型、Li—S 模型和 4—Scale 等。

3）综合模型法

（1）FCR 模型

FCR 模型于 1994 年由 Andres Kuusk 提出。该模型将 N—K 和 SAIL 模型结合起来，是一个快速、可反演的植被冠层二向反射率模型（宫鹏，1996）。模型中，冠层全方位反射率由单次散射和多次散射（漫散射）形成，其中，单次散射用 N—K 模型计算，漫散射通量用 SAIL 模型逼近（浦瑞良，1993；Gong P，1995；宫鹏，1996；秀琴，2003）。冠层的方向反射率由式（5.17）计算，即

$$\rho = (S_\lambda / Q_\lambda)\rho^1 + \rho_D \tag{5-17}$$

式中：ρ^1 是二向反射率中的单次散射组分；ρ_D 是漫射通量；S_λ 和 Q_λ 分别是冠层上方某一水平面上太阳直接辐射和总辐射能量。

ρ^1 包括冠层和土壤的单次散射，由式（5.18）和式（5.19）计算，即

$$\rho^1 = P_c^1 + \rho_{soil}^1 \tag{5-18}$$

$$\rho_c^1 = \int_0^H \frac{T_L(r',r,z)}{u'u} u_L(z) Q(r',r,z)\,dz \tag{5-19}$$

式中：ρ_c^1 是冠层单次散射；ρ_{soil}^1 是土壤单次散射；T_L（y'，y，z）是冠层散射相函数，入射方向和反射方向用极坐标系表示，其中 r' =（θ'，0）是指向太阳的单位矢量，r =（θ，0）是指向探测器的单位矢量，θ'和 0 分别是 r'和 r 在极坐标系中的极角，z 是冠层深度（到冠层顶端的距离）；Q（r'，r，z）是双向联合间隙率，由 r'、r 和方向间隙率及热点函数描述。

在漫散射通量计算中，引入了SAIL模型，并考虑了多次散射和漫散射天空光。模型中需要输入的参数分为光学参数（叶片反射率、叶片透射率、叶面蜡状物折射指数、土壤和薄层水体反射率）、冠层结构参数（叶面积指数、叶倾角分布、叶的发丝状指数、叶的相对线性尺度）和几何光照参数（太阳天顶角、观测天顶角、太阳直接辐射和总辐射之比）3类（陈健，2005）。

（2）PROSPECT模型

PROSPECT模型基于"平板模型"的辐射传输模型（Jacquemoud S，1995），它通过模拟叶片从400 nm到2 500 nm的上行和下行辐射通量而得到叶片的光学特性，即叶片反射率 r_λ 和透射率 τ_λ。平板模型的假设是：叶片是一个紧密的平板，均匀地充满了吸收和散射物质；平板表面是个朗伯表面。而PROSPECT模型则假设每片叶片是由 N 层同性层堆叠而成，由 $N-1$ 层气体空间隔开，N 不一定是整数。它通过一个折射指数和一个表征叶片叶肉结构的量来描述散射过程，吸收则通过吸收系数描述。吸收系数可以表达为叶组分含量和相应的特定吸收系数的线性组合。

PROSPECT模型引入了立体角 Ω。Ω 由相对于叶平面法线的最大入射角 α 来确定，假定光线都是从这个立体角里穿过叶片的。虽然 α 值取决于反射面的几何结构，但研究者常取其最适值 $\alpha=59°$。Jacquemoud等（Jacquemoud S Baret，1990）模拟得到折射指数 n，叶肉界面物质的折射指数接近于1.4，从400 nm到2 400 nm呈规则递减。

PROSPECT模型只需要4个参数：α（入射角）、n（折射指数）、τ（平板透射系数）和结构参数 N。其中，τ 是 k（组分吸收系数的线性组合）的函数，我们假设叶的吸收是由水、叶绿素、蛋白质及木质素加纤维素引起的，因此，τ 就可以由叶片的生化参数决定（陈健，2006）。这样，PROSPECT最终只需要结构参数 N 和生化组分含量C2个参数。给定不同的结构参数和生化含量，可以模拟叶片的反射率 r_λ 和透过率 τ_λ（蔡博峰，2007）。

5.4.2 案例研究

植被叶面积指数测量在光谱测量时同步进行，为了降低测量时由于操作产生的误差，在一个点反复测量两次，即在植被冠层上面测一个A值（树冠上的测量值），在冠层下方测4个B值（树冠下的测量值），重复测量2次，然后得到一个样方的LAI值（王谦，2006；杨飞，2008）。

表5-4 C001～C020样方的叶面积指数

样方编号	叶面积指数 LAI	叶面积指数的标准差 SEL	天空可见度 DIFN	平均倾角 MTA	平均倾角的标准差 SEM	使用的采样数据对 SMP	可选的叶面积指数2×（$S+I$）
C001～010	1.25～3.52	0.12～0.34	0.054～0.365	39～49	1～8	6～8	1.16～3.43
C011～C020	0.5～0.77	0～0.08	0.537～0.676	46～66	0～20	1～7	0.5～0.79

将20个样方的相同波长组合的各类植被指数值分别和LAI进行相关分析，选取其中相关性最好的波长组合，计算各类植被指数与LAI的相关关系（表5-5）。

翅碱蓬光谱的NDVI与RVI植被指数与叶面积指数LAI的最佳波长组合（相关性最好）

为红光区713. 39 nm，红外区766. 27 nm，相关系数 R 分别达到0. 805和0. 815；PVI指数与叶面积指数LAI的最佳波长组合为红光区757. 39 nm，红外区927. 71 nm，相关系数 R 达到0. 683；SAVI与MSAVI指数的最佳波长组合为红光713. 39 nm，红外区769. 06 nm，相关系数 R 分别达到0. 834 4和0. 833 7。

表5－5　最佳波长的植被指数与LAI的相关性

波长组合（nm）	植被指数	相关分析 Correlation	显著性 Sig.（2－tailed）
713. 39　766. 27	NDVI	0. 805	0. 016
713. 39　766. 27	RVI	0. 815	0. 014
757. 92　927. 71	PVI	0. 683	0. 062
713. 39　769. 06	SAVI	0. 834 4	0. 010
713. 39　769. 06	MSAVI	0. 833 7	0. 010

以叶面积指数LAI作为因变量（Dependent），以植被指数作为自变量（Independent variable）建立估算模型，即LAI = f（χ），其中，χ为植被指数。在数理统计分析软件（SPSS）中进行相关回归分析，将最佳波长计算得到的植被指数与LAI建立模型，结果见表5－6和图5－5：分别拟合出5种植被指数与LAI的直线（Linear）、对数（Logarithmic）、二次方（Quadratic）和三次方（Cubic）回归方程。

表5－6　植被指数与LAI的回归分析

植被指数	拟合方程	R^2	植被指数	拟合方程	R^2
NDVI	$y = 18.6x + 1.5$	0. 649	PVI	$y = 31.6x - 2.09$	0. 466
	$y = 4.8 + 0.7\log(x)$	0. 642		$y = 11.5 + 4.63\log(x)$	0. 463
	$y = 1.4 + 23x - 38.7x^2$	0. 651		$y = -0.4 + 8.69x + 77.1x^2$	0. 467
	$y = 0.9 + 70.9x - 1\,095.9x^2 + 6\,294x^3$	0. 688			
RVI	$y = 8.6x - 7$	0. 664	SAVI	$y = 24.8x + 1.66$	0. 696
	$y = 1.46 + 9.6\log(x)$	0. 668		$y = 4.34 + 0.49\log(x)$	0. 636
	$y = -24 + 39x - 13.5x^2$	0. 672		$y = 1.6 + 30.3x - 75.3x^2$	0. 700
				$y = 1.46 + 58.8x - 1\,081.7x^2 + 8\,844.2x^3$	0. 711
MSAVI	$y = 24.5x + 1.66$	0. 695			
	$y = 4.3 + 0.5\log(x)$	0. 635			
	$y = 1.6 + 30x - 75x^2$	0. 699			
	$y = 1.5 + 58.5x - 1\,070.9x^2 + 8\,667.5x^3$	0. 710			

在所有植被指数及回归方程中，SAVI和MSAVI指数与LAI的相关关系较其他指数好，最高的 R^2 值达到0. 711。对比不同植被指数的Linear回归方程发现，SAVI和MSAVI指数与LAI的相关关系 R^2 值达到0. 696、0. 695；其次为RVI值0. 664，NDVI值0. 649及PVI值0. 466。

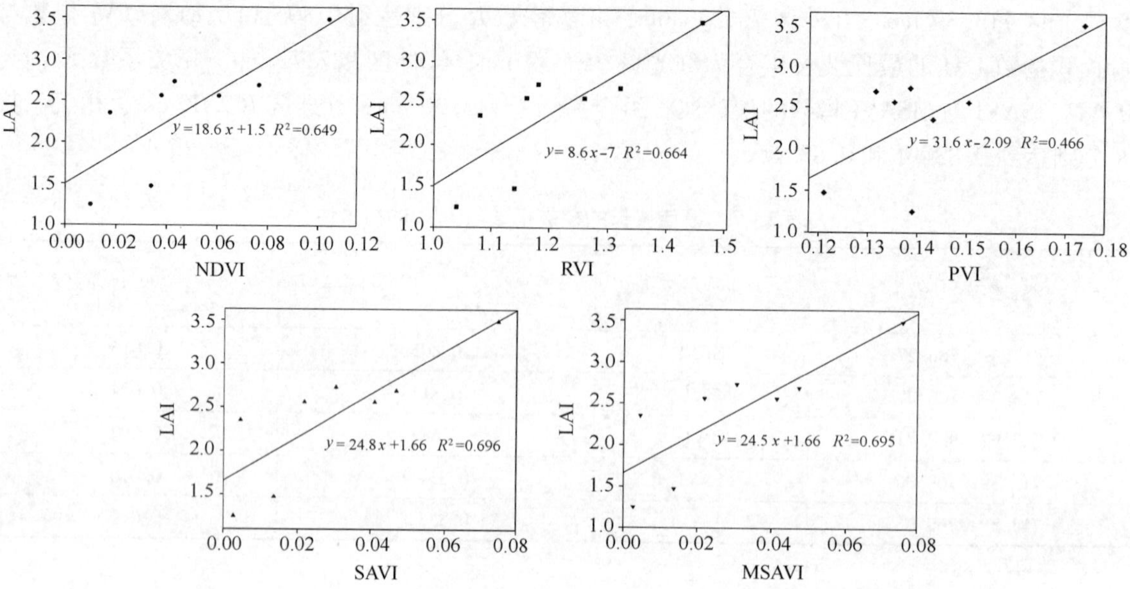

图 5－5　植被指数与叶面积指数 LAI 的直线回归

5.5　植被指数遥感方法

植被是海涂资源与环境的重要内容，主要是耕地、林地和草地等植被类型的分布状况。调查的信息主要包括植被分布的面积、形状、类型等信息。以湿地植被光谱特征曲线为基础，建立植被信息提取光谱数据库，进行湿地植被的自动提取，同时结合人工目视解译，对容易出现同谱异物和同物异谱的地物进行人工提取，确定植被分布范围。

由于植被生化成分和理化特性的巨大差异，致使植被具有特殊的光谱响应曲线。植被指数（Normalized Difference Vegetation Index，NDVI）被广泛地应用于从遥感图像中提取植被信息。同时不同植被具有各自的光谱曲线和纹理特征，从而在多光谱遥感图像上表现为不同的图像特征，可以通过光谱分析、图像分类处理提取植被分布类型及其信息。

5.5.1　植被指数模型

植被指数是由卫星不同波长探测数据组合而成，能反映植物生长状况的指数，通过对红光和近红外波长测值的不同组合可得到不同的植被指数（戴，2004）。常用的植被指数有：比值植被指数（RVI）、归一化植被指数（NDVI）、垂直植被指数（PVI）、土壤调节植被指数（SAVI）、修正土壤调节植被指数（MSAVI）、大气阻抗植被指数（ARVI）及综合土壤大气调节植被指数（SARVI）等。相关计算参照如下：

$$\mathrm{RVI} = \frac{\lambda_{\mathrm{IR}}}{\lambda_R} \tag{5-20}$$

$$\mathrm{NDVI} = \frac{\lambda_{\mathrm{IR}} - \lambda_R}{\lambda_{\mathrm{IR}} + \lambda_R} \tag{5-21}$$

$$\mathrm{PVI} = \frac{\lambda_{\mathrm{IR}} - a\lambda_R - b}{\sqrt{1 + a^2}} \quad (a = 10.489, b = 6.604) \tag{5-22}$$

$$\mathrm{SAVI}=\frac{\lambda_{\mathrm{IR}}-\lambda_{R}}{\lambda_{\mathrm{IR}}+\lambda_{R}+L}(1+L),L=0.5 \qquad (5-23)$$

$$\mathrm{MSAVI}=\frac{1}{2}\left[2(\lambda_{\mathrm{IR}}+1)-\sqrt{2(\lambda_{\mathrm{IR}}+1)^{2}-8(\lambda_{\mathrm{IR}}-\lambda_{R})}\right] \qquad (5-24)$$

式中，λ_{IR}和λ_{R}分别是地面表层在近红外和红光波段的反射率。

5.5.2 植被指数信息提取技术

在ENVI软件中，通过Band math模块，计算植被指数。红外波段：TM影像选取band4（0.9～0.96 μm），CCD影像选取band4（0.77～0.89 μm），红光波段：TM影像选取band3（0.63～0.69 μm），CCD影像选取band3（0.63～0.69 μm），具体计算公式见表5－7。

表5－7 植被指数的波段计算

植被指数	计算公式
NDVI	[float（b4）－float（b3）]／[float（b4）＋float（b3）]
PVI	sqrt[（0.355＊float（b4）－0.149＊float（b3）]^2＋[0.355＊float（b3）－0.852＊float（b4））^2]
RVI	float（b4）/float（b3）
SAVI	（1＋L）＊（float（b4）－float（b3））／（float（b4）＋float（b3）＋L）
MSAVI	{2＊float（b4）＋1－sqrt[（2＊float（b4）＋1]^2－8＊[float（b4）－float（b3）]}/2

注：＊float（）表示浮点型数据；b4表示近红外波段反射率；b3表示红光波段反射率。

5.6 植被生物量的遥感方法

目前，生物量和叶面积指数的遥感估算多采用红波长和近红外波长组合的植被指数，通过回归反演，推算生物量、叶面积指数与植被指数的关系进而求得其值，已成为大面积植被生物量和叶面积指数估算的主要方法（Curran，1992；Daolan，2004；张，2007；戴，2004）。叶面积指数（LAI）是定量分析地球生态系统能量交换特性的一个重要结构变量，不仅可以用作植被的生物量预估和病虫害评价，还可以作为植被、水、氧气和CO_2交换率的重要变量（方秀琴，2003；Pu，2000）。

Zheng等（2007）对森林地上生物量与NDVI指数的关系开展了大量的研究；De Jong等（2003）建立了生物量与NDVI的对数/指数模型；薛利宏等（2004）开展了光谱植被指数与水稻叶面积指数相关性的研究；在湿地植被中芦苇生物量及光谱研究起步较早，童庆禧等（1997）开展了湿地植被成像光谱遥感研究；高占国等（2006）对上海盐沼植被进行过多季相地面光谱测量与分析；陈健等（2008）运用神经网络方法对芦苇叶面积指数进行遥感反演；邵成等（1995）对辽河河口芦苇生长及其生物量进行了相关研究。但对于湿地翅碱蓬的遥感相关研究一直缺乏。生物量的遥感估算多采用红波长和近红外波长组合的植被指数，通过回归反演，推算生物量与植被指数的关系进而求得其值，这已成为大面积植被生物量估算的主要方法。

目前主要的经验模型是对植被指数如NDVI等与生物量、LAI或产量进行回归分析，从而得到估算的经验式。这些回归式有线性、幂函数和对数形式，而且系数也各不相同。

除了植被指数，还可以直接利用遥感器各波段的线性或非线性组合来建立生物量或者LAI的估算公式。这些估算模型的优点是简单、便于计算，缺点是形式多种多样，易受植被类型以及非植被因素如土壤背景、大气条件、地形和地表二向性反射特性的影响。而且，这些模型中参数的生态学原理目前尚不清楚。由于遥感象元表达的是植被和其他因素的混合反应，未来的植被指数的研究应以“植被—土壤—大气”系统为一个整体目标，并考虑到遥感器和电磁波的辐射特性。

5.7　案例研究——翅碱蓬生物量遥感反演

翅碱蓬是中国北方湿地的特征植被，又名盐吸菜、黄须菜，学名盐地碱蓬（*Suaeda salsa*），属中央种子目、黎科（*Chenopodiaceac*）、碱蓬属（*Suaeda Forsk*），为一年生耐盐湿生草本植被。翅碱蓬对于生境变化异常敏感，是北方滨海湿地生态环境变化的指示性植物。每年9月，翅碱蓬由绿变红，形成著名的湿地生态景观“红海滩”。

5.7.1　材料与方法

1）样本采集区

辽东湾双台子河口国家级湿地自然保护区，位于辽河平原南部，渤海辽东湾顶部，地理位置在40°39′—41°27′N，121°23′—122°29′E，面积80 000 hm^2。属于温带大陆性半湿润季风气候。主要保护对象为丹顶鹤、白鹤等珍稀水禽和海岸河口湾湿地生态系统。

2）生物样本采集与测量

2008年9月底至10月初，在大洼县二界沟湿地（样地采集区1）及辽东湾双台河口湿地（样地采集区2），随机布样点20个，利用取样框（面积为1 m×1 m）确定样方范围，对样方植被进行差分GPS定位。主要采集指标有：经度、纬度及高程、水深、植株高度、盖度等。同步采集植被冠层光谱和叶面积指数。最后收集样方内所有植株个体，清洗后，现场统计湿生物量。回实验室，将采集回来的翅碱蓬洗净，于80℃鼓风干燥箱中烘干至恒重后称其生物量干重，统计干生物量。

表5-8　样地采集信息表

采集地区	采集标号	样地位置	群落类型	植株高度/cm	盖度	干生物量/kg
大洼县二界沟湿地	样地采集区1 样地编号1~10	40°50′N 121°50′E	翅碱蓬群落	20~35	高（90%以上）	0.55~1.5
辽东湾双台河口湿地	样地采集区2 样地编号11~20	40°57′N 121°48′E	翅碱蓬群落	20~25	低（30%~50%）	0.3~0.6

3）植被指数的计算

对每个样方的光谱反射曲线进行初步的平均加权后，导出加权后的数据，选取盖度不小于75%的样方反射曲线，将其反射率曲线进行加权平均后得到翅碱蓬的光谱反射率曲线。通过对实测样地光谱的红光和近红外波长测值的不同组合可得到不同的植被指数。选取光谱曲线较好的8个样地的光谱反射率，将光谱620~760 nm红光区（共50个波长）和760~1 045 nm近红外区（共103个波长）的反射率进行两两组合（共5 150个组合），本文提取常用的植被指数RVI、NDVI、PVI、SAVI和MSAVI，相关计算参照徐希孺（2005）和薛利宏（2004）的相关计算公式和方法。编程计算每个近红外波长和红光波长组合的植被指数值，每种植被指数都获得8×5 150个值。

4）卫星遥感数据

本次使用数据主要为美国陆地资源卫星Landsat－5 TM遥感影像及中巴地球资源卫星02星的CCD数据（图5－7）。数据采集时间尽量选取6—10月（夏季），因为此时研究区域内的翅碱蓬已经开始变红，方便图像解译和信息提取（表5－9）。

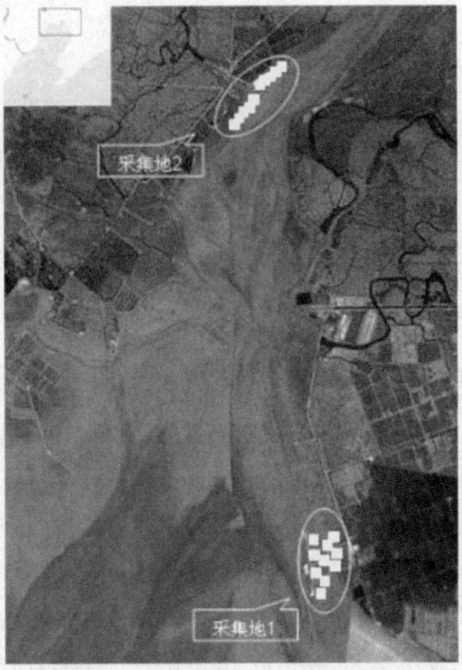

图5－6　研究区域卫星影像图

表5－9　研究中采用的遥感影像资料

主题成像仪	搭载卫星	轨道号	分辨率	获取时间	潮位
TM	Landsat－5	120/32	30 m	1990－10－15	低
TM	Landsat－5	120/32	30 m	1995－06－07	高
ETM	Landsat－7	120/32	30 m	2000－06－12	低
CCD	CBERS－02	369/54	20 m	2005－10－18	低

TM数据是目前生态区遥感监测的主要资料来源，其分辨率为30 m，7个波段，能够满足

中尺度的流域河口生态研究的需求，CCD 数据波段比 TM 少，但其 20 m 的分辨率一定程度上能够提高地物的解读精度。

5.7.2　双台河口翅碱蓬生物量遥感反演

本文的研究基于 1990—2005 年 4 个时期的 Landsat TM/ETM 和 CBERS02 CCD 多光谱遥感数据，动态监控双台河口翅碱蓬群落的分布面积变化，利用植被指数对上述 4 个时期的翅碱蓬生物量进行遥感反演。探寻辽东湾双台子河口翅碱蓬生物量的变化趋势。

1）翅碱蓬面积信息提取

所有 4 期遥感影像在分类前都经过了预处理，主要的预处理有辐射校正、大气校正、几何精校正、投影转换和裁剪等。在 ENVI 软件中，利用 Band4、Band3 和 Band2 构建决策树进行监测分类，分类后提取翅碱蓬分布面积，转化为矢量，导出到 Arcgis 软件中将遥感影像与矢量图像互相对照，进行目视判读，删掉干扰因子，提高分类精度，同时，建立不同时段翅碱蓬分布面积数据库。

2）植被指数计算

在 ENVI 软件中，通过 Band math 模块，计算植被指数。红外波段：TM 影像选取 band4（0.9 ~ 0.96 μm），CCD 影像选取 band4（0.77 ~ 0.89 μm），红光波段：TM 影像选取 band3（0.63 ~ 0.69 μm），CCD 影像选取 band3（0.63 ~ 0.69 μm），具体计算公式见表 5 - 7。

3）生物量回归建模及遥感反演

将编程计算出的植被指数与生物量逐一进行相关分析，选取相关性最好的波长组合。对采集区域内的翅碱蓬生物量（Biomass）与植被指数进行模型回归分析，建立方程 Biomass = $f(x)$。Biomass 设为 Dependent，植被指数为 Independent variable，结果发现：翅碱蓬生物量与 RVI、NDVI 的相关关系不高，直线回归方程的相关系数 R^2 只有 0.342 和 0.316；对数方程的相关系数也只有 0.319 和 0.210；二次方程的相关系数分别为 0.589 和 0.568。Biomass 与 PVI、SAVI 和 MSAVI 的相关系数较高，直线回归方程的相关系数达到 0.626、0.698 和 0.679；对数方程的相关系数为 0.592、0.706 和 0.683；二次方程的相关系数分别为 0.688、0.711 和 0.683（表 5 - 10）。

表 5 - 10　翅碱蓬生物量回归分析

植被指数	拟合方程	R^2	植被指数	拟合方程	R^2
NDVI	$y = 4.7x + 0.43$	0.316	PVI	$y = 10.1x - 1.15$	0.626
	$y = 1.8 + 0.38\log(x)$	0.210		$y = 4.16 + 2.03\log(x)$	0.592
	$y = 1.56 - 18.4x + 102.5x^2$	0.568		$y = 3.2 - 31.9x + 100x^2$	0.688
RVI	$y = 1.92x - 1.45$	0.342	SAVI	$y = 8.51x - 0.55$	0.698
	$y = 0.44 + 2.33\log(x)$	0.319		$y = 3.42 + 1.66\log(x)$	0.706
	$y = 24 - 38.9x + 16.1x^2$	0.589		$y = -3.15 + 27.5x - 40.5x^2$	0.711
MSAVI	$y = 5.4x - 0.4$	0.679			
	$y = 3.07 + 1.5\log(x)$	0.683			
	$y = -1.66 + 14.85x - 16.7x^2$	0.683			

在 ENVI 软件中，通过 Band math 模块进行生物量统计，具体的操作过程如下。

①在 Band math 编辑器中将不同植被指数生物量计算公式进行计算机语言编程。

②将不同时期翅碱蓬分布区域的矢量图转化为感兴趣区域 Rols。

③选择合适波段，对感兴趣区域 ROLs 进行生物量计算，将感兴趣区域外的数据赋值为 0，将计算结果保存为 ACSII 文件。

④在 Matlab 软件中，统计所有大于 0 的数据和，得到翅碱蓬的生物量。

5.7.3 结果与讨论

1）翅碱蓬群落分布面积变化趋势

双台河口翅碱蓬分布面积变化趋势：先降后升。计算统计：1990 年翅碱蓬分布面积达到了 13 929.57 hm^2，广泛分布在双台河河口潮摊上，1995 年分布面积急剧萎缩只有 1 427.76 hm^2，到了 2000 年，分布面积进一步降低，只有 1 290.51 hm^2，2002 年开始回升，2005 年的遥感影像显示，分布面积保持在 11 397.96 hm^2。

翅碱蓬生长在河口湿地的滨海潮滩上，对生长环境的水、盐环境要求敏感，有明显的生态阈值空间（崔保山，2008）。在 1998 年左右，由于双台河上游淡水来水较少，潮滩盐分过高，导致双台河翅碱蓬曾经大面积死亡，分布面积急剧萎缩，这与本文通过遥感影像分析结果相符，在 1998 年左右双台河翅碱蓬分布面积降到历史最低水平，几乎将要消失。2000 年以后，为了保护双台河口“红海滩”景观，在潮滩上大量人工种植翅碱蓬，使其分布面积又恢复到了上万公顷，达到 11 206.89 hm^2。近年来，虽然油田钻井平台和水产养殖不断蚕食着河口潮滩，但是双台河潮滩本身的淤积速率大于其损耗，导致翅碱蓬分布向河口外围的冲淤岛发展分布面积反而稳中有升，2005 年达到了 11 397.96 hm^2。

2）翅碱蓬生物量变化趋势

在 ENVI 软件中，通过 Band math 模块得到的生物量计算结果如下：不同植被指数反演的生物量存在差异，但是总体趋势一致。NDVI 和 RVI 的生物量二次函数反演曲线趋势一致，在 1990 年生物量保持在（2.9 ~ 4.2）$\times 10^8$ kg，1995 年生物量为（2.5 ~ 3.5）$\times 10^7$ kg，2000 年生物量为 $6.3 \times 10^7 \sim 1.14 \times 10^8$ kg，2005 年生物量接近（2.3 ~ 2.4）$\times 10^8$ kg，总体趋势先降后升，与翅碱蓬分布面积变化趋势一致（表 5 - 11）。

表 5 - 11　不同时期翅碱蓬的生物量反演　　单位：kg

时间	植被指数					
	二次函数		一次函数			
	NDVI	RVI	NDVI	PVI	RVI	MSACI
1990	4.2×10^8	2.9×10^8	2.9×10^7	2.4×10^{10}	4.0×10^7	1.1×10^6
1995	3.5×10^7	2.5×10^7	6.9×10^6	4.1×10^9	7.5×10^6	3.4×10^6
2000	1.14×10^8	6.3×10^7	3.16×10^5	2.4×10^9	5.2×10^5	3.0×10^4
2005	2.3×10^8	2.4×10^8	1.46×10^8	3.8×10^{10}	1.54×10^8	1.48×10^8

一次线性回归的生物量曲线趋势一致，生物量的一次线性回归除了 PVI 外，其他植被指数都较二次回归得到的生物量要小。以 NDVI 为例，1990—2005 年，二次函数生物量回归分别达到了 4.2×10^8 kg、3.5×10^7 kg、1.14×10^8 kg、2.3×10^8 kg，而同一期一次函数生物量回归为 2.9×10^7 kg、6.9×10^6 kg、3.16×10^5 kg、1.46×10^8 kg，同期生物量在数量上差不多相差一个数量级单位。二次函数的生物量的极低值出现在 1995 年，而一次函数的极低值出现在 2000 年。

在一次线性回归中，PVI 的生物量远高于其他植被指数，具体原因有待分析。总的来说，双台河口翅碱蓬生物量的变化趋势与其分布面积变化趋势保持一致，1990 年总生物量保持在 2.9×10^7 ~ 4.2×10^8 kg，1995 年下降到了 3.4×10^6 ~ 3.5×10^7 kg，2000 年植被指数的二次函数反演的生物量有所回升，但是一次函数显示仍在继续下降，生物量具体在 3.16×10^5 ~ 1.14×10^8 kg 范围变动，2005 年生物量回归很快，达到了（1.46 ~ 2.4）× 10^8 kg（图 5 - 7）。

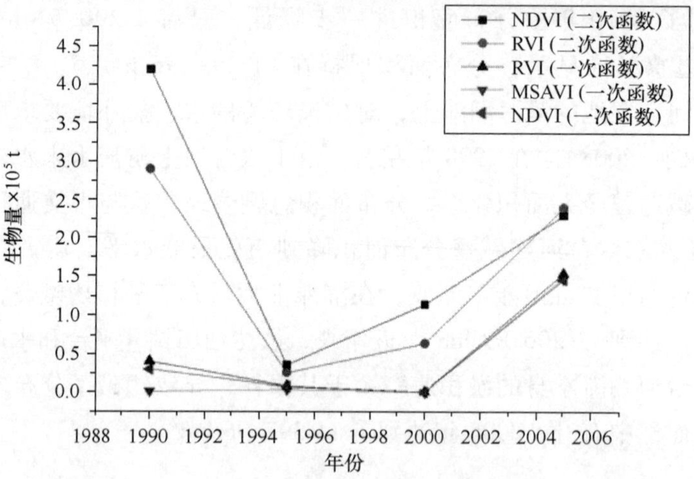

图 5 - 7　不同植被指数反演的翅碱蓬生物量变化趋势

5.7.4　结论与存在的问题

1）结论

通过现场实测翅碱蓬光谱数据，收集翅碱蓬生物量，建立了翅碱蓬生物量遥感回归模型，探索研究了翅碱蓬生物量的定量遥感反演，主要得到的结论如下。

①翅碱蓬生物量与 RVI、NDVI 的相关关系不高，直线回归方程的相关系数 R^2 只有 0.342 和 0.316；对数方程的相关系数也只有 0.319 和 0.21；二次方程的相关系数分别为 0.589 和 0.568。生物量与 PVI、SAVI 和 MSAVI 的相关系数较高，直线回归方程的相关系数分别达到了 0.626、0.689 和 0.679；对数方程的相关系数为 0.592、0.706 和 0.683；二次方程的相关系数分别为 0.688、0.711 和 0.683。

②辽东湾双台河口翅碱蓬分布面积先降后升，1990 年翅碱蓬分布面积达到了 13 929.57 hm^2，广泛分布在双台河河口潮滩上，1995 年分布面积急剧萎缩只有

1 427.76 hm^2，到了2000年，分布面积进一步降低，只有1 290.51 hm^2，2002年开始回升，2005年的遥感影像显示，分布面积维持在11 397.96 hm^2。

③翅碱蓬生物量曲线与分布面积曲线的变化趋势一致，同种植被指数的二次函数比一次函数回归反演的生物量要大，1990年总生物量保持在$2.9\times10^7 \sim 4.2\times10^8$ kg，1995年下降到了$3.4\times10^6 \sim 3.5\times10^7$ kg范围，2000年植被指数的二次函数反演的生物量有所回升，但是一次函数显示仍在继续下降，生物量具体在$3.16\times10^5 \sim 1.14\times10^8$ kg变动，2005年生物量回归很快，达到了（1.46～2.4）$\times10^8$ kg。

2）存在的问题

由于技术与数据资料的限制，将研究中遇到的问题在此提出，与大家共同探讨。

①数据的代表性与数据的准确性（可行性）的矛盾。翅碱蓬生长在潮滩湿地上，天然翅碱蓬的盖度较低，一般低于50%，有的地方只有10%左右，这对于现场采集翅碱蓬光谱难度较大，因为低盖度无法避免海水和泥滩对光谱采集的影响，而满足光谱采集条件的区域，盖度在50%～90%的地区，主要为人为栽种，占到整个翅碱蓬分布区的10%不到。本文获取的翅碱蓬反射光谱曲线在对卫星影像进行分类上帮助不大，分类工作主要是通过构建决策树模型，利用人工目视判读进行监督分类。同时，利用此数据建立的生物量遥感反演模型，在计算低盖度区域的生物量时，效果不是很好。

②低盖度区域翅碱蓬生物量出现负值问题。经过翅碱蓬生物量遥感后，在一些翅碱蓬分布区域内得到了一些负值的翅碱蓬生物量，通过调试光谱计算模块，发觉该区域的植被指数也为负值，但是，经过外业现场验证，该区域确实是翅碱蓬分布区。这种情况的存在可能是由于植被盖度太低，导致该地区的光谱反射完全失去了翅碱蓬植被的光谱特征，这是TM光谱数据在处理湿地低盖度植被生物量反演种时无法回避的问题，今后研究中将借助于高光谱遥感及结合现场调研对该地区数据进行修正。

③由于TM数据的波段太宽，通过现场光谱采集编程计算出来的植被指数与生物量的最佳波长组合，在TM光谱遥感数据处理中很难实现，导致生物量估算精度降低，而且，文中采用的遥感数据主要是5—10月的影像，时间跨度大，建议翅碱蓬生物量反演最好采用9—10月的遥感影像，这时候的翅碱蓬已经完全变红，在多光谱合成影像上分布区域特别明显。在高潮位时，一些地势较低的潮滩上分布的翅碱蓬可能会被海水淹没，严重影响到生物量反演模型的建立，因此建议最好采用夏末秋初，低潮位时的高光谱遥感数据。

④由于该地区翅碱蓬生物量的历史实测统计资料缺乏，因此本文无法进行实测数据的验证，到底哪种植被指数的哪种生物量函数关系是比较准确和符合实际的，只能通过经验判断，这是非常遗憾的，希望今后研究中能够加强这方面的有效验证。

参考文献

Curran PJ, Dungan JL, Cholz HI. 1992. Seasonal LAI in slash pine estimated with Landsat TM [J]. Remote Sensing of Environment, 39: 3-13.

Daolan Zheng, John Radamacherb, Jiquan Chena, et al. 2004. Estimating abovegruond biomass using Landsat 7 ETM+ data across a managed landscape in northern Wisconsin, USA [J]. Remote Sensing of Environment, 93: 402-411.

DE Jong SMS, Pebesma EJ, Lacaze B. 2003. Above - ground Biomass Assessment of Mediterranean forests using airborne imaging spectrometry [J]. International Journal of Remote Sensing, 24 (7): 1505 - 1520.

Finlayson CM, vander Valk AG. 1995. Classification and Inventory of the World's Wetlands. Netherlands: Kluwer Academic Publishers.

Forman RTT, Godron M. 1986. Landscape Ecology. New York: John Wiley and Sons.

Grifiths GH. 2000. Editorial: Remote Sensing and Landscape Ecology: Landscape Patterns and Landscape Change. International journal of Remote Sensing, 21 (13): 2537 - 2539.

http: //cieme. org/HTML/2005/10 - 17/155723. html.

Maing JK, Marsh SE. 2001. Assessment of environmental impacts of river basin development on the riverine forests of eastern Kenya using multi - temporal satellite data. Int. J. Remote Sensing, 22 (14): 2701 - 2729.

Menges CH, Bach C, Hosking J. 2001. Land cover discrimination in a wetland environment using TopSAR data. In: Geoscience and Remote Sensing Symposium. New York: IEEE Press, 3: 1409 - 1411.

Millington AC, Velez - Liendo XM, Bradley AV. 2003. Scale dependence in multitemporal mapping of forest fragmentation in Bolivia: implications for explaining temporal trends in landscape ecology and applications to biodiversity conservation. ISPRS Journal of Photogrammetry & Remote Sensing, 57: 289 - 299.

Munyati C. 2000. Wetland change detection on the Kafue Flats, Zambia, by classification of a multitemporal remote sensing image dataset. Int. J. Remote Sensing, 21 (9): 1787 - 1806.

Pu RL, Gong Peng. 2000. Hyper Spectral Remote Sensing and its Applications. Beijing: Higher Education Press, 127 - 131.

Royle JA, Koneff MD, Reynolds RE. 2002. Spatial Modeling of Wetland Condition in the U. S. Prairie Pothole Region. Biometrics, 58 (2): 270 - 279.

Saich P, Thompson JR, Rebelo LM. 2001. Monitoring wetland extent and dynamics in the Cat Tien National Park, Vietnam, using space - based radar remote sensing. In: Geoscience and Remote Sensing Symposium. New York: IEEE Press, 7: 3099 - 3101.

Saura S. 2004. Effects of remote sensor spatial resolution and data aggregation on selected fragmentation indices. Landscape Ecology, 19: 197 - 209.

蔡博峰，绍霞. 2007. 基于 PROSPECT + SAIL 模型的遥感叶面积指数反演 [J]. 国土资源遥感. 2, 39 - 43.

曾辉，郭庆华，刘晓东. 1998. 景观格局空间分辨率效应的实验研究：以珠江三角洲东部地区为例. 北京大学学报，34 (6)：820 - 826.

曾辉，刘国军. 1999. 基于景观结构的区域生态风险分析. 中国环境科学，19 (5)：454 - 457.

陈华，王东启，陈振楼. 2007. 崇明东滩海三棱藨草生长期沉积物有机碳含量变化 [M]. 环境科学学报，27 (1)：135 - 143.

陈健，倪绍祥，李云梅. 2005. 芦苇地叶面积指数的遥感反演 [J]. 国土资源遥感，20 - 23.

陈健，倪绍祥，李云梅. 2008. 基于神经网络方法的芦苇叶面积指数遥感反演 [J]. 国土资源遥感，2，62 - 67.

陈凝强，戴锦芳. 1998. 人机交互式土地资源遥感解译方法研究. 遥感技术与应用，13 (2)：16 - 20.

陈文波，肖笃宁，李秀珍. 2002. 景观指数分类、应用及构建研究. 应用生态学报，13 (1)：121 - 125.

陈中义. 2005. 长江口海三棱藨草的生态价值及利用与保护 [M]. 河南科技大学学报 (自然科学版)，26 (2)：64 - 67.

崔保山，贺强，赵欣胜. 2008. 水盐环境梯度下翅碱蓬 (Suaeda salsa) 的生态阀值 [J]. 生态学报，28 (4)：1408 - 1418.

戴小华，余孝. 2004. 遥感技术支持下的植被生产力与生物量研究进展 [J]. 生态学杂志，23 (4)：

92－98.
董厚德，全奎国，邵成，等．1995. 辽河河口湿地自然保护区植物群落生态研究［J］．应用生态学报，6（2）：190－195.
方秀琴，张万昌．2003. 叶面积指数（LAI）的遥感定量方法综述［J］．国土资源遥感，3，58－62.
高占国．2006. 长江口盐沼植被的光谱特征研究［D］．华东师范大学．
高占国，张利权．2006. 上海盐沼植被的多季相地面光谱测量与分析［J］．生态学报，26（3）：793－800.
龚乐春，韦新良，胡秉民．2005. 区域景观结构动态变化的趋势分析及其应用研究．浙江大学学报（农业与生命科学版），31（2）：211－214.
关道明．2009. 中国滨海湿地米草盐沼生态系统与管理．北京：海洋出版社．12.
何美梅．2008. 结合地面高光谱遥感与卫星遥感监测崇明东滩互花米草的入侵［D］．复旦大学．
何文珊．2008. 中国滨海湿地．北京：中国林业出版社．
胡树慧．2001. 抗盐植物：碱蓬［J］．特种经济动植物．29.
黄桂林，张建军，李玉祥．2000. 辽河三角洲湿地分类及现状分析：辽河三角洲湿地资源及其生物多样性的遥感监测系列论文之一．林业资源管理，4：51－56.
蒋卫国，李京，王文杰，等．2005. 基于遥感与GIS的辽河三角洲湿地资源变化及驱动力分析．国土资源遥感，3：62－65.
金维根．1988. 土壤资源研究与景观生态学．生态学杂志，7（4）：51－54.
金元欢，沈焕庭，陈吉余．1990. 中国入海河口分类刍议［J］．海洋与湖沼，21（2）：132－143.
康艳华．2004. 盘锦海岸带翅碱蓬种群退化原因的调查与分析［J］．辽宁农业职业技术学院学报，6（3）27－28，38.
郎惠卿，林鹏，陆健健．1998. 中国湿地研究和保护．上海：华东师范大学出版社．361－364.
李开丽，蒋建军，茅荣正，等．2005. 植被叶面积指数遥感监测模型［J］．生态学报，25（6）：1491－1496.
李祥，王心源，张广胜，等．2006. 基于马尔科夫模型的芜湖市景观格局演变研究．资源开发与市场，22（1）：20－23.
林栖凤．2004. 耐盐植物研究．北京：科学出版社．104－105.
刘红玉，吕宪国，刘振乾．2001. 环渤海三角洲湿地资源研究．自然资源学报，16（2）：101－106.
刘军．2004. 中国湿地现状综述．中国环境管理干部学院学报，14（2）：64－67.
陆健健．1989. 湿地与湿地生态系统的管理对策．农村生态环境，2：39－42.
倪晋仁，殷康前，赵智杰．1998. 湿地综合分类研究．自然资源学报，13（3）：214－221.
宁龙梅．2004. 武汉市湿地功能评价与景观格局动态变化研究：（硕士学位论文）．武汉：中科院测量与地球物理研究所．
上海科学院．1999. 上海植物志（下卷）．上海：上海科学技术出版社．
邵成，陈中林，董厚德．1995. 辽河河口湿地芦苇的生长及生物量研究［J］．辽宁大学学报（自然科学版），22（1）：89－94.
沈永明．2002. 江苏省沿海互花米草人工盐沼的分布及效益［M］．国土与自然资源研究，2：45－47.
时钟，陈吉余．1995. 盐沼的侵蚀、堆积和沉积动力［J］．地理学报，50（6）：562－567.
宋创业，黄翀，刘庆生．2010. 黄河三角洲典型植被潜在分布区模拟：以翅碱蓬群落为例［J］．自然资源学报，25（4）：677－684.
孙广友．2000. 中国湿地科学的进展与展望．地球科学进展，15（6）：666－672.
台培东，苏丹扎，刘延斌，等．2009. 双台子河口国家自然保护区红海滩景观退化机制研究［J］．环境污染与防治，31（1）：17－21.

唐小平，黄桂林．2003．中国湿地分类系统的研究．林业科学研究，16（5）：531－539．
天津市海洋局．http：//www．tjoa．gov．cn/textContentN．aspx？cid＝1464&tid＝114．
童庆禧，郑兰芬，王晋年，等．1997．湿地植被成像光谱遥感研究［J］．遥感学报，1（1）：50－57．
王根绪，郭晓寅，程国栋．2002．黄河源区景观格局与生态功能的动态变化．生态学报，22（10）：1587－1598．
王谦，陈景玲，孙治强．2006．冠层分析仪在不同植物群体光分布特征研究中的应用［J］．中国农业科学，39（5）：922－927．
王宪礼，胡远满，布仁仓．1996．辽河三角洲湿地的景观变化分析．地理科学，16（3）：260－265．
王宪礼．1995．辽河三角洲湿地的景观生态学研究：（博士学位论文）．沈阳：中科院应用生态研究所．
王学雷，吴宜进．2002．马尔科夫模型在四湖地区湿地景观变化研究中的应用．华中农业大学学报，21（3）：288－291．
王雪军，程春满，杨建新，等．2003．生态环境脆弱区的景观动态监测与预报研究．北京林业大学学报，25（4）：39－43．
吴玲．2010．湿地植物与景观．北京：中国林业出版社，111．
吴美蓉．2000．中巴地球资源卫星应用及其发展．测绘科学，25（2）：25－30．
吴涛，赵冬至，张丰收．2011．辽东湾双台子河口湿地翅碱蓬生物量遥感反演研究［J］．生态环境学报，20（1）：24－29．
吴涛，赵冬至，康建成，等．2010．基于现场光谱的翅碱蓬生物量遥感反演方法研究［J］．光谱学与光谱分析，30（5）：1336－1341．
肖笃宁，胡远满，李秀珍．2001．环渤海三角洲湿地的景观生态学研究．北京：科学出版社．
肖笃宁，李晓文，王连平．2001．辽东湾滨海湿地资源景观演变与可持续利用．资源科学，23（2）：31－36．
肖笃宁，李秀珍．1997．当代景观生态学的进展和展望．地理科学，17（4）：356－363．
邢尚军，张建锋．2006．黄河三角洲土地退化机制与植被恢复技术，11：105．
徐建华，方创琳，岳文泽．2003．基于RS与GIS的区域景观镶嵌结构研究．生态学报，23（2）：365－375．
徐琪，蔡立，董元华．1995．论我国湿地的特点、类型与管理．见：陈宜瑜．中国湿地研究．长春：吉林科学技术出版社．24－33．
徐生俊，欧善华，杨斌生．1992．上海市滩涂植物海三棱藨草的营养成分［J］．上海师范大学学报（自然科学版），21（增刊）：73－77．
徐希孺．2005．遥感物理．北京：北京大学出版社．
薛利宏，曹卫星，罗卫红，等．2004．光谱植被指数与水稻叶面积指数相关性的研究［J］．植物生态学报，28（1）：47－52．
赵冬至，索安宁．2008．双台子河口湿地景观时空变化研究［J］．遥感技术与应用，23（1）：51－56．
杨飞，张柏，宋开山，等．2008．玉米光合有效辐射分量高光谱估算的初步研究［J］．中国农业科学，41（7）：1947－1954．
俞孔坚．1990．中国人的理想环境模式及其生态史观．北京林业大学学报，12（1）：10－17．
张海龙，蒋建军，解修平．2005．基于GIS和马尔可夫模型的渭河盆地景观动态变化研究．干旱区资源与环境，19（7）：119－124．
张慧芳，张晓丽，黄瑜．2007．遥感技术支持下的森林生物量研究进展［J］．世界林业研究，20（4）：30－34．
张树仁．2009．中国常见湿地植物．北京：科学出版社，38－39．
张晓龙，李培英，李萍，等．2005．中国滨海湿地研究现状与展望，海洋科学进展．23（1）：87－95．

赵景柱. 1990. 景观生态空间格局动态度量指标体系. 生态学报，10（2）：182－186.
赵弈. 1993. 沈阳市东陵区景观格局变化及其对环境影响研究. 都市与计划，20（1）：75－87.
朱建国，李应中. 1996. 中国湿地研究现状综述. 中国农业资源与区划，2：21－24.
《中国湿地百科全书》编辑委员会. 2008. 中国湿地百科全书. 北京：北京科学技术出版社.

6 河口湿地环境信息及人类活动遥感监测技术

20 世纪 80 年代由原国家科委、计委等组织开展的“全国海岸带和海涂资源综合调查”时，还没有湿地景观的相关论述，只是将河口湿地按照地貌、植被、海涂等不同分类系统单独划分和统计（林文棣等，1993；吴传钧等，1993）。近年来，国家海洋局“908 专项”海岛海岸带调查中将海岸带共分为岛礁、岸线、潮间带、湿地、植被、土地利用、围填海和地貌等八大类型，每类划分到 4 级（蒋兴伟等，2005）。而国际《湿地公约》中，将海洋和海岸湿地共分为浅海水区域、海草床、珊瑚礁等 12 类一级景观类型（崔保山，2006）。我国根据自己的实际情况，将全国湿地共分为五大类 28 种类型，其中近海及海岸湿地共分为浅海水域、潮下水生层、珊瑚礁等 12 类。国内还有众多学者根据自己的研究需要建立了不同的河口湿地景观分类体系。如李加林等（2010）针对旅游开发与管理，将江苏省海岸带景观分为景观类、景观亚类、景观型和景观域等 4 级。欧维新等（2004）在研究景观格局变化时，将苏北海岸带划分为耕地、林地、草地、居民地、水域、芦苇地、滩涂和盐田 8 种景观类型。李蓉等（2009）在研究上海海岸带景观格局的时空动态变化时，将沿海景观类型分为居住用地、公共设施、工业用地、交通用地、绿地、水域、耕地和其他用地等。陈国强等（2004）在研究海岸带景观异质性变化时，提出将海岸带景观分为居住用地、公共设施、工业用地、生态农业、林地、绿地、湿地和水域。肖笃宁等（2001）就辽河三角洲湿地景观系统的结构、分异原因、方法和指标以及湿地景观类型等进行过详细的论述；汪永华（2006）对海南岛东南海岸带植被景观分类系统进行过深入探讨。

目前已有的河口湿地景观分类系统多是以资源调查为目的，以自然地理地貌特征为基础，主要针对自然景观建立的湿地分类，缺乏人类活动因子及其相关景观类型。就河口湿地这一人类活动频繁的地区来说，这些分类是很不够的。因此本文旨在建立一套能反映人类活动和河口湿地生态系统特征因素，以生态安全管理为目标，服务于生态景观评价的河口湿地景观分类体系。

6.1 信息分类与编码原则

6.1.1 信息分类原则

在全面了解河口湿地生态系统的自然特征，充分考虑相关部门的管理需求和评价服务的基础上，本文认为河口湿地景观分类系统建立应该满足以下原则。

（1）以满足河口湿地生态环境管理需求为首要原则

河口地区随着河流和潮汐的共同作用，构成了其复杂和独特的自然地理环境。该地区生境复杂，拥有从淡水到咸水的梯度变化，从沙生、盐生到沼生、水生等多种植被类型，有泥滩、岩滩、沙砾石滩等多种地貌形态，综合体现了河流、海洋、陆地三大自然生态系统混合的独特生境。河口湿地地区景观分类的最终目的是为评价工作而服务的，评价的最终目的是为了有效地管理而进行的。一个合理而又科学的分类体系，不仅能够提高管理工作效率，而且能够更好地协调各个部门的相互协作。特别是在河口地区，其环境资源管理涉及土地管理部门、水利、环境保护、海域使用管理部门、农业及工业相关管理部门等。河口湿地景观分类体系的建立必然将景观的自然分异和各部门管理职能结合起来考虑。因此，该地区的景观分类除了体现其特殊的地貌、植被类型，还应符合不同管理部门的管理要求。

（2）充分反映人类活动影响的原则

各个要素在环境变化中所起的作用不一致，各要素之间的联系也很复杂，在进行分类时必须抓住起主要作用的因素。河口海岸带是人类活动的激烈地区，人类活动改变着景观格局，甚至景观功能。在人类出现以前，河口湿地自然景观依照本身的自然节律和变化周期演变与发展，随着人类的出现与发展，自然景观的演变在人类活动的干扰下，逐渐发生着变化。作为人类开发历史悠久的地区之一，河口地区的人口密度、人类活动强度都对该区域有着广泛的和深刻的影响，准确反映和了解这种影响对河口湿地的可持续发展具有重要意义（傅伯杰，2001）。

（3）保持生态系统的完整性原则

河口湿地处于海洋、陆地和河流的交汇点上。湿地生境类型多样，主要包括：海草层、珊瑚礁、滨海沙洲、河口水域及河口三角洲水域、潮间带泥滩、滨海盐沼和盐化草甸、有通道与海水相连的咸水、咸水潟湖及海岸淡水湖等。在进行河口湿地景观分类时一定要考虑到河口湿地生境类型及其相应生态系统的完整性。不同的湿地生境会形成其独特的、特殊的生态系统。因此，在进行景观分类时必须充分考虑不同生境的生态系统组成，如植被分类必须包括沙生植被、盐生植被、沼生植被和水生植被等不同生境下的植被类型。

（4）满足时空动态评价要求的原则

随着技术的发展，传统的点对点的现场采样及以点概面的评价方式已经不能满足评价的客观要求和时效管理的需要。以区域为评价单元，以标准的网格化为评价对象正逐步走向人们的视野，特别是遥感技术手段的应用使人类能够从过去看现在，并预测将来趋势，将环境评价演变成了一个在时间上和空间上连续的动态评价。这就要求我们的景观分类体系在景观类型上要有一定的前瞻性，不仅要考虑现在已有的分类标准还要参考以前和预测将来可能会出现的景观类型。同时，在空间位置上尽量避免存在空间景观类型叠置的现象，保证景观类型的空间唯一性，只有这样才能更便于开展空间数据管理和时空动态评价等研究工作。

（5）可操作性的原则

河口湿地分类不仅要关注生态系统本身的景观特征，还要为生态评价等后续工作的开展提供便利条件。河口湿地景观类型复杂，生境系统多样。但是如果分类系统过于繁杂恐难以应用，但过于简单又难以全面反映各类景观之间的本质性差异（汪永华，2006）。合理而又科学的景观分类体系不仅能够使评价工作化繁为简，而且能够大大缩短评价工作所需的时间周期。因此，合适的层次和等级是分类工作的关键。

（6）与现有各种分类体系相兼容的原则

河口湿地范围包括海洋和陆地，景观分类要统筹兼顾海洋景观（海域使用）和陆地景观（土地利用与覆被）。全国土地利用分类系统主要针对陆域分类，而海域使用分类系统主要针对用海类型而进行分类，如何兼顾两者，怎么考虑两套分类系统和河口湿地分类体系的兼容关系，是进行河口湿地景观分类系统构建时的又一难题。

6.1.2　分类编码规则

对景观类型进行编码有利于建立信息系统和信息的查询。河口海岸带湿地景观编码系统采用5级字母加数字编码。第一级生物、环境和人类活动的编码分别为A、B和C。每一级景观类型的编码分别是其上一级的编码加上自己的排序，第5级编码为两位数字（详见图6－1）。

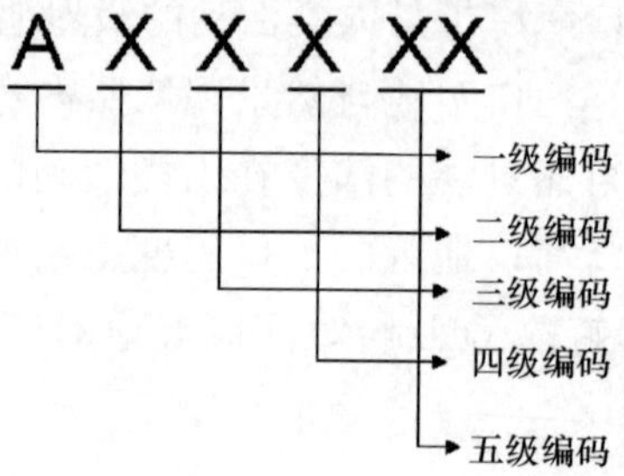

图6－1　编码设计

该编码系统的优势在于具有很大的灵活性，可以根据不同地区特殊的景观类型进行编码增补。本分类系统适合人类活动剧烈，景观变换频繁的海岸带地区，并能给予后期监管和评价部门更大的自主空间。

6.2　信息分类

6.2.1　环境信息

环境景观是指河口区生物生长所依赖的物理、化学环境，主要包括河流、湖泊、泥滩等。根据河口湿地范围的界定，从河口地貌学的角度考虑，将环境景观分为近口段、河口段和口外段3个二级类。近口段划定为潮流顶托点到淡水回流处，潮流界与潮区界之间的地区，包括水域与河流滩地。河口段划定为潮流界到岸线（口门）之间的区域，包括河口水域、河口沙坝、河口沙嘴和滩涂。口外段是从口门到水下三角洲前缘或者到－6 m等深线。总共包括7个三级类和20个四级类（详见表6－1）。

表 6 – 1 河口湿地环境景观分类及编码表

一级		二级		三级		四级	
名称	编码	名称	编码	名称	编码	名称	编码
环境因子	B	近口段	B1	水域	B11	河　床	B1101
						池　塘	B1102
						水　库	B1103
						灌排沟渠	B1104
				河流滩地	B12	河流边滩	B1201
						河流心滩	B1202
		河口段	B2	河口水域	B21	河口河道	B2101
						潮汐通道	B2102
						河口潟湖	B2103
						冲刷潮沟	B2104
				河口沙嘴	B22	河口沙嘴	B2201
				河口沙坝	B23	河口沙坝	B2301
						拦门沙	B2302
						离岸沙坝	B2303
				滩涂	B24	泥滩地	B2401
						沙滩地	B2402
						砾石滩地	B2403
		口外段	B3	水下三角洲	B31	水下河道	B3101
						冲刷槽	B3102
						冲刷潭	B3103

6.2.2 人类活动信息

人类活动作为河口湿地最主要的影响因素，其对河口湿地的作用主要同过改变土地利用类型和海域使用类型来实现。土地利用景观指河口湿地范围内陆域部分的人类活动景观类型，包括农用地、工建用地。海域使用景观是指占用海洋空间进行的各种工、农、运输业等生产、娱乐活动的景观类型。在人类活动景观分类中，共有土地利用和海域使用 2 个二级类，农用地和工建用地等 6 个三级类，耕地等 22 个四级类型和 31 个五级类型（详见表 6 – 2）。

景观生态分类是实现景观理论与实践相结合的桥梁和纽带。景观是动态的、变化与发展的。受自然因素和人类活动的影响，不断地会有新的景观类型出现，或者一些原有的景观类型即将消失。而根据景观类型的动态变化，相应地调整和完善景观生态体系是景观生态学发展中必然经历的过程。同时，景观分类体系的科学构建应重点关注其最终的服务对象，考虑其服务功能，为满足景观生态保护、规划和管理等实际工作服务。

表6-2 河口湿地人类活动景观分类及编码表

一级		二级		三级		四级		五级	
名称	编码	名称	编码	名称	编码	名称	编码	名称	编码
人类活动	C	土地利用	C1	农用地	C11	耕地	C111	水田	C11101
								旱地	C11102
						养殖用地	C112	水产养殖	C11201
								畜禽类养殖	C11202
				工建用地	C12	居民点	C121	城市	C12101
								村镇	C12102
						工业用地	C122	固体矿产开采设施建设	C12201
								油气开采设施建设	C12202
								其他工业用地	C12203
						交通用地	C123	高速公路	C12301
								国道/省道	C12302
								乡村道路	C12303
								桥梁	C12304
						水工建筑	C124	河堤	C12401
								水库大坝	C12402
		海域使用	C2	港口用海	C21	工业港口	C211	工业码头	C21101
								航道用海	C21102
								锚地用海	C21103
						渔业港口	C212	渔业码头	C21201
								航道用海	C21202
						游艇码头	C213	码头	C21301
								航道	C21302
				工业用海	C22	盐业用海	C221		
						固体矿产开采用海	C222		
						油气开采用海	C223		
						船舶工业用海	C224		
						电力工业用海	C225		
						海水综合利用用海	C226		
						其他工业用海	C227		
				养殖用海	C23	滩涂养殖	C231	围海养殖	C23101
								底播养殖	C23102
						浅海养殖	C232	浮筏养殖	C23201
								网箱养殖	C23202
						底播养殖	C233	人工放养	C23301
								人工鱼礁	C23302

续表

一级		二级		三级		四级		五级	
名称	编码	名称	编码	名称	编码	名称	编码	名称	编码
				旅游娱乐用海	C24	旅游基础设施用海	C241		
						浴场用海	C242		
						游乐场用海	C243		

6.3 信息遥感获取技术方法

6.3.1 卫星数据源

（1）美国陆地资源卫星系列

从1972年开始发射第一颗卫星LANDSAT－1，到目前最新的LANDSAT－7。Landsat TM（Landsat Thematic Mapper）影像是最常用的卫星遥感资料，其包括7个波段，每个波段的信息反映了不同的生态学特点。第一波段（0.45～0.52 μm，即可见蓝光区）可较好地区分水体、土壤和植被，甚至区分落叶阔叶植被和常绿针叶植被；第二波段（0.52～0.60 μm，即可见绿光区）对植被绿光反射高峰较敏感；第三波段（0.60～0.69 μm，即可见红光区）对叶绿素吸收光的作用敏感；第四波段（0.76～0.90 μm，即近红外区）可用于辨识植被类型和生物量以及土壤水分特征；第五波段（1.55～1.75 μm）和第七波段（2.08～2.35 μm）均属于中程红外区（mid－infarred），前者主要用于区分土壤和植被的含水量，而后者主要是区分矿物和岩石类型；第六波段（10.4～12.5 μm，即热红外区）则主要用于植物胁迫（stress）分析、土壤水分条件分类以及热红外绘图方面。随着卫星传感器分辨率、覆盖率和精度的提高，以及图像处理和解释能力的不断改进，有些能够反映生态系统功能特征的变量（如植被蒸腾、第一性生产力）也能通过遥感技术来估测。

（2）中巴地球资源卫星（CBERS－02）

我国与巴西联合研制的第一代地球陆地资源卫星——中巴地球资源卫星02号星（CBERS－02）的CCD数据如表6－3所示。CBERS－02星上搭载了CCD相机、红外多光谱扫描仪IRMSS以及广角成像仪WFI三种相机。本研究中应用的CCD数据的空间分辨率为20 m，属于中分辨率数据，共有5个波段，前四个波段与TM的前4个波段的参数基本相同，第五个波段为全色波段。

（3）“福卫二号”高分辨率遥感卫星影像（FORMOSAT－2）

“福卫二号”卫星是由台湾“NSPO”与合约商法国阿斯特里姆（Astrium）公司共同研发的。阿斯特里姆公司负责卫星制造，台湾方面负责卫星的组装、整体测试等工作。“福卫二号”卫星呈六棱柱形，直径2.0 m，高2.4 m，重约750 kg，将部署在高891 km、倾角99.10°的太阳同步轨道。卫星设计寿命5年，总耗资47亿新台币。“福卫二号”卫星是一颗高分辨率遥感卫星，卫星载有两种有效载荷，即对地观测相机与“高空大气闪电影像仪”（ISUAL）。对地观测相机由阿斯特里姆公司负责研制，具有全色2 m、彩色8 m的分辨率，最小24 km、最大62 km的成像带宽和45°侧摆角的成像能力，每日绕地球飞行14圈，每天经过台湾上空两次，第一次为上午 10 点，可对地拍摄 8 分钟，第二次为晚上 10 点，可以下载资料。在天候许可的情况下，一次经过可拍摄 4 个紧邻的影像条，以涵盖台湾全岛，得到相当完整的台湾本岛影像。卫星还可以通过改变卫星的前后仰角，进行立体摄影，近似实时地获得台湾陆地及附近海域的卫星资料。

（4）SPOT－5 高分辨率遥感卫星影像

SPOT－5 卫星是 2002 年 5 月 4 日发射升空的近极地太阳同步轨道卫星，其轨道高度为 822 km，卫星上搭载了多重分辨率和多种用途的成像装置。主要有高分辨率几何成像仪（High Resolution Geometric Imaging Instrument，HRG），高分辨率立体成像仪（High Resolution Stereoscopic Imaging Instrument，HRS），植被探测器（VEGETATION），其中，HRG 可提供 4 种不同分辨率 20 m、10 m、5 m、2.5 m 的卫星影像。HRG 保留了 SPOT 所具有的独特的侧摆观测功能，最大测视角度为 27°。两组 HRG 探测器可分别独立工作，也可并行接收数据，从而得到视场宽度为近 120 km 的宽幅高分辨率影像。HRG 成像仪采用了像元尺寸为 6.5 μm 的线阵 CCD 传感器。5 m 分辨率的全色波段（0.49～0.69 μm）传感器线阵为 12 000 个像元；10 m 分辨率的多光谱（绿：0.50～0.59 μm；红：0.61～0.68 μm；近红外：0.79～0.89 μm）传感器线阵为 6 000 个像元；20 m 分辨率的短波红外波段（1.58～1.75 μm）传感器线阵为 3 000 个像元。

表 6－3　常用卫星遥感参数列表

卫星	成像仪	分辨率（m）	光谱范围	侧摆	视场宽度
Landsat 系列	TM	30	波段 1：0.45～0.52 波段 2：0.52～0.60 波段 3：0.63～0.69 波段 4：0.76～0.90 波段 5：1.55～1.75 波段 6：10.40～12.5 波段 7：2.08～2.35	无	185 km
中巴 CBERS－02	CCD	20	蓝：0.45～0.52 绿：0.52～0.59 红：0.63～0.69 近红外：0.77～0.89 全色：0.51～0.73	32	113 km×113 km
福卫 FORMOSAT－2	多光谱成像仪	全色（黑白）：2m 多光谱（红、绿、蓝、近红外）8 m	蓝：0.45～0.52 绿：0.52～0.60 红：0.63～0.69 近红外：0.76～0.90 全色（pan）：0.45～0.90	±45	24 km×24 km

续表

卫星	成像仪	分辨率（m）	光谱范围	侧摆	视场宽度
SPOT－5	HRG	多光谱：10 （B1，B2，B3）短波 红外：20 全色：5 全色 Supermodel： 2.5	多光谱（XI） B1：绿（0.50～0.59） B2：红（0.61～0.68） B3：近红外（0.79～0.89） SWIR：短波红外 （1.58～1.75） 全色（M）M（0.49～0.69）	最大侧 视角度 ±27	60 km×60 km
	HRS	5×10	全色 m（0.49～0.69）	无	120 km×600 km
	VEGETATION	星下点：1.15 km	0.43～0.47，B2，B3，SWIR	无	2 250 km

6.3.2 遥感图像预处理

卫星遥感数据预处理基本内容包括卫星数据辐射校正、几何校正、镶嵌和数据融合等（图6－2）。

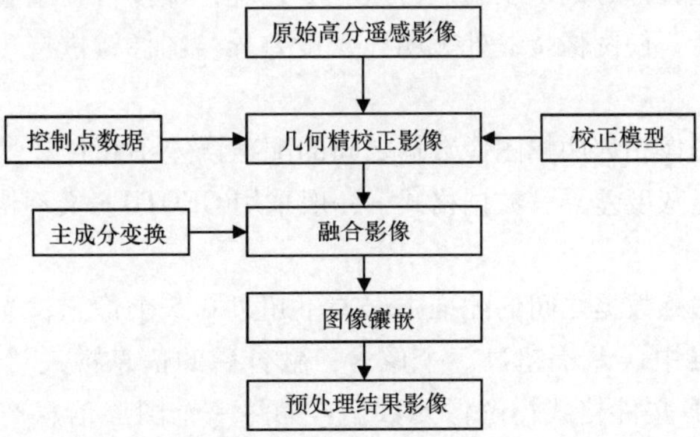

图6－2 遥感图像预处理

（1）辐射校正

技术要求：根据监测要素的要求，进行辐射校正。

技术方法：对于光学影像，地面站提供的数据产品为有效计数值 DN，辐射校正的表达式为

$$L = a \cdot \mathrm{DN} + b \tag{6-1}$$

式中：DN 为有效计数值；L 为定标后的辐射值；a 为定标增益；b 为定标偏置。

（2）几何校正

技术要求：光学遥感数据的几何校正中误差不超过2个像素。

技术方法：几何纠正控制点可采用实地测量和从已有成果地形图或影像图上量取。校正方法包括：对于没有轨道参数或专用遥感器物理纠正模型的，可采用多项式法进行校正；对于有轨道参数和专用遥感器物理纠正模型的卫星数据，采用该遥感器专用模型

纠正。

（3）水体纠正

在采用卫星遥感的方法对海草床等底质类型进行提取的过程中，水体部分，尤其是在近岸水体中，浓度较高的悬浮质、叶绿素、CDOM 对底质信息的提取影响较大。一般采取两种方法对水体部分进行校正：其一，采用纯的经验算法，即根据实际测量的水体中悬浮质、叶绿素、CDOM 的量，计算水体部分对离水辐亮度的影响程度，然后再对水体部分进行校正；其二，采用半分析模式，即以物理分析为基础建立模型，以离水辐射率为输入量，提取水深和水质等信息。为了简便计算，在现场可以测量辐照度和辐亮度来确定水体的 R_∞：

$$\left(\frac{1 - R_\infty}{1 + R_\infty}\right)^2 = \frac{[E_d(z) - E_u(z)]^2}{[E_d(z) + E_u(z)]^2} \tag{6-2}$$

测定两个不同水深的向下辐照度和向上辐照度就可以确定水体反射率，可以避免较为烦琐地测定水体中不同种物质吸收。

水体纠正也可以采用其他方法进行，目前海草床区域水体纠正算法正处于完善阶段。

（4）图像镶嵌

镶嵌方法：首先，采用几何校正方法使两幅相邻图像在几何上配准。然后，选择一幅图像作为标准（基准）图像，将其他图像的灰度值进行直方图匹配，相同地物的平均灰度值一致；接着，对拼接的重叠部分的灰度值进行进一步处理，即按行在重叠区对待拼图幅按距离对灰度值进行加权平滑，使图像接缝处无明显灰度差异。图像镶嵌应以省级、市级行政区为单位。

技术要求：镶嵌图像相邻两幅图像数据之间的配准误差不超过 2 个像素；镶嵌图像相邻两幅图像接缝处无明显灰度差异；数据格式：一般采用 GEOTIFF 文件格式。

（5）图像融合

技术要求：光学遥感数据之间的配准中误差不超过 0.5 个像素；光学遥感数据和微波遥感数据之间融合的配准中误差不超过 5 个像素；融合后的信息损失量不超过 30%；数据格式：一般采用 GEOTIFF 文件格式；图像元数据：为每一个图层信息产品建立相应的元数据文件。

技术方法：针对卫星数据源的特点，可采用假彩色合成法、HIS 融合法、Broney 融合法等方法进行。

6.3.3 信息提取

遥感影像信息提取过程中，可供利用的影像特征包括：光谱特征、空间特征、时间特性等。在影像要素中，除色调/彩色与物体的波谱特征有直接的关系外，其余大多与物体的空间特征有关。像元的色调/彩色或波谱特征是最基本的影像要素，其次是影像要素有大小、形状和纹理，它们是构成某种物体或现象的元色调/彩色在影像上分布的产物。常用的遥感信息提取的方法有目视解译和计算机信息提取两大类。

目视解译是指利用图像的影像特征（色调或色彩，即波谱特征）和空间特征（形状、大小、阴影、纹理、图形、位置和布局），与多种非遥感信息资料（如地形图、各种专题图）组合，运用其相关规律，进行由此及彼、由表及里、去伪存真的综合分析和逻辑推理的思维过程。早期的目视解译多是纯人工在相片上解译，后来发展为人机交互方式，并应用一系列图像处理方法进行影像的增强，提高影像的视觉效果后在计算机屏幕上解译。

计算机信息提取是利用地物在同一波段、同一地物在不同波段都具有不同的波谱特征，通过对某种地物在各波段的波谱曲线进行分析，根据其特点进行相应的增强处理后，可以在遥感影像上识别并提取同类目标物。早期的自动分类和图像分割主要是基于光谱特征，后来发展为结合光谱特征、纹理特征、形状特征、空间关系特征等综合因素的计算机信息提取。计算机信息提取包括自动分类（监督、非监督）、纹理分析、图像分割、面向对象信息提取等方法。

（1）岸线信息提取

海岸通常可以分为基岩礁石海岸、砂（砾）质海岸、砂质海岸、泥质海岸、植物海岸和人工海岸。不同类型的海岸形成机理不同，形态各异，在遥感影像上表现的纹理特征不同，因此，利用遥感进行海岸调查时针对不同类型的海岸，其方法可能不同。大洋河口岸线类型主要以淤泥质海岸为主，其提取步骤如下。

①水边界线提取。利用陆地和海水在遥感图像上成像特征的差异，特别是多光谱遥感的近红外波段陆地和海水在图像上的差异很大，可以用人机交互或边缘检测方法提取陆地和海水的水边界线。

②潮位校正。海岸线为平均高潮潮位时的水陆边界线，利用遥感影像提取的是成像时刻的水陆边界线，通常还不是真正的海岸线，必须利用成像时间、潮位信息和潮汐模型进行校正，获得真正的海岸线。

（2）环境信息提取

环境信息提取包括的内容相对比较复杂，既包括海岸带水上地貌特征，也包括水下地貌形态，仅利用卫星遥感影像进行环境景观特征解译，很难达到任务目标。因此，环境信息提取时应收集前期的1∶200000地貌数据，大洋河口地区地质、地貌成果，结合卫星遥感影像特征，数字高程模型、现场踏勘数据结合起来进行环境信息提取。环境信息提取的步骤包括以下几个方面。

①确定环境信息调查范围。向陆河口段以河口湿地的外缘，向海 −6 m 等深线的海域区域。

②环境信息类型提取。根据前期1∶200000地貌专题图的各类地貌类型空间分布特征，大洋河口地质、地貌成果，叠加卫星遥感影像和数字高程模型，采用人机交互的方式进行环境专题信息的细化，对于一些地貌形态相对复杂的区域，需结合外业踏勘成果进行核实与细化。

③现场验证和修正。对遥感提取的环境信息专题调查结果，需要更多的现场调查工作进行现场验证，修正调查结果。

（3）人类活动信息提取

人类活动信息提取内容包括土地利用和海域使用两大类，信息提取涉及农业用地状况、工业用地状况、交通用地状况、居民用地状况、港口用海状况、养殖用海状况、旅游用海状况及其他特殊用海状况的卫星遥感信息提取。遥感调查信息提取的基本步骤如下。

①人类活动类型分析。根据外业踏勘和收集资料，对调查区域土地利用状况和海域使用情况进行全面了解，建立相应类型的解译标志。

②人类活动信息提取。根据不同人类活动类型的遥感成像特征，主要采用人机交互法进行人类活动专题信息的判别与提取。因为人类活动专题信息涉及人类活动对土地资源的利用

方式，其中一些商业用地、公益用地等单靠卫星遥感信息判别提取难度比较大，需要结合现场的 GPS 定位信息协同提取。

③现场验证和修正。对遥感提取的人类活动信息结果，需要更多的现场调查工作进行现场验证，修正提取结果。

参考文献

Brinson MM. 1993. A hydrogeomorphic classification for wetlands ［J］. Wetlands Research Program Technical Report, Vicksburg MS, 1 – 24.

Cole CA, Cirmo CP, Wardrop DH, et al. 2008. Transferability of an HGM wetland classification scheme to a longitudinal gradient of the central Appalachian Mountains: Initial hydrological results ［J］. Wetlands, 28: 439 – 449.

Cowardin LM, Carter V, Golet FC, et al. 1979. Classification of Wetlands and Deep Water Habitats of the United States ［M］. Washington, DC: Fish and Wildlife Service Publication.

Forman RTT, Godron M. 1986. Landscape Ecology ［M］. New York: John Wiley and Sons.

Kim KG, Park MY, Choi HS. 2006. Developing a wetland type classification system in the Republic of Korea ［J］. Landscape and Ecological Engineering, 2: 93 – 110.

Ramsar Convention Bureau. 1991. Proceedings of the 4th Meeting of the Conference of Contracting Parties ［C］. Gland: Ramsar Convention Bureau.

Semeniuk V, Semeniuk CA. 1997. A geomorphic approach to global classification for natural inland wetlands and rationalization of the system used by the Ramsar Convention: A discussion ［J］. Wetlands Ecology and Management, 5: 145 – 158.

Shaffer PW, Kentula M E, Gwin SE. 1999. Characterization of wetland hydrology using hydrogeomorphic classification ［J］. Wetlands, 19: 490 – 503.

陈国强，陈鹏. 2004. 城市化过程中海岸带景观异质性变化及其景观生态效应的初步研究［J］. 海洋学报，26（4）：89 – 95.

崔保山. 2006. 湿地学. 北京：北京师范大学出版社.

傅伯杰，等. 2001. 景观生态学原理及应用. 北京：科学出版社.

国家林业局，等. 2000. 中国湿地保护行动计划. 北京：中国林业出版社.

国家林业局湿地公约履约办公室. 2001. 湿地公约履约指南. 北京：中国林业出版社.

蒋兴伟，等. 2005. 海岛海岸带卫星遥感调查技术规程. 北京：海洋出版社.

李加林，杨晓平，童亿勤，等. 2010. 江苏海岸带景观及其生态旅游的开发［J］. 海洋学研究，28（1）：80 – 87.

李蓉，李俊祥，李铖，等. 2009. 快速城市化阶段上海海岸带景观格局的时空动态［J］. 生态学杂志，28（11）：2353 – 2359.

林文棣，等. 1993. 中国海岸带林业//中国海岸带和海涂资源综合调查专业报告集（内部）. 北京：海洋出版社.

欧维新，杨桂山，李恒鹏，等. 2004. 苏北盐城海岸带景观格局时空变化及驱动力分析［J］. 地理科学，24（5）：610 – 615.

汪永华. 2006. 海南岛东南海岸带植被景观分类系统探讨［J］. 浙江林学院学报，23（2）：163 – 168.

吴传钧，等. 1993. 中国海岸带土地利用//中国海岸带和海涂资源综合调查专业报告集（内部）. 北京：海洋出版社.

肖笃宁，胡远满，李秀珍，等. 2001. 环渤海三角洲湿地的景观生态学研究. 北京：科学出版社.

杨景春，李有利，等. 2005. 地貌学原理. 北京：北京大学出版社.

7 河口海域环境要素卫星遥感探测技术

7.1 国内外研究进展

卫星遥感技术是探测近岸水域陆源输入物质的有效手段。在河口水体相关环境要素的卫星反演研究中，主要包含两大类：一是对水色要素的卫星反演，如悬浮泥沙、CDOM 以及叶绿素 a 浓度等；二是对部分非光学敏感性物质的卫星反演，如盐度、营养盐等。

自从 20 世纪 70 年代陆地卫星 Landsat－1 和海岸带水色扫描仪 CZCS 成功发射以来，国外学者就开始利用遥感技术进行水体悬浮泥沙、CDOM 以及叶绿素 a 的反演研究。Klemas 等（1974）利用 MSS 遥感影像提出了 Delawane Bay 海湾悬浮泥沙浓度的对数统计模型。Philpot 等（1981）的研究结果表明陆地卫星的 MSS 5 和 TM 3 波段对悬浮泥沙浓度最为敏感。Ferrari 等（1992）选用 CZCS 的 4 个波段（443 nm、520 nm、550 nm 及 670 nm）评估了 CDOM 对水质遥感的影响。Roland 等（1994）利用 CZCS 数据对二类水体的叶绿素 a、悬浮物、CDOM 进行了反演。随着卫星空间分辨率技术的进步，一些研究开始采用 SPOT 等遥感影像并结合现场光谱测量或准同步采样，建立了基于统计分析方法的悬浮泥沙遥感反演模式（Forget，1998）。Doxaran 等（2006）研究高混浊河口水体的光谱特性，并基于波段比值方法建立了 SPOT HRV，Landsat ETM＋影像的悬浮泥沙反演模型。20 世纪末，水色传感器得到了进一步发展，如 SeaWiFS（美国）、MODIS（美国）、MERIS（欧洲空间局）和 CMODIS（中国）等。Mati Kahru 等（2001）分别基于 OCTS、SeaWiFS 选择 L_{wn}（443）/L_{wn}（510）建立了加利福尼亚洋流区 CDOM 卫星反演模型。Eurico 等（2003）选用 R_{rs}（500）/R_{rs}（555）建模，采用 SeaWiFS 数据反演了密西西比河枯水期的 CDOM 含量。Blondean 等（2004）利用 SeaWiFS 和 MODIS 数据反演了英吉利海峡西部的叶绿素 a 与悬浮物质浓度等。Doxaran 等（2009）利用 MODIS 数据反演了法国吉伦特强潮河口的悬浮物浓度。

利用可见光进行盐度、营养盐等环境要素的卫星反演研究相对较少，且主要是围绕河口水体进行。CDOM 和盐度之间是否存在相关性一直是研究者关注的问题，也是进行盐度遥感的基本条件（D. G. Bowers，et al，2003）。C. E. Binding 等（2003）利用盐度与 CDOM 的负相关关系，基于 SeaWiFS 数据反演了受河流输入影响严重的克莱德·海的盐度。Harilal B Menon 等（2010）同样利用盐度与 CDOM 的关系，基于 OCM 数据进行了印度 Mandovi 河和 Zuari 河河口区域盐度反演研究。营养盐遥感反演的相关研究成果较少，也主要通过间接法实现。Ana Silió－Calzada 等（2008）基于硝酸盐与海温、叶绿素 a 浓度的关系，建立了本格拉上升流区域硝酸盐遥感估测模型。

在我国，随着政府对海洋光学及水色遥感技术科研经费的不断投入，国内学者对海洋和内陆湖泊进行了大量研究工作（唐军武，1997；宋庆君等，2006；赵冬至等，2007），为大范围监测我国近海海洋和内陆湖泊环境的变化奠定了基础。然而，就河口区域而言，国内学者主要围绕 CDOM 荧光和吸收特性展开（郭卫东等，2005，2008；王林等，2011；朱伟健等，2010），而对于河口区域漫衰减、散射以及后向散射特性的研究则非常少。河口区域环境要素反演研究也有报道，陈楚群等（2003）利用 SeaWiFS 数据建立了 CDOM 及溶解有机碳（DOC）反演模型，并提取了珠江口区域 CDOM 含量信息。李小斌等（2007）利用珠江口海域的实测遥感反射率和总无机氮数据，基于偏最小二乘回归思想，建立了该海域总无机氮浓度的遥感反演模型。许勇（2009）基于 MODIS 多光谱影像、北京一号卫星影像以及 Hyperion 高光谱影像建立了江苏沿海无机氮磷营养盐遥感监测方法。王繁（2008）对杭州湾河口水体悬浮物的固有光学特性和浓度反演模型进行了研究。邢前国（2007）研究了珠江口叶绿素 a、悬浮物、COD、营养盐等水质参数的高光谱反演方法。朱伟健（2010）和洪官林（2011）分别进行了长江口及邻近海域 CDOM 和叶绿素的光学特性和遥感反演研究。王林等（2011，2012）对大洋河河口区域 CDOM 和营养盐进行了遥感反演研究。

7.2 理论基础

河口区环境要素高空间分辨率卫星遥感探测技术是基于海洋水色遥感的理论基础。

水色遥感是利用透射入水的辐射经过水体反射离开水面而被遥感器接收的反射辐射，即所谓的离水反射辐射。机理可以描述如下：水体中的各个重要光学成分浓度发生变化时，必将引起水体光学性质的变化，主要表现为水体的吸收和散射信号的变化，综合起来看，就是水体离水辐射率的变化。通过卫星传感器接收信号的变化，可以反演得到水体中的各个光学重要成分，即水体中的浮游植物、悬浮泥沙和黄色物质等的含量。水色遥感的过程为：根据卫星接收的总辐射信号值，除去大气干扰信号的影响，得到离水辐射率，然后根据各成分浓度与水体光学性质的关系，通过一系列反演算法得到水体中各成分的浓度。

7.2.1 水体表观光学量与固有光学量

海水的固有光学特性可以分为两类：表观光学量和固有光学量。

表观光学量（Apparent Optical Properties，AOPs）是随光照条件变化而变化的量，如向下辐照度 E_d、向上辐照度 E_u、离水辐射率 L_w、遥感反射率 R_{rs}、辐照度比 R 等以及这些量的漫衰减系数。这些参数必须进行归一化，才有可能进行不同时间、地点测量结果的比较。

水色遥感反演模型利用的辐射参数，基本上有：离水辐射率 L_w、归一化离水辐射率 L_{wn}、刚好在水面以下的（Just beneath water surface，0^-）辐照度比（或漫反射比）$R(0^-) = E_u(0^-)/E_d(0^-)$、遥感反射率 $R_{rs} = L_w/E_d(0^+)$ 等。

水色遥感就是利用表观光学量（AOPs）来反演出水体成分的浓度，其基本量是离水辐射率 L_w 或遥感反射率 R_{rs}。

固有光学量（Inherent Optical Properties，IOPs）是指仅与水体成分有关而不随光照条件变化而变化的量，包括：水分子的吸收系数 a_w、散射系数 b_w、散射相函数 c_w；Chl－a 的吸收系数 a_c、单位吸收系数（Specific absorption coef.）a'_c，散射系数 b_c、单位散射系数 b'_c、后向散

射系数 b_b、前向散射系数 b_f、散射相函数 β；黄色物质的单位吸收系数 a'_y；其他成分，包括无机物、碎屑（detritus）等的吸收散射特性。

固有光学量中最重要的是单位吸收系数和体散射相函数。这些参数的严格定义，可参见 Jerlov（1976）。

7.2.2 水体生物－光学模型

由于大洋水体的光学特性主要由水分子和浮游生物决定，因此在海洋光学中，把水体光学模型一般称为生物光学（Bio－optical）模型（Smith，et al，1971），此概念目前也用于二类水体。水体生物光学特性的研究包括水体成分的固有光学特性、表观光学特性的定量描述、表观特性与固有特性之间的关系以及反演算法等。在未来几年内，将以归一化离水辐射率 L_{wn} 为基本量的统计模型、以基于辐照度比 R 和遥感反射率 R_{rs} 的半分析模型为主要方向（O'Reilly，et al，1998）。

一般水体可能含有以下 7 种组分（Gordon，et al，1983；Morel，et al，1977）。

①活的藻类细胞。其浓度可有很大变化。

②连带的碎屑。即由浮游生物的自然死亡降解和浮游动物的消化排泄产生的碎屑。

③溶解有机质。由藻类和它们的碎屑释放出来的物质（黄色物质）。

④再次悬浮的泥沙。沿岸海底和浅海区因海流等作用而搅起的泥沙。

⑤陆源颗粒（Terrigenous Particles）。河流冰川带入的矿物颗粒等。

⑥陆源溶解有机质（黄色物质）。

⑦人类活动产生并进入海洋的颗粒和溶解物。

André Y. Morel 对一类水体的定义是其光学性质由前 3 项决定的水体。

典型的一类水体是大洋开阔水体。一类水体的组成，可以简单地看做由浮游生物（Phytoplankton、zooplankton）的主要成分 Chl－a，及其降解物－褐色素 a（phea－a）以及伴随的黄色物质组成。实际的水体要复杂许多，可参见 Mobley（1994）与 Kirk（1994）的书。

一类水体光谱模型的奠基工作是 Morel（1977）等人在 1977 年完成的，后经过众多科学家的不断努力，已基本成熟。但随着技术手段的进步，如高压液体色谱（HPLC）技术的广泛采用、固有参数测量仪器的进步等，将会把一类水体固有光学特性的精度再提高一步。

二类水体是除一类水体外的可能包括所有上述 7 种成分或更多的所有水体。典型的二类水体是近岸、河口区域的水体。

1）水体成分的固有光学特性与模型

显然各成分的吸收、散射与其浓度有关，可将吸收表示为成分浓度与单位吸收系数的乘积，将后向散射表示为体散射（Volume scattering）与后向散射比例系数（backscattering ratio）的乘积：

$$b_b = \tilde{b}_{bW} b_W + \tilde{b}_{bC} b_C + \tilde{b}_{bX} b_X \tag{7－1}$$

$$a = a_w + C a_c^* + X a_X^* + Y a_Y^* \tag{7－2}$$

其中：b_W 为纯（海）水的散射系数，$\tilde{b}_{bW}$ 为水的后向散射的比例；b_C 为浮游生物（叶绿素）

的散射系数，$\tilde{b}_{bC}$为叶绿素的后向散射的比例；b_X为悬浮泥沙的散射系数，$\tilde{b}_{bX}$为悬浮泥沙的后向散射的比例。

a_w为纯（海）水的吸收系数；C为叶绿素浓度（mg/m^3），a_c^*为其比吸收系数；X为无机悬浮物的浓度，此处单位是 m^{-1}，而不是常用的 mg/m^3 的单位，其单位按 550 nm 波段处的散射量来决定，a_X^* 为其比吸收系数；Y为黄色物质的浓度（m^{-1}），其单位按 440 nm 处光束的衰减量来决定，a_Y^* 为其比吸收系数。

2）水体各成分的后向散射

由于遥感获得水体后向散射的信息，因此水体成分的后向散射特性对遥感反演模型的建立具有关键性的作用。

海水分子的散射（Morel, et al, 1977；Smith, et al, 1981）：

$$b_w(500) = 0.002\ 88\ m^{-1},\ \tilde{b}_{b_w} = 0.5,\ \frac{b_w(\lambda_1)}{b_w(\lambda_2)} = \left(\frac{\lambda_1}{\lambda_2}\right)^{-4.3} \tag{7-3}$$

在水分子散射中，一般以 500 nm 处的值为参考点。

叶绿素的散射（Sathyendranath, et al, 1989）：

$$b_C(550) = 0.12C^{0.63},\ b_C(\lambda) = b_C(550) \times \frac{a_c(550)}{a_c(\lambda)},\ \tilde{b}_{bC} = 0.005 \tag{7-4}$$

悬浮泥沙（无机颗粒）的散射：

为简化计算，定义 X（m^{-1}）$= b_X$（550），实测时，可用 b_X（550）$= b$（550）$- b_C$（550），以免除麻烦的水体过滤［可参见式（7-4）中 b_C（550）与叶绿素浓度 C 的关系，C 较容易测得］。如果要确定 X（m^{-1}）与 mg/m^3 为单位的换算关系，可进行一系列不同浓度的水体配比测量，然后回归确定二者的关系。一般认为，泥沙的光谱散射满足下列关系：

$$\frac{b_X(\lambda_1)}{b_X(\lambda_2)} = \left(\frac{\lambda_1}{\lambda_2}\right)^{-n} \tag{7-5}$$

随着水体的不同，$\tilde{b}_{bX}$与 n 有以下规律（Prieur, et al, 1981）：

①对于二类水体（如近岸），$n=0$，$\tilde{b}_{bX}$在 0.01～0.033；

②对于高叶绿素浓度的一类水体，$n=1$ 或 2，$\tilde{b}_{bX} \leqslant 0.005$；

③对于贫营养一类水体，$n=2$，$\tilde{b}_{bX}$在 0.01～0.025。

3）水色组分吸收特性

纯（海）水（w）、典型的叶绿素（C）、悬浮泥沙（X）、黄色物质（Y）的光谱吸收特征参见图 7-1（Smith, et al, 1981；Prieur, et al, 1981）。

图中 a_w（m^{-1}）为纯海水的吸收系数；a'_c、a'_x、a'_y 为归一化单位吸收系数，以 440 nm 处的值进行了归一化，$a'_i(\lambda) = a_i^*(\lambda) / a_i^*(440)$，$i=c, x, y$，无量纲。

叶绿素的吸收随着总叶绿素浓度、Chl-a，Chl-b 与 Chl-c 相对比例的不同、不同浮游生物组分和光照条件的不同有一定的差别。但总的规律满足：

$$a_c(\lambda) = 0.06a'_c(\lambda) \cdot C^{0.602} \tag{7-6}$$

关键问题是归一化单位吸收系数 a'_c 的测算。

一般可采用 a_c^*（440）$=0.05\text{m}^{-1}/(\text{mg}\cdot\text{m}^{-3})$，再采用 Sathyendranath 等人（1989）的 a'_c 数值即可得到 $a_c^*(\lambda)=a'_c\times a_c^*(440)$。但实际上 a_c^*（440）随水体的变化很大。对于叶绿素比吸收系数的变化及其参数化，Bricaud 等人（1995）利用 815 个测点的数据给出了最新的结果。其结果表明，随着叶绿素浓度的不同，单位吸收系数有一个数量级的差别，如在 440 nm 处，Chl－a 的浓度从 0.02～20 mg/m^3，单位吸收系数变化为 0.148～0.014 9（m^2/mg）。

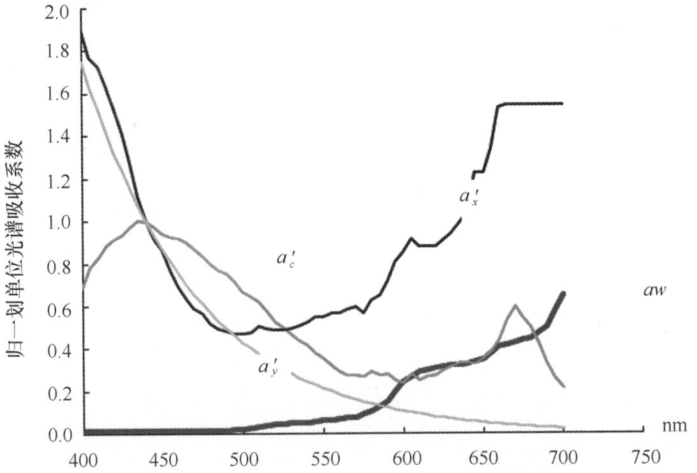

图 7－1 水体成分归一化单位光谱吸收系数曲线

Bricaud 等人（1995）的结果表明，叶绿素的比吸收系数 $a_c^*(\lambda)$ 随叶绿素的浓度变化而变化，叶绿素浓度增加，$a_c^*(\lambda)$ 随之减小。他们利用 815 点数据得到的结果是：

$$a_c^*(\lambda)=A(\lambda)\langle\text{Chla}\rangle^{-B(\lambda)}$$

其中，$A(\lambda)$、$B(\lambda)$ 是随波段变化的系数，<Chla>为叶绿素浓度，该公式及其系数的适用范围为 0.02～25 mg/m^3。

黄色物质的浓度为 $Y(\text{m}^{-1})=a_Y(440)$，研究表明，黄色物质的吸收满足下述指数规律：

$$a_Y(\lambda)=a_Y(\lambda_0)\exp[-S(\lambda-\lambda_0)]$$

其中，$\lambda_0=440$ nm，S 随水体的不同在 0.011～0.018 变化，通常取 $S=0.014$。因此其单位吸收系数 $a_Y^*(\lambda)=\exp[-0.014(\lambda-440)]$，且 $a_Y^*(\lambda)=a'_y$（归一化单位吸收系数）。由此表达式计算出的值与 Prieur 和 Sathyendranath（1981）中的 $a'_Y(\lambda)$ 完全一样。

显然，在不同的近岸河口地区，悬浮泥沙矿物质组成不一样，其光谱吸收也有很大的差别，因此，需要测量典型海区的悬浮泥沙光谱吸收系数。

从 Prieur 和 Sathyendranath（1981）、Bukata 和 Jerome（1995）等人的结果表明，不同区域的泥沙的吸收散射特性还有一定的共性。在近岸水体，一般蓝色波段吸收较强，从而呈现黄色泥沙。

7.3 基于环境一号卫星的大洋河河口区环境要素反演算法及产品

将现场获取的等效遥感反射率和各种环境要素参数进行相关性分析，本研究建立了总悬浮物、叶绿素 a、硝酸盐、透明度以及 CDOM 等参数的卫星遥感反演模型。需要说明的是，对于受径流输入物质特性影响较强的环境要素，如总悬浮物、硝酸盐、透明度以及 CDOM 等，本研究按照枯水期、丰水期分别建立反演模型，而叶绿素 a 不受河水径流输入物质特性的影响，所以不分枯水期或丰水期，统一建模。

海表温度算法是在实测数据基础上对已有算法的改进。应用搜集到的实测海表温度数据与卫星影像数据进行时空匹配，建立数据集。采用大部分的匹配数据对用于算法模型参数的回归建立，其余部分则用于算法模型精度的实测验证。

7.3.1 模型评价指标

本研究模型评价指标采用均方根误差（e_{rms}）和相对误差（e_r），计算公式分别为：

$$e_{rms} = \sqrt{\frac{\sum_{i=1}^{n}(x_{mod,i} - x_{obs,i})^2}{n-1}} \tag{7-7}$$

$$e_r = \left|\frac{x_{mod,i} - x_{obs,i}}{x_{obs,i}}\right| \times 100\% \tag{7-8}$$

式中：$x_{mod,i}$为第 i 个反演值；$x_{obs,i}$为第 i 个实测值；n 为样本个数。

7.3.2 总悬浮物卫星遥感反演

1）模型建立

随着水体中总悬浮物含量的增加，水体遥感反射率增大，550 ~ 900 nm 波段间遥感反射率的变化主要来自总悬浮物的作用，本研究选择环境一号卫星 Band3（0.63 ~ 0.69 μm）等效遥感反射率与 TSM 进行线性函数拟合，枯、丰水期 HJ - 1A CCD1 的拟合曲线如图 7 - 2、图 7 - 3 所示，其余传感器拟合结果类似，这里未列出，模型评价指标见表 7 - 1。

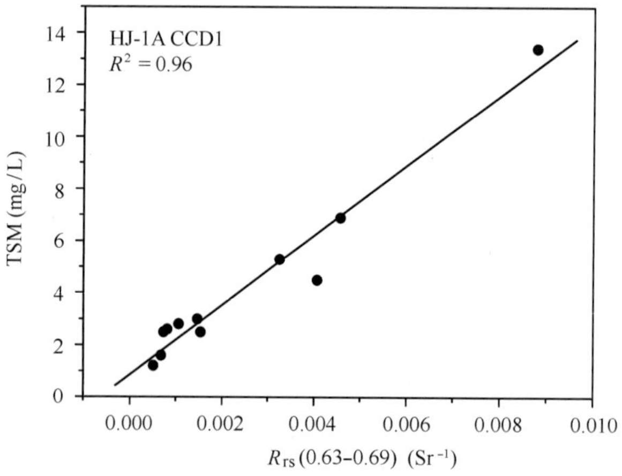

图 7 - 2　总悬浮物浓度与 HJ - 1A CCD1（0.63 ~ 0.69 μm）波段等效遥感反射率的拟合曲线（枯水期）

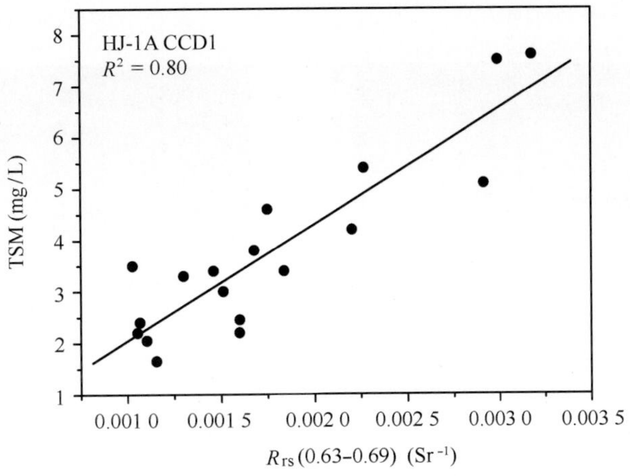

图 7－3　总悬浮物浓度与 HJ－1A CCD1 0.63～0.69 μm 波段等效遥感反射率的拟合曲线（丰水期）

表 7－1　不同传感器总悬浮物浓度遥感反演模型的误差统计

传感器类型		e_{rms}（mg/L）	mean e_r	R^2
枯水期	HJ1A CCD1	0.730 69	16.4%	0.96
	HJ1A CCD2	0.735 91	16.3%	0.96
	HJ1B CCD1	0.745 40	16.5%	0.95
	HJ1B CCD2	0.738 10	16.3%	0.95
丰水期	HJ1A CCD1	0.765 67	19.0%	0.80
	HJ1A CCD2	0.763 95	18.8%	0.81
	HJ1B CCD1	0.758 46	18.8%	0.81
	HJ1B CCD2	0.762 43	18.8%	0.81

通过图 7－2、图 7－3 对比发现，枯水期总悬浮物遥感反演模型优于丰水期，模型拟合 R^2分别为0.96、0.80。从表7－1 可以看出，不同传感器所得模型指标参数较为接近，枯水期反演模型精度较高，丰水期相对较低，平均相对误差均低于 20%，总体看来，模型表现较佳，可用于大洋河河口海域总悬浮物卫星遥感反演。

2）产品图例

从图 7－4 可发现，总悬浮物扩散趋势明显，近岸区域浓度非常高，随径流扩散逐渐降低，枯水期总悬浮物浓度高于丰水期，这可能与枯水期海风较大，海水扰动致使海底污泥上升有关。

7.3.3　叶绿素卫星遥感反演

1）模型建立

活体细胞中叶绿素 a 对蓝光吸收强烈，在 445 nm 附近存在吸收峰（作为特征波段），而

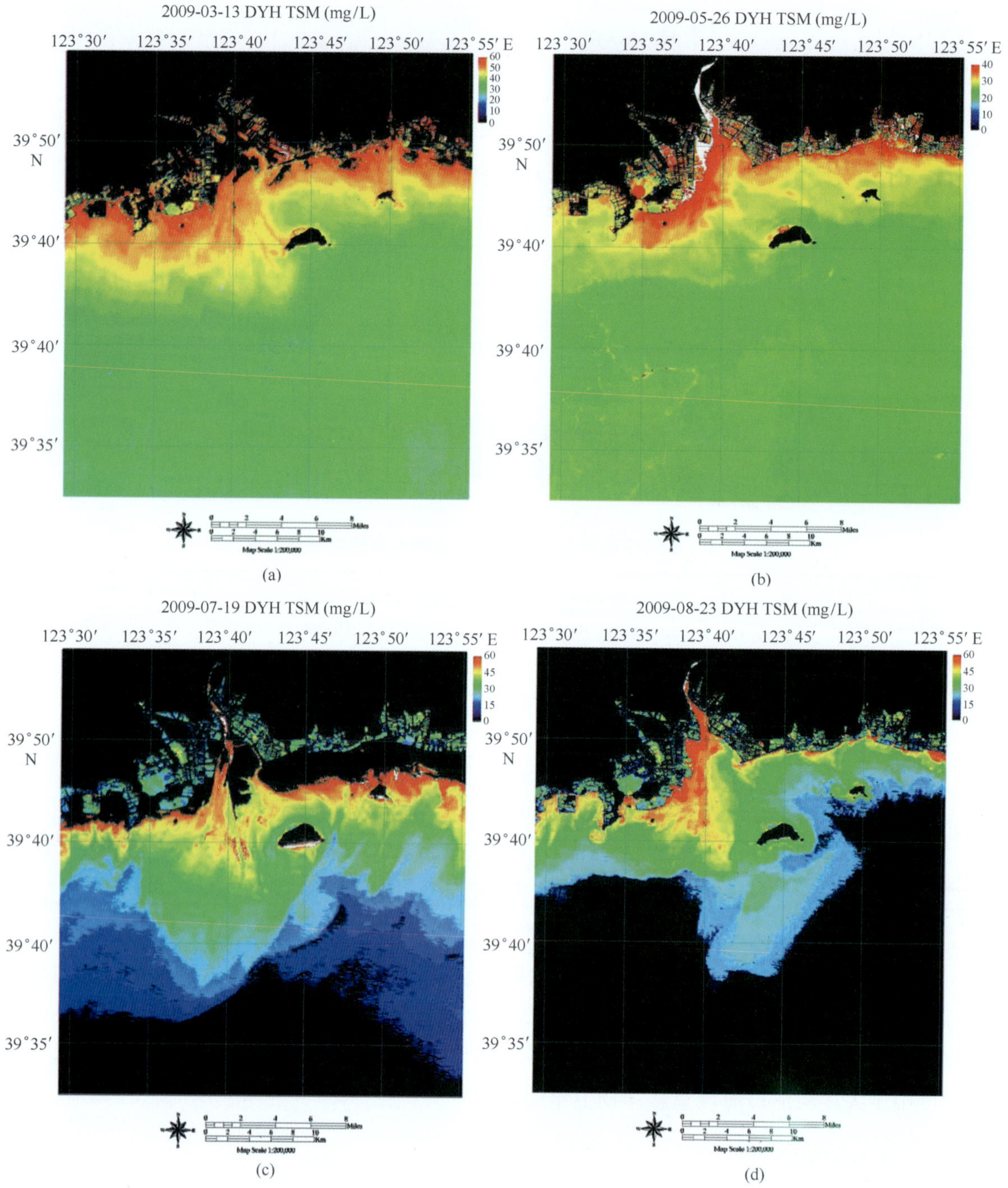

图 7－4　总悬浮物卫星遥感产品

对绿、黄光吸收较弱，在 550～580 nm 波段则存在反射峰（作为本底波段），基于此特征，在对数坐标系下采用线性模型模拟环境一号卫星 CCD Band1（0.43～0.52 μm）与 Band2（0.52～0.60 μm）等效遥感反射率比值与叶绿素 a 浓度的关系，HJ－1A CCD1 的拟合曲线如图 7－5 所示，其余传感器拟合结果类似，这里未列出，模型评价指标见表 7－2。

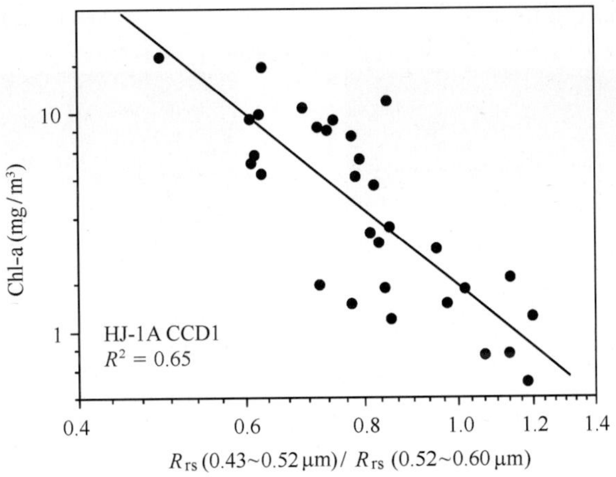

图 7－5 叶绿素 a 浓度与 HJ－1A CCD1 0.43～0.52 μm 和 0.52～0.60 μm 波段等效遥感反射率比值的拟合曲线

表 7－2 不同传感器叶绿素浓度遥感反演模型的误差统计

传感器类型	e_{rms}（mg/m³）	mean e'_r	R^2
HJ1A CCD1	3.072 30	52.0%	0.65
HJ1A CCD2	3.098 15	52.1%	0.65
HJ1B CCD1	3.041 68	51.1%	0.66
HJ1B CCD2	3.043 40	50.7%	0.67

从图 7－5 可发现，叶绿素 a 浓度与反射率的比值存在负相关关系，模型 R^2 为 0.65。从表 7－2 可看出，不同传感器所得模型指标参数较为接近，平均相对误差可控制在 50%，总体看来，模型表现一般，但基本可满足大洋河河口海域叶绿素 a 卫星遥感反演。

2）产品图例

从图 7－6 可发现，近岸叶绿素浓度较高，且丰水期叶绿素浓度普遍高于枯水期，这与丰水期正直夏秋季节，海洋环境条件更适宜浮游藻类生长有关。

7.3.4 硝酸盐卫星遥感反演

1）模型建立

硝酸盐本身并非光敏感性物质，它与遥感反射率不存在本质联系。然而河口海域的营养盐主要来自径流输入，其在河口区域的扩散特征与悬浮物、CDOM 等存在密切关系，基于此，本研究分别将 Band 1（0.43～0.52 μm）、Band 2（0.52～0.60 μm）以及 Band 3（0.63～0.69 μm）等效遥感反射率与硝酸盐进行线性拟合分析，最终确定枯水期模型采用 Band 1（0.43～0.52 μm），而丰水期采用 Band 2（0.52～0.60 μm），图 7－7、7－8 为枯、丰水期 HJ－1A CCD1 的拟合曲线，其余传感器拟合结果类似，这里未列出，模型评价指标见表 7－3。

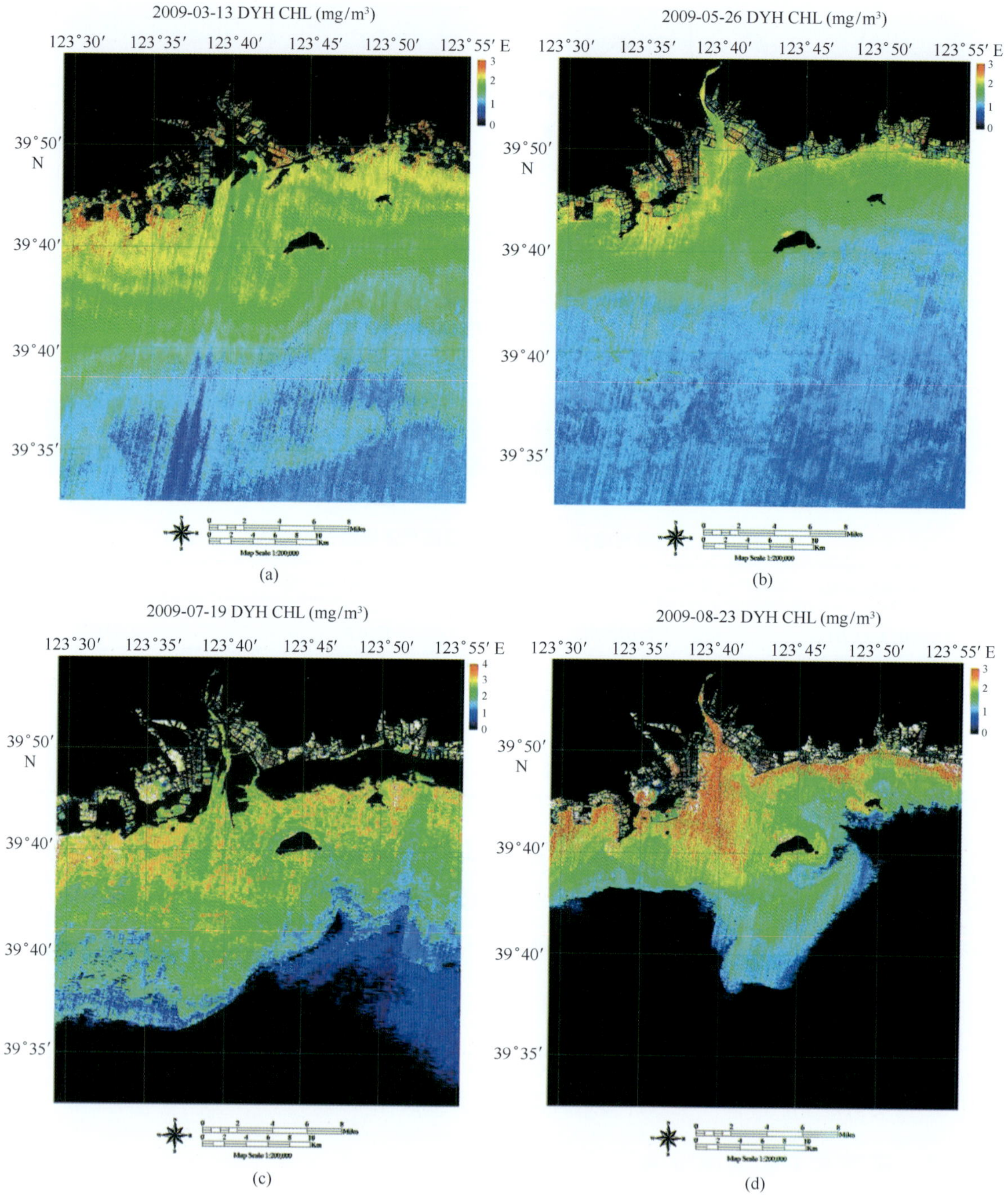

图 7－6　叶绿素 a 卫星遥感产品

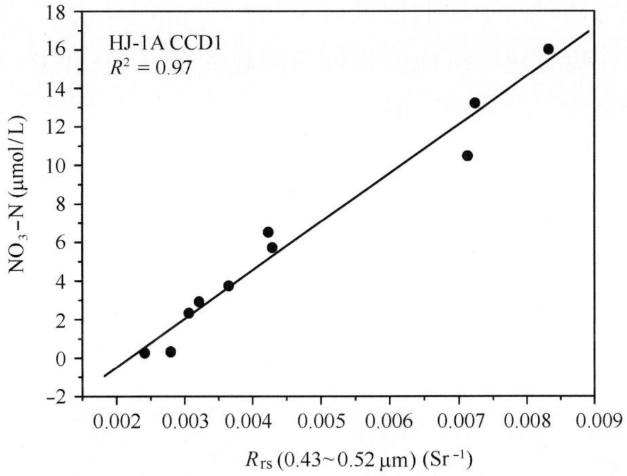

图 7－7　NO_3－N 浓度与 HJ－1A CCD1 0.43～0.52 μm 波段等效遥感反射率的拟合曲线（枯水期）

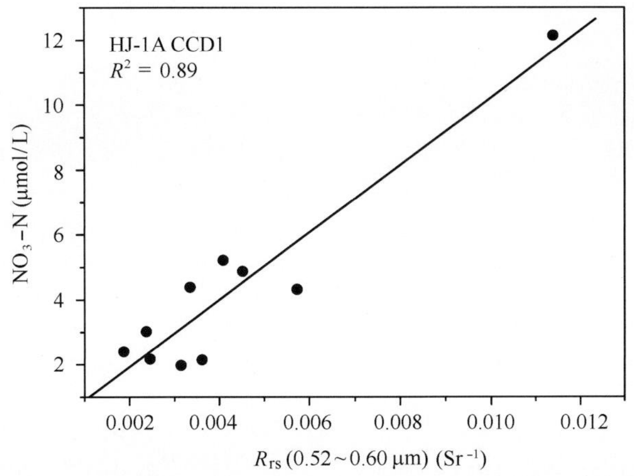

图 7－8　NO_3－N 浓度与 HJ－1A CCD1 0.52～0.60 μm 波段等效遥感反射率的拟合曲线（丰水期）

表 7－3　不同传感器 NO_3－N 浓度遥感反演模型的误差统计

	传感器类型	e_{rms}（μmol/l）	mean e_r	R^2
枯水期	HJ1A CCD1	0.950 77	57.1%	0.97
	HJ1A CCD2	0.944 56	55.0%	0.97
	HJ1B CCD1	1.008 49	44.9%	0.97
	HJ1B CCD2	0.975 76	59.9%	0.97
丰水期	HJ1A CCD1	1.015 59	27.6%	0.89
	HJ1A CCD2	1.012 02	27.6%	0.89
	HJ1B CCD1	1.014 58	27.6%	0.89
	HJ1B CCD2	1.031 56	27.7%	0.88

通过图 7－7、图 7－8 对比发现，枯水期 NO_3－N 浓度遥感反演模型优于丰水期，模型拟合 R^2 分别为 0.97、0.89。然而，从表 7－3 可以看出，枯水期模型平均相对误差明显大于丰

水期，分析原因在于枯水期时两个极低值点（0.314 29 μmol/L 和 0.257 14 μmol/L）反演相对误差较大，此外，不同传感器所得模型指标参数较为接近，总体看来，模型表现较佳，可用于大洋河河口海域硝酸盐卫星遥感反演。

2）产品图例

从图 7－9 可发现，硝酸盐在河口有一个明显的高值区，该高值区由河口向外逐渐降低，直至外海最低。

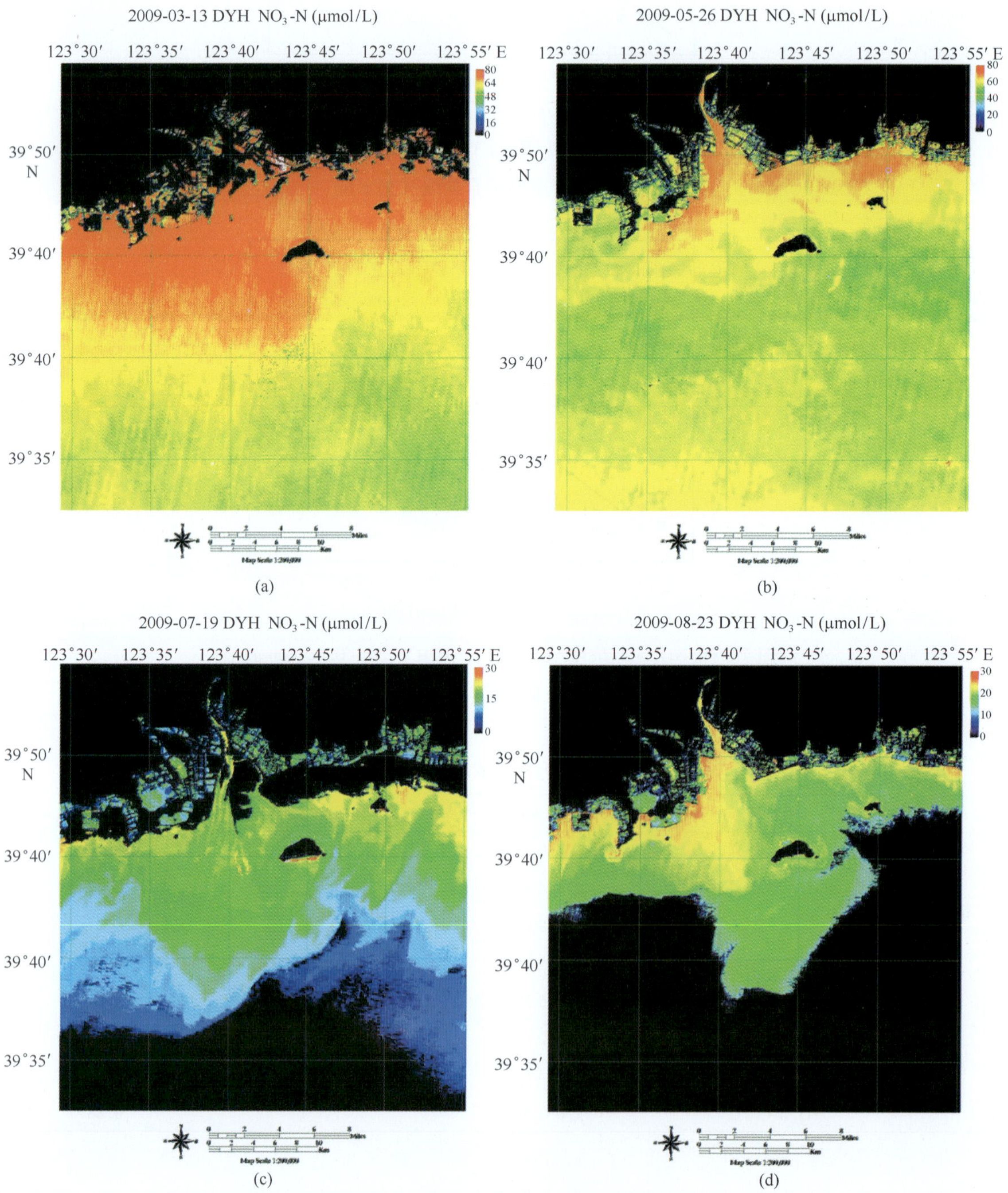

图 7－9　硝酸盐卫星遥感产品

7.3.5 透明度卫星遥感反演

1）模型建立

海水透明度是描述海水光学特性的一个基本参数。采用线性模型模拟环境一号卫星 CCD Band1（0.43 ~0.52 μm）与 Band2（0.52 ~0.60 μm）等效遥感反射率比值与透明度的关系，图 7 - 10、图 7 - 11 为枯、丰水期 HJ - 1A CCD1 的拟合曲线，其余传感器拟合结果类似，这里未列出，模型评价指标见表 7 - 4。

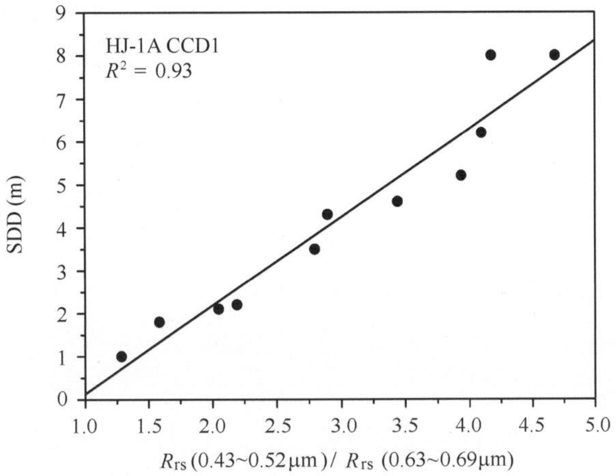

图 7 - 10 SDD 与 HJ - 1A CCD1 0.43 ~0.52 μm 和 0.63 ~0.69 μm 波段等效遥感反射率比值的拟合曲线（枯水期）

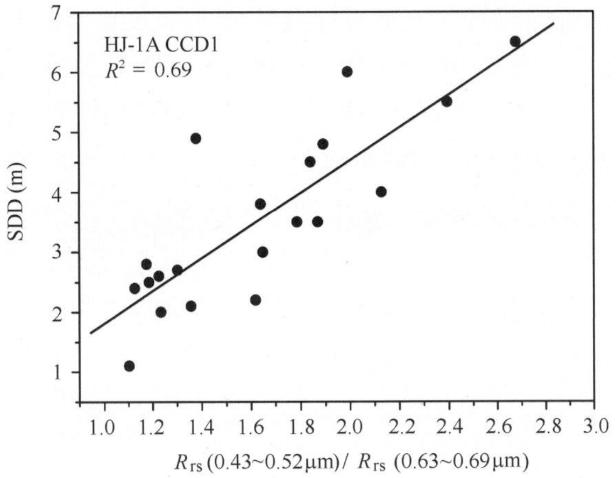

图 7 - 11 SDD 与 HJ - 1A CCD1 0.43 ~0.52 μm 和 0.63 ~0.69 μm 波段等效遥感反射率比值的拟合曲线（丰水期）

表 7－4　不同传感器透明度遥感反演模型的误差统计

	传感器类型	e_{rms}（m）	mean e_r	R^2
枯水期	HJ1A CCD1	0.621 75	13.8%	0.93
	HJ1A CCD2	0.615 11	13.2%	0.94
	HJ1B CCD1	0.633 99	13.9%	0.93
	HJ1B CCD2	0.630 87	13.9%	0.93
丰水期	HJ1A CCD1	0.645 90	21.0%	0.69
	HJ1A CCD2	0.628 18	20.4%	0.71
	HJ1B CCD1	0.638 20	20.7%	0.70
	HJ1B CCD2	0.647 49	21.4%	0.69

通过图 7－10、图 7－11 对比发现，枯水期透明度遥感反演模型优于丰水期，模型拟合 R^2 分别为 0.93、0.69。从表 7－4 可以看出，不同传感器所得模型指标参数较为接近，枯水期反演模型精度较高，丰水期相对较低，平均相对误差均低于 25%，总体看来，模型表现较佳，可用于大洋河河口海域透明度卫星遥感反演。

2）产品图例

从图 7－12 可发现，河口近岸区域透明度明显低于外海，这与径流输入有直接关系。

7.3.6　CDOM 卫星遥感反演

1）模型建立

由于 CDOM 对短波的强吸收特性，本研究将环境一号卫星 CCD Band1（0.43～0.52 μm）与 Band2（0.52～0.60 μm）或 Band3（0.63～0.69 μm）等效遥感反射率比值与 CDOM 进行线性函数拟合，图 7－13、图 7－14 为枯、丰水期 HJ－1A CCD1 的拟合曲线，其余传感器拟合结果类似，这里未列出，模型评价指标见表 7－5。

通过图 7－13、图 7－14 对比发现，枯水期 CDOM 遥感反演模型明显优于丰水期，模型拟合 R^2 分别为 0.88、0.40。从表 7－5 可以看出，不同传感器所得模型指标参数较为接近，枯水期反演模型精度较高，丰水期相对较低，平均相对误差均低于 10%，总体看来，枯水期模型表现较佳，丰水期较差，但基本可满足大洋河河口海域 CDOM 卫星遥感反演。

2）产品图例

从图 7－15 可发现，CDOM 随径流输入扩散趋势明显，河口近岸区域 CDOM 明显高于外海。

7.3.7　海温卫星遥感反演

1）模型建立

卫星海表温度定量反演算法是在段四波等算法基础上进一步改进，主要包括以下两个部分。

（1）单通道温度反演算法的简化

针对 Planck 方程，建立 273～323K 温度范围内 HJ－1B IRS 热红外通道热力学温度 T 与辐射强度 B（T）关系的散点图，可见该温度范围内 T 与 B（T）线性化特征明显，由 Origin-Pro7.5 得到二者线性关系式，因而，就将原来复杂得多参数计算公式简化为线性关系显著仅包含 B（T）与 T 的线性方程式，在保证计算精度的前提下，公式得到了极大简化。

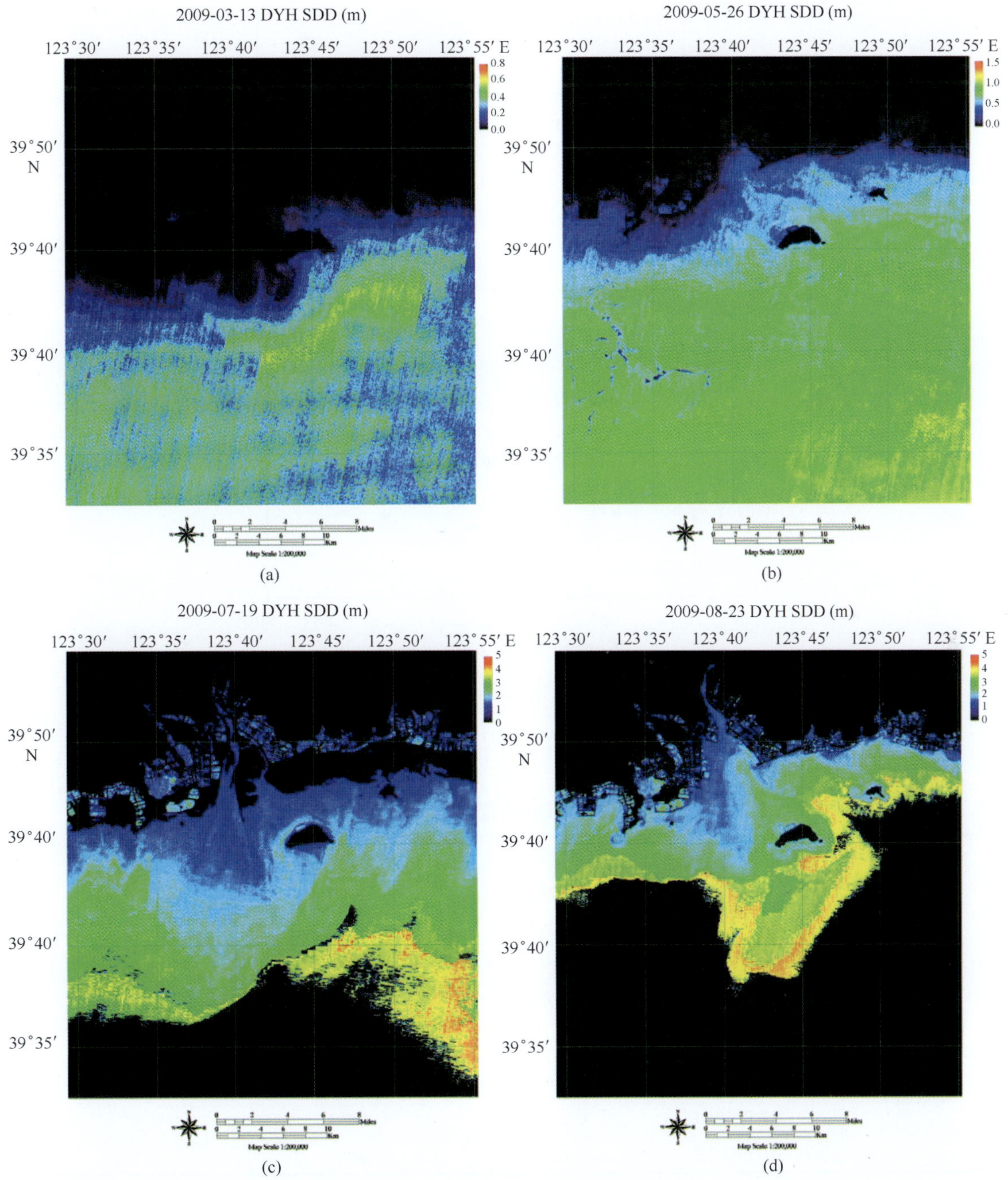

图 7－12　透明度卫星遥感产品

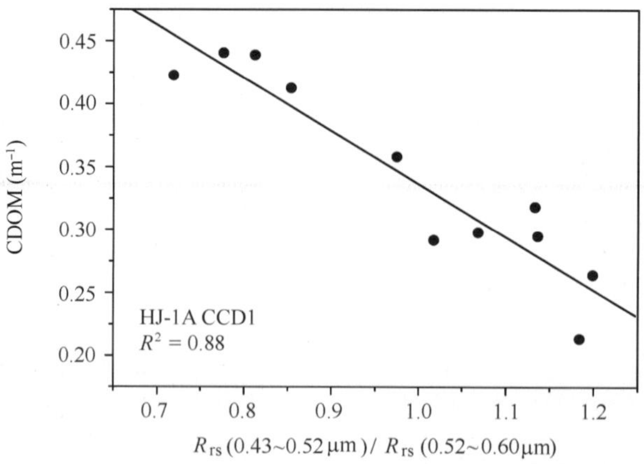

图 7-13 CDOM 与 HJ-1A CCD1 0.43 ~0.52 μm 和 0.52 ~0.60 μm 波段等效遥感反射率比值的拟合曲线（枯水期）

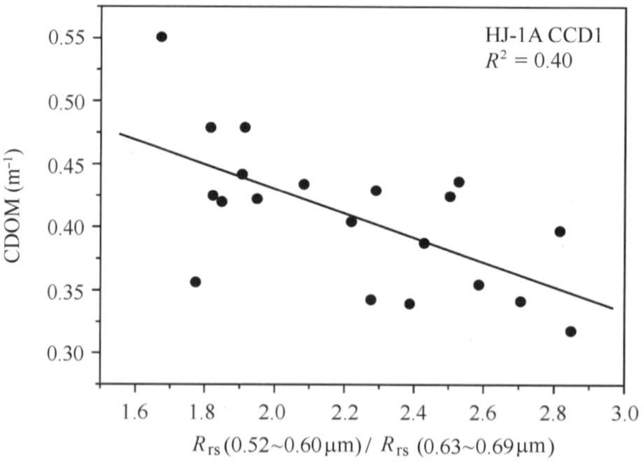

图 7-14 CDOM 与 HJ-1A CCD1 0.52 ~0.60 μm 和 0.63 ~0.69 μm 波段等效遥感反射率比值的拟合曲线（丰水期）

表 7-5 不同传感器 CDOM 遥感反演模型的误差统计

传感器类型		e_{rms} (m^{-1})	mean e_r	R^2
枯水期	HJ1A CCD1	0.027 20	7.40%	0.88
	HJ1A CCD2	0.027 41	7.40%	0.88
	HJ1B CCD1	0.027 39	7.40%	0.88
	HJ1B CCD2	0.026 951	7.20%	0.88
丰水期	HJ1A CCD1	0.035 23	8.60%	0.40
	HJ1A CCD2	0.034 58	8.40%	0.42
	HJ1B CCD1	0.034 47	8.40%	0.42
	HJ1B CCD2	0.035 07	8.60%	0.40

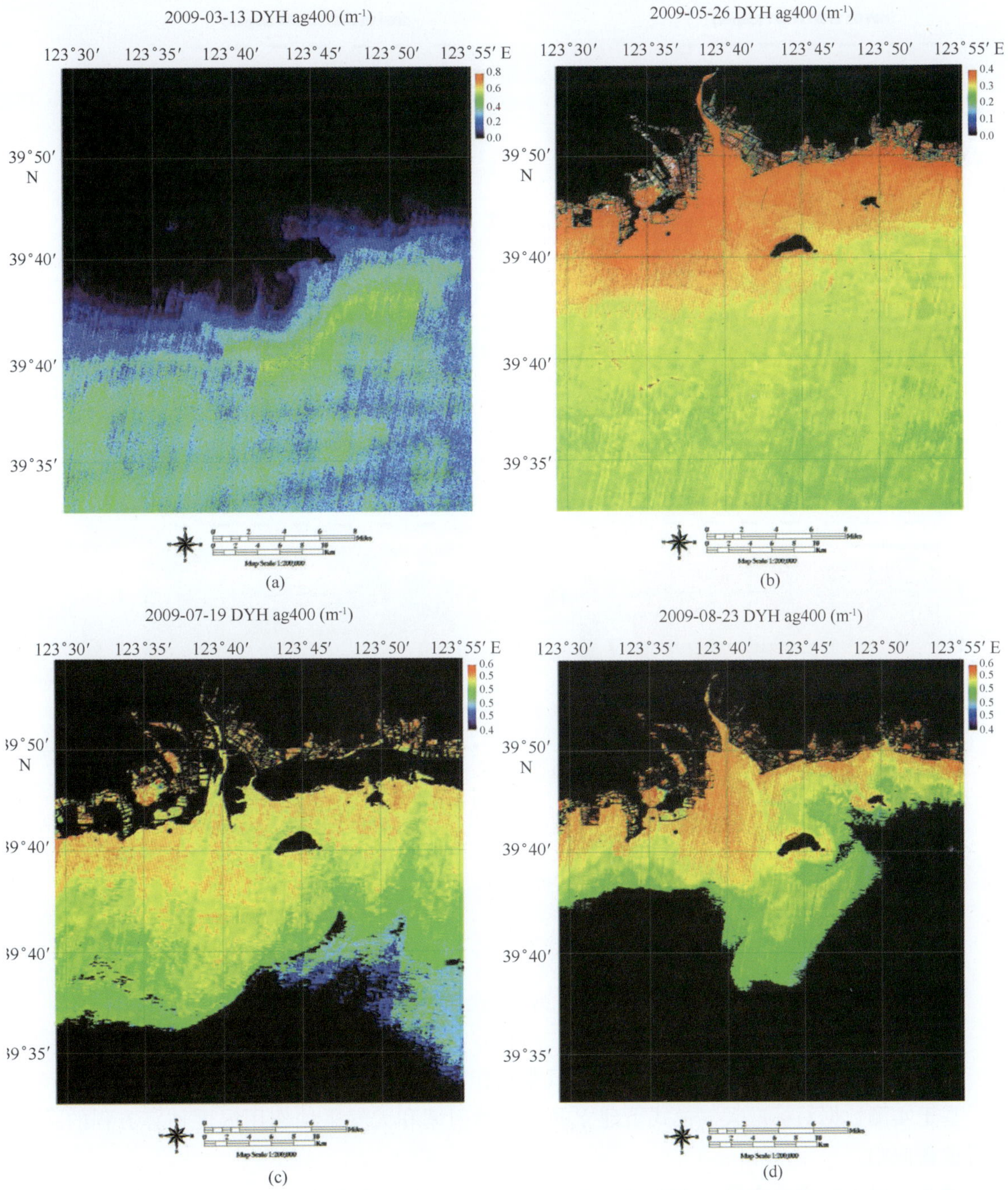

图 7-15　CDOM 卫星遥感产品

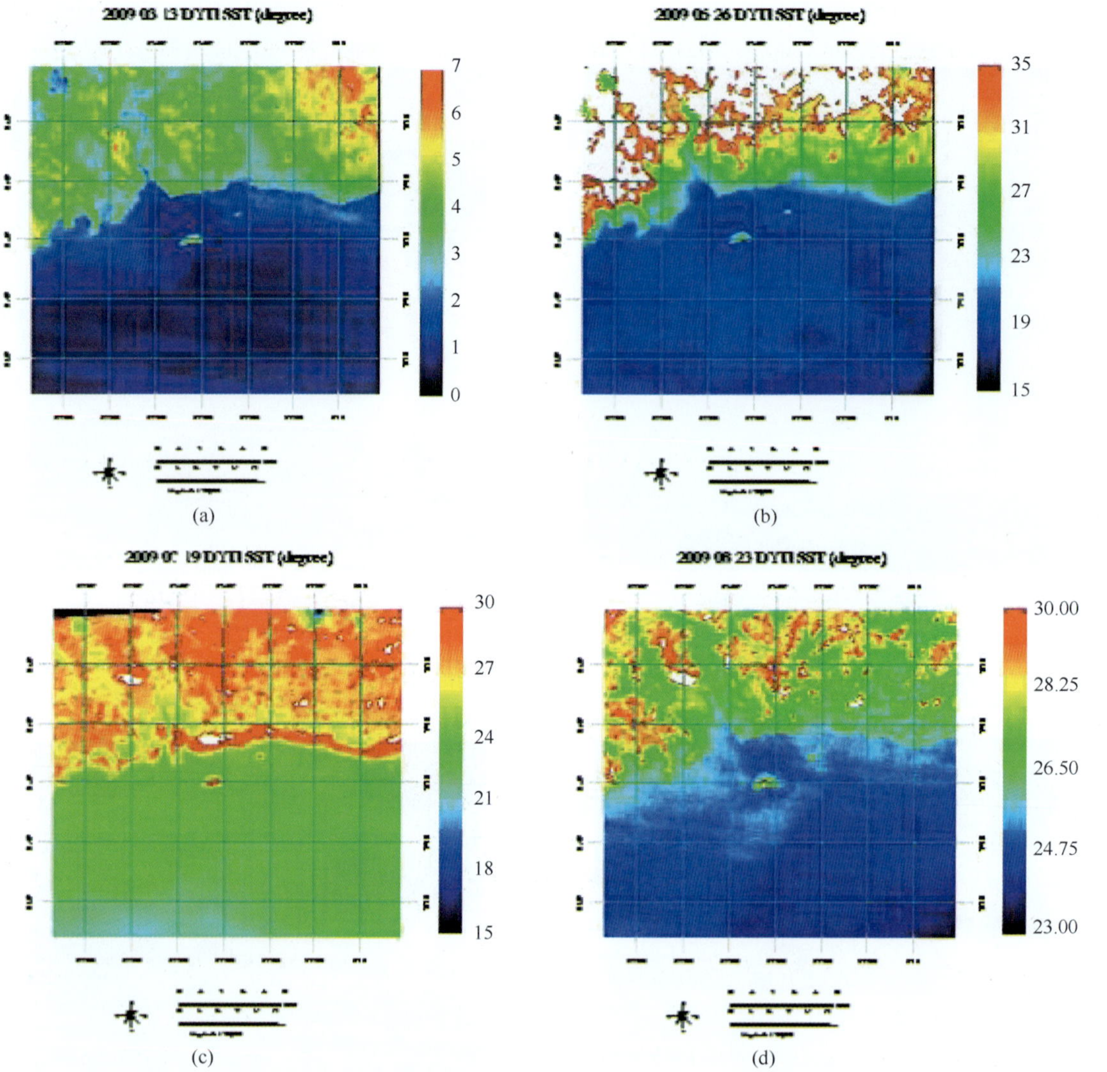

图 7－16 海温卫星遥感产品

（2）实测海温数据对大气透射率及大气平均作用温度估算方程的修订

基于实测数据对标准大气模式下建立的大气透射率和大气平均作用温度估算方程的系数进行重新回归。

首先，以大气水汽含量 ω 和近地面气温 T_0 表示的大气透射率 τ 和大气平均作用温度 T_a 的线性表达式，建立海表温度 T_S与大气水汽含量 ω、近地面气温 T_0的关于系数 A、B、C、D 的四元方程式：

$$\begin{cases}\tau = A + B \times \omega \\ T_a = C + D \times T_0\end{cases} \tag{7-9}$$

$$T_S = \frac{B(T_8) - b\varepsilon(A + B\omega) - (1 - A - B\omega)[1 + (1 - \varepsilon)(A + B\omega)][a(C + DT_0) + b]}{a\varepsilon(A + B\omega)} \tag{7-10}$$

其次，应用多组已知和实测数据对，数据内容包括实测海温 T_S、海表发射率 ε、近地面

气温 T_0、大气水汽含量 ω 及系数 $a=0.12889$、$b=-29.27632$ 代入上述四元方程式。其中 $\varepsilon=0.96$，ω 采用 MODIS 近红外水汽总量产品数据，建立关于系数 A、B、C、D 的与实测数据对应的四元方程式组求解。

基于以上对算法的简化和大气透射率及大气平均作用温度估算方程的重新修订，最终得到算法模型。

2）产品图例

从图 7 – 16 可发现，陆源输入淡水温度高于海水，随径流扩散，海温降低，丰水期时，海温高于枯水期，存在明显的季节性变化规律。

参考文献

Ana Sili – Calzada, Annick Bricaud, Bernard Gentili. 2008. Estimates of sea surface nitrate concentrations from sea surface temperature and chlorophyll concentration in upwelling areas a case study for the Benguela system. Remote Sensing of Environment, 112: 3173 – 3180.

Binding CE, Bowers DG, Mitchelson – Jacob EG. 2003. An algorithm for the retrieval of suspended sediment concentrations in the Irish Sea from SeaWiFS ocean colour satellite imagery. International Journal of Remote Sensing, 24: 3791 – 3806.

Bricaud A, M Babin, A Morel and H Claustre. 1995. Variability in the chlorophyll – specific absorption coefficients of natural phytoplankton: Analysis and parameterization. Journal of Geophysical Research, 100 (7): 13321 – 13332.

Bukata RP, JH Jerome, K Ya Kondratyev and DV Pozdnyakov. 1995. Optical Properties and Remote Sensing of Inland and Coastal Waters. CRC Press, New York.

D Doxaran, P Castaing and SJ Lavender. 2006. Monitoring the maximum turbidity zone and detecting fine – scale turbidity features in the Gironde estuary using high spatial resolution satellite sensor (SPOT HRV, Landsat ETM +) data. International Journal of Remote Sensing, 27 (1): 2303 – 2321.

DG Bowers, D Evans, DN Thomas, et al. 2004. Interpreting the colour of an estuary. Estuarine, Coastal and Shelf Science, 59: 13 – 20.

Eurico JD SA, Richard L Miller. 2003. Bio – optical Properties in Waters Influenced by the Mississippi River during Low Flow Conditions. Remote Sensing of Environment, 84: 538 – 549.

Ferrari GM, Tassan S. 1992. Evaluation of the Influence of Yellow Substance Absorption on the Remote Sensing of Water Quality in the Gulf of Naples: A Case Study. Int. J. Remote Sensing, 13 (12): 2177 – 2189.

Forget P, Ouillon S. 1998. Surface suspended matter off the Rhone river mouth from visible satellite imagery. Oceanologica Acta, 21 (6): 739 – 749.

Gordon HR and A Morel. 1983. Lecture Notes on Remote Assessment of Ocean Color for Interpretation of Satellite Visible Imagery: A Review. Vol. 4, Springer Verlag, New York, 114.

Harilal B Menon, Nutan P Sangekar. 2010. Measurement of salinity of Mandovi and Zuari estuarine waters from OCM data. Indian Journal of Geo – Marine Science, 39 (4): 504 – 508.

Jerlov RW. 1976. Marine Optics. Elsevier Scientific Publishing Company, Amsterdam.

Kahru M and BG Mitchell. 2001. Seasonal and non – seasonal variability of satellite – derived chlorophyll and CDOM concentration in the California Current. Journal of Geophysical Research, 106 (C2): 2517 – 2529.

Kirk JTO. 1994. Characteristics of the light field in highly turbid waters: A Monte Carlo study. Limnology and Oceanography, 39 (3): 702 – 706.

Mobley, Curtis D. 1994. Light and water – radiative transfer in natural waters. Academic Press.

Morel A and L Prieur. 1977. Analysis of variation in ocean color. Limnology and Oceanography, 22: 709 – 722.

O' Reilly JE, S Maritorena, B Greg Mitchell, DA Siegel, KL Carder, SA Garver, M Kahru and C R McClain. 1998. Ocean color chlorophyll algorithms for SeaWiFS. Journal of Geophysical Research, 103 (11): 24937 – 24953.

Prieur L and S Sathyendranath. 1981. An optical classification of coastal and oceanic waters based on the specific spectral absorption curves of phytoplankton pigments, dissolved organic matter, and other articulate materials. Limnology and Oceanography, 26: 671 – 689.

Roland Doerffer, Jurgen Fischer. 1994. Concentrations of Chlorophyll, Suspended Matter, and Gelbstoff in Case Ⅱ Waters Derived from Satellite Coastal Zone Color Scanner Data with Inverse Modeling Methods. J G Research, 99 (C4): 7457 – 7466.

Sathyendranath S, L Prieur and A Morel. 1989. A three – component model of ocean color and its application to remote sensing of phytoplankton pigments in coastal waters. International Journal of Remote Sensing, 10 (8): 1373 – 1394.

Smith RC and KS Baker. 1978. The bio – optical state of ocean waters and remote sensing. Limnology and Oceanography, 19: 1 – 12.

V Klemas, D Bartlett, W Philpot, et al. 1974. Coastal and estuarine studies with ERTS – 1 and Skylab. Remote Sensing of Environment, 3 (3): 153 – 174.

陈楚群，潘志林，施平. 2003. 海水光谱模拟及其在黄色物质遥感反演中的应用. 热带海洋学报，22 (5): 34 – 39.

陈吉余，陈沈良. 2002. 中国河口海岸面临的挑战. 海洋地质动态，18 (1): 1 – 5.

郭卫东，程远月. 2008. 天然日光辐照下河口区 CDOM 的光化学降解. 环境科学，29 (6): 1463 – 1468.

郭卫东，夏恩琴，韩宇超，等. 2005. 九龙江口 CDOM 的荧光特性研究. 海洋与湖沼，34 (4): 349 – 357.

洪官林. 2011. 长江口及邻近海域叶绿素的光学特性及其遥感应用. 硕士学位论文. 上海：华东师范大学 自然地理学.

李凡. 1996. 海岸带陆海相互作用 (LOICZ) 研究及我们的策略. 地球科学进展，11 (1): 9 – 23.

李小斌，陈楚群，施平，等. 2007. 珠江口海域总无机氮的遥感提取研究. 环境科学学报，27 (2): 313 – 318.

刘瑞玉，胡敦欣. 1997. 中国的海岸带陆海相互作用 (LOICZ) 研究. 地学前缘，(1 – 2): 194.

宋庆君，唐军武. 2006. 黄海、东海海区水体散射特性研究. 海洋学报，28 (4): 56 – 63.

唐军武，田国良. 1997. 水色光谱分析与多成分反演算法. 遥感学报，1 (4): 252 – 256.

王繁. 2008. 河口水体悬浮物固有光学性质及浓度遥感反演模式研究. 博士学位论文. 杭州：浙江大学农业资源利用.

王林，赵冬至，杨建洪，等. 2011. 大洋河河口海域有色溶解性有机物的光学特性及遥感反演模型. 海洋学报，33 (1): 45 – 51.

王林，赵冬至，杨建洪. 2012. 基于环境一号卫星的大洋河河口海域营养盐遥感反演. 中国环境科学，32 (1): 136 – 141.

邢前国. 2007. 珠江口水质高光谱反演. 博士学位论文. 广州：中国科学院南海海洋研究所 物理海洋学.

许勇. 2009. 江苏沿海无机氮磷营养盐遥感监测研究. 博士学位论文. 南京：南京师范大学 海洋地理学.

赵冬至，杨建洪，赵玲，等. 2007. 辽东湾 MODIS 生物光学算法研究 (Ⅰ) 算法适用性评估. 海洋环境科学，26 (5): 401 – 407.

朱伟健. 2010. 长江口及邻近海域有色溶解有机物 (CDOM) 的光学特性和遥感反演的初步研究. 硕士学位论文. 上海：华东师范大学 自然地理学.

8　河口湿地景观动态变化评价方法

湿地景观生态研究集中体现了当前国际上生态学、环境科学和地理学领域的研究热点，学者们不断地通过不同的角度对湿地的结构、功能、过程、动态各个方面进行更深入的了解和认识，从而找出使湿地的开发和保护相协调的方式。湿地景观动态变化研究也正是这些热点问题之一。

对湿地进行景观生态学研究，重点研究的是景观尺度上的湿地类别的格局特征、功能的改变、湿地中的物质流和能量流以及各湿地类别的动态变化等。对于湿地这一特殊的生态系统，由于其常常地处偏远，或者难于接近，而使得传统的景观生态学研究所采用的现场调查的方法受到很大的限制。自 20 世纪 80 年代以来，随着遥感和 GIS 技术的发展和成熟，为湿地景观生态研究提供了更为高效、更为精确的研究方法。学者们开始利用遥感和 GIS 技术进行湿地调查、分析湿地功能、研究湿地景观变化及其对环境的影响、模拟预测湿地变化趋势等研究。这两种技术的发展为湿地景观生态研究提供了良好的定量分析的手段。

景观动态研究着眼于根据生态系统真实的空间分布及其随时间而变化的空间和时间尺度的变量，推论出导致景观变化的原因并预测景观变化趋势，进而为区域景观的管理和未来规划制定决策而服务。湿地自古以来便是人类活动频繁的区域，人为干扰强烈，同时又由于自然条件的改变，不同时期湿地面积变化较大。因此，对于湿地的动态变化进行研究，能为我们进一步了解湿地、制定湿地管理决策提供科学依据。通常动态变化研究需要的资料时间跨度较长，数据量很大。传统的依靠历史资料利用地学相关方法和经验进行推断研究存在很大程度的不确定性，而新兴的遥感技术在很大程度上弥补了这一缺点。利用遥感技术大范围、多分辨率、多时相的动态监测功能，可以获取区域内景观的客观的及时可靠的数据。利用遥感数据并结合一些辅助的历史资料进行湿地景观动态变化分析，能很好地还原变化过程，得到湿地景观在时间和空间上的格局的动态与趋势。通过分析湿地景观格局随时间的动态过程，可以揭示湿地景观变化的动因和规律性。利用 GIS 技术能对湿地景观的动态变化进行分析，绘制景观变化图；同时也可以建立湿地与环境因素的定量关系模型；并依据景观动态度模型、马尔科夫转移概率模型、空间格局动态变化分析等方法可以分析湿地演变规律和驱动机制，进而总结湿地的演变模式，并应用马尔科夫转移概率模型等建模方法对湿地未来变化进行模拟预测。

8.1　国内外研究进展

8.1.1　国外湿地景观动态变化研究

国外应用遥感和 GIS 技术进行湿地景观研究起步较早，多种类型的遥感数据源也在研究中得到广泛的应用。Munyati（2000）在对赞比亚 Kafue 沼泽的湿地景观变化监测过程中，使用了 1984—1994 年的 4 幅 Landsat MSS 和 TM 影像数据。研究中通过监督分类的最大似然分类法对各年份的湿地景观进行了提取，得到了湿地景观动态变化数据。研究发现在不同年份间的景观变化可以通过 Kafue 沼泽上发生的规律性洪水的时间上的变化进行解释。Maing 和 Marsh（2001）利用 Landsat MSS、SPOT XS 影像数据分析了肯尼亚塔纳河下游两岸湿地 1985—1996 年的变化，结果表明人类活动对沿河湿地景观变化有重大影响。特别是在上游修建大坝，对下游沿河湿地植被、农业生产将带来改变，进而改变湿地景观格局。Saich 等（2001）利用雷达遥感对越南 Cat Tien 国家公园的湿地景观组成及动态变化进行了监测。Menges 等（2001）利用 TopSAR 数据对澳大利亚北部 Mary 河流域的湿地景观变化进行了识别和监测。Royle 等（2002）也利用了遥感和 GIS 技术对美国草原沼泽地区的湿地环境进行空间建模研究，并通过马尔科夫模型对建立的模型进行湿地景观变化预测。

8.1.2 国内湿地景观动态变化研究

国内相应的景观动态变化研究虽然起步较晚，但是发展也较为迅速，目前也已普遍开展了这方面的研究。王宪礼等（1996）利用遥感和 GIS 手段对辽河三角洲湿地进行了景观变化分析，研究表明该区自 1986 年到 1994 年景观变化具有独特方式：半自然湿地（以苇田为主）向人工湿地（以稻田为主）转化，自然湿地（主要是滩涂景观）向半自然及人工湿地转化，表现出一种自陆向海的变化趋势。研究认为，该区景观变化是由两种力相互作用形成的，一是自然界本身的发展和变化，湿地的自然淤张；二是人为干扰、开发与管理。随着人类干扰强度的增加，该区景观破碎化程度加深，景观多样性下降，优势度增高，景观变化更为明显。王根绪等（2002）利用 1975 年、1985 年、1995 年 3 个时期的遥感图像，选取了有代表性的 9 个有关度量景观空间结构与景观异质性的景观指数，通过 FRAGSTATS 计算方法，系统研究了黄河源区湿地景观生态结构与景观格局变化。宁龙梅等（2005）对于武汉市湿地景观格局进行了研究。在 RS 和 GIS 技术的支持下，该研究利用了 1996 年和 2001 年两个时期的Landsat TM 图像作为信息源，选取斑块密度、斑块分维数、景观破碎度、景观多样性指数、优势度指数和均匀度指数等指标，对武汉市湿地景观格局的变化进行定量分析。为了进一步了解湿地景观格局变化的具体情况，该研究还利用马尔科夫转移矩阵模型对武汉市近年来湿地景观类型的转移情况进行了分析。王学雷、吴宜进（2002）在对四湖地区湿地景观变化的研究中引入了马尔科夫模型，利用 1990 年和 1996 年两个时期的 Landsat TM 卫星影像来分析四湖地区湿地景观格局的动态变化。根据从 TM 图像编制的两个时期的湿地景观分布图，应用马尔科夫模型进行转移概率求算和动态模拟，并且对湿地景观变化的趋势进行测算。从预测结果表明，在现有的人类作用强度下，四湖地区湿地景观格局可达到一个相对稳定的状态。

8.2 评价方法

8.2.1 景观格局指数法

景观格局指数包括两个部分：景观要素特征指数和景观异质性指数。景观要素特征指数是指用于描述斑块面积、斑块数和斑块周长等特征的指标；景观异质性指数包括多样性指数、镶嵌度和聚集度、距离指数及景观破碎化指数等4类（表8－1）。

1）景观要素特征指数

（1）斑块面积

从图形上直接量算整个景观和单一类型的最大和最小斑块面积分别有不同的生态意义。

斑块平均面积——用于描述景观粒度，在一定意义上揭示景观破碎化程度。包括：整个景观的斑块平均面积（＝斑块总面积/斑块总数）和单一景观类型的斑块平均面积（＝类型的斑块总面积/类型的斑块总数量）。

斑块面积的统计分布——研究斑块的面积大小符合哪种数理统计分布规律。通过不同的统计分布规律揭示出不同的生态特征。

斑块面积的方差——通过方差分析，揭示功能及斑块面积分布的均匀性程度。

景观相似性指数——度量单一类型与景观整体的相似性程度。景观相似性指数＝类型面积/景观总面积。

最大斑块指数——显示最大斑块对整个类型或者景观的影响程度。景观＝最大斑块面积/景观总面积；类型＝类型的最大面积/类型总面积。

（2）斑块数

斑块数——整个景观的斑块数量，单一类型的斑块数量。

斑块密度——虽与斑块平均面积互为倒数，但是生态意义明显不同。整个景观的斑块密度（镶嵌度）＝景观斑块总数/景观总面积；类型的斑块密度（孔隙度）＝类型斑块数/类型面积。

单位周长的斑块数——整个景观＝景观斑块总数/景观总周长；类型＝类型斑块数/类型周长。该指数揭示景观破碎化程度。

（3）斑块周长

斑块周长——景观斑块的重要参数之一，反映了各种扩散过程（能流、物流和物种流）的可能性。

边界密度——揭示了景观或类型被边界的分割程度，是景观破碎化程度的直接反映。整个景观边界密度＝景观总周长/景观总面积；类型边界密度＝类型周长/类型面积。

形状指标——周长与等面积的圆周长之比。

内线比例——斑块周长/斑块面积，显示斑块边缘效应强度。

2）景观异质性指数

（1）多样性指数

经典生态学中的多样性指数通常用于确定群落的空间分布规律。多样性指数在景观生态学中应用十分广泛，景观多样性指数与群落多样性指数的主要差异在于群落多样性指数使用物种和个体密度进行计算，而景观多样性指数则采用生态系统（或斑块）类型及其在景观中所占面积比例进行计算。常用的3个景观多样性指数是：丰富度、均匀度、优势度。丰富度是指在景观中不同景观组分（生态系统）的总数。均匀度描述景观中不同生态系统的分配均匀程度。优势度与均匀度呈负相关，它描述景观由少数几个主要生态系统控制的程度。

（2）镶嵌度指数

镶嵌度指数包括镶嵌度和聚集度。镶嵌度和聚集度是两个应用相邻景观组分信息的景观异质性指数。

镶嵌度描述的是景观相邻的生态系统的对比程度。镶嵌度取值越大，代表景观中有许多生态系统交错分布，对比度高；反之，代表景观的对比度低。

聚集度描述了景观中不同生态系统的团聚程度。聚集度在景观生态学中应用广泛。聚集度与镶嵌度成反比。其主要不同之处在于，聚集度是由相邻概率来表达的，而镶嵌度的计算不仅使用相邻概率而且还使用相邻生态系统的对比度。

（3）距离指数

斑块间的距离是指同类斑块间的距离。用斑块距离来构造的指数称为距离指数。距离指数有两种用途：一是用来确定景观各斑块分布是否服从随机分布，二是用来定量描述景观中斑块的连接度。距离指数分为最小距离指数和邻近度指数。最小距离指数用来检验群落里一个种的个体是否服从随机分布。邻近度指数可用来描述景观中同类斑块的联系程度。

（4）生境破碎化指数

生境破碎化是景观的一个重要特征，生境破碎化与自然资源保护紧密相关，许多濒危物种需要大面积自然生境才能保证生存。此外，生境破碎化是景观异质性的一个重要组成成分。

表 8－1　景观格局指数

类型		景观指数	生态意义
景观要素特征指数	斑块面积	斑块平均面积	用于描述景观粒度，在一定意义上揭示景观破碎化程度
		斑块面积的统计分布	研究斑块的面积大小符合哪种数理统计分布规律
		斑块面积的方差	通过方差分析，揭示功能及斑块面积分布的均匀性程度
		景观相似性指数	类型面积/景观总面积。度量单一类型与景观整体的相似性程度
		最大斑块指数	显示最大斑块对整个类型或者景观的影响程度
	斑块数	斑块数	揭示出景观被分割的程度
		斑块密度	这个指数虽与斑块平均面积互为倒数，但是生态意义明显不同
		单位周长的斑块数	揭示景观破碎化程度
	斑块周长	斑块周长	是景观斑块的重要参数之一，反映了各种扩散过程（能流、物流和物种流）的可能性
		边界密度	揭示了景观或类型被边界的分割程度，是景观破碎化程度的直接反映
		内线比例	斑块周长/斑块面积，显示斑块边缘效应强度

续表

<table>
<tr><th>类型</th><th></th><th>景观指数</th><th>生态意义</th></tr>
<tr><td rowspan="9">景观异质性指数</td><td rowspan="3">多样性指数</td><td>丰富度</td><td>指在景观中不同景观组分（生态系统）的总数</td></tr>
<tr><td>均匀度</td><td>描述景观中不同生态系统的分配均匀程度</td></tr>
<tr><td>优势度</td><td>与均匀度呈负相关，它描述景观由少数几个主要生态系统控制的程度</td></tr>
<tr><td rowspan="2">镶嵌度指数</td><td>镶嵌度</td><td>描述的是景观相邻的生态系统的对比程度。镶嵌度取值越大，代表景观中有许多生态系统交错分布，对比度高；反之，代表景观的对比度低</td></tr>
<tr><td>聚集度</td><td>描述了景观中不同生态系统的团聚程度</td></tr>
<tr><td rowspan="2">距离指数</td><td>最小距离指数</td><td>用来检验群落里一个种的个体是否服从随机分布</td></tr>
<tr><td>邻近度指数</td><td>描述景观中同类斑块联系程度</td></tr>
<tr><td>生境破碎化指数</td><td>生境破碎化指数</td><td>描述景观中一生境类型在给定时间里和给定性质上的破碎化程度</td></tr>
</table>

8.2.2 模型法

1）随机景观模型

随机景观模型是研究景观格局和过程在时间和空间上的整体动态，不涉及具体的生态过程，是一种试图将空间信息与概率分布相结合的模型（李书娟，2004）。该景观模型融合了几何方法、统计方法和机制方法等建模手段，或是把生物反馈原理引入空间动态模型，或是把空间特征引入传统生态学模型，其中最常用的是马尔科夫链模型。

空间马尔科夫链模型用转移矩阵来模拟景观斑块从一个类型转化为另一种类型的动态规律。该模型通常假设转移概率不随时间改变，而且这种概率仅与斑块的前一时间点的状态有关，景观的动态可以用下面的马尔科夫链模型来表示：

$$\boldsymbol{A}_{(t+1)} = \boldsymbol{A}_{(t)}\boldsymbol{P} \tag{8-1}$$

式中：$\boldsymbol{A}_{(t)}$为景观各斑块在t时刻的状态矩阵；$\boldsymbol{A}_{(t+1)}$为景观斑块在$t+1$时刻的状态矩阵；$\boldsymbol{P}$为景观斑块转移矩阵。马尔科夫模型简单易懂，而且对时段样本数量要求不是很严格，是景观模型中应用最早、最普遍的模型之一。马尔科夫模型的特点是：景观转移概率不是齐次的，而是动态变化的；景观动态的空间依赖性很强；状态转换受到区位因素、决策过程等的综合影响。马尔科夫模型的缺点在于：

①景观空间动态不是一个真正的马尔科夫，首先，斑块的变化不仅受其前一时间点上状态的影响，而且还同时受其相邻斑块性质和变化的影响；其次，斑块的转移概率通常随时间而变化。

②这种简单的转移概率模型，没有包括人类经济活动因素。

③忽略了景观动态的机制，而把复杂的变化和控制机制简化为一种概率，不能体现驱动景观变换的生态机理过程。

④确定转移状态和获取概率。在实际操作中也有很大的困难。因此，马尔科夫模型很难应用于景观突变的研究中。

2）邻域规则模型

景观动态变化过程中，斑块的变化既取决于上一个时间点的状态，同时还受到相邻斑块性质和变化的影响，这种影响可以被组织成一系列约束景观动态变化幅度和方向的规则。邻域规则模型就是基于这一前提构建的一类景观动态模型。是一种能在景观水平上产生复杂的景观结构和行为的离散型动态模型。目前，应用最普遍且最具有代表性的邻域规则模型为细胞自组织模型（CA 模型）。

CA 模型是 20 世纪著名的数学家 Neumann 首先提出的，并在 20 世纪 80 年代末被引入景观生态学动态研究中。该模型是一种时间、空间、状态离散的模型，一个简单的 CA 模型由栅格网络、细胞状态、邻域规则和转换方程组成，转换规则可以是确定的或者是随机的，定义如下：

$$a_t^s + 1 = f(a^{s-r}t, \cdots, a_t^s, \cdots, a_t^{s+r}) \quad (8-2)$$

式中：a 表示细胞 s 在 t 时刻的状态；r 是与细胞 s 相邻的细胞距离；f 是转移规则。对于 CA 模型而言，确定合适的转换规则十分重要，可以通过反复验证提高或是根据特定的算法确定。

CA 模型的一般特征如下。

①空间离散和齐次性。每个细胞的变化都服从相同的规律，细胞的分布方式相同。

②时间的离散性。

③状态的离散和有限性。

④同步计算。可将 CA 模型的状态变化看成是对数据或信息的计算或处理。

⑤局部性。每一个细胞的当前状态只对于半径为 r 的邻域细胞在下一时刻的状态可能发生影响。从信息传输的角度来看，在 CA 模型中信息传输的速度是有限的。

⑥维数高。在动力系统中一般将变量的个数称为维数，从这个角度来看，CA 模型应属于一类无穷维动力系统。从数据结构角度看，由于 CA 模型中的细胞和基于栅格 GIS 中的栅格结构相同。所以该模型易于和 GIS、遥感数据处理等系统进行集成。

3）景观过程模型

景观过程模型是从机制出发来研究某生态过程（如干扰或物质扩散）在景观空间里的发生、发展和传播。该方法通常有 3 种建模出发点：利用一种已知的物质运动规律来对景观动态变化过程进行模拟，如渗透模型；明确考虑景观中每一个生物个体的空间位置及其行为，通过个体的行为和作用来体现景观的功能和结构动态，如基于个体行为的过程模型；在对景观动态变化机理详细了解的基础上，通过模拟将景观动态变化过程比较真实地表达出来，如空间生态系统模型。

（1）渗透模型

以相变物理学的渗透理论为基础，研究网络的空间随机过程产生的单元群数量、大小和形状，以及其在临界渗透状态下的变化。其一般的建模思路是在假定景观格局不存在的条件下，利用二维渗透网格来模拟随机景观格局。模型假设景观是由二元随机正方网络组成的。组成网络的单元细胞为正方形，单元取值为二元（1或为0）。网络中每个单元的取值是随机的（即以存在概率P占据任意一单元）。单元群是指一组边与边相邻的占据单元，临界渗透单元群是从网络的一边缘连续延伸到其对面边缘的单元群。临界渗透概率是在第一个临界渗透单元群出现在网络里的占据单元存在概率的取值，显然这是一个从量变到质变的过程。临界渗透概率受到多种因素的影响，如模型所基于的假设、栅格细胞的几何形状、模拟的过程类型、过程的模拟方式、斑块在景观空间中的分布特征、空间尺度、时间尺度以及物种的行为生态学特征等。

该模型被广泛应用于研究火、病虫害和物种在景观里的传播、景观斑块的集聚性和空间结构，资源在不同尺度上的可利用性等。相关研究表明景观格局存在临界阈值，格局的轻微变化能够引起大尺度现象的突变。这种临界阈值对于确定空间格局的关键区和景观连接度有着重要作用。

（2）景观个体行为模型

以生物个体为基本单位，模拟每一个体的行为以及个体间和个体与景观之间的相互作用。模型中的景观功能和结构动态是通过个体的行为和作用变化来体现的。个体行为模型主要包括两个部分：个体迁移模型和系列数字化影像。在种群相互作用、扩散、迁移、生境选择和捕食喜好资料的基础上模拟动植物个体的活动建模过程中，数字化景观影像通常被处理成由像元组成的格网形式，然后在适宜的尺度上测量景观特征，结合上述个体行为特征参数进行模型建设。像元（细胞）的属性值为景观特征值，如植物群落、捕食密度、水资源以及人口密度、经济活动状况和道路等与人类活动相关的特征参数。模型模拟的个体信息，如动物个体的位置和自然环境选择等，可用于模拟对象的动态特征分析。

个体行为模型体现了生物个体间的差异和相互作用，对了解个体特征怎样决定系统特征具有重要的指示意义。其主要优点是可以将观测的数据直接融入模型，进而将个体在斑块间的迁移及其对种群动态影响的量化分析结合起来，具有对多层次的功能、过程和现象的解释能力。个体模型的有效性也更容易检验。因为它们通常涉及实际景观中特定物种动态和特定的生态机制，很容易使用实际观测资料进行模型验证。

（3）空间生态系统模型

空间生态系统模型一般是在详细了解景观动态变化驱动机制的基础上，重现景观内部生态流过程的一种模型方法，以往主要用于生态系统尺度上的生态流研究。空间生态系统模型可以用下面的数学公式来表达：

$$\frac{\partial S_i}{\partial t} = f_i(S,F) + \nabla \cdot (D_i + \nabla S_i) \qquad (8-3)$$

式中：S_i表示某一生态学变量（如养分含量、种群密度、干扰面积）；F表示环境因素的影响（如温度、水分、光照、风）；D_i表示所有研究过程的空间扩散或传播能力的系数，表示空间梯度（可以使一维、二维或三维的）。

该模型通常先将景观划分成许多地理空间单元（即不同的生态系统），然后根据空间算法，描述这些空间单元间生态流的时空过程，模拟对象一般为生态系统中4种主要的生态流：外界的输入、系统内部的流动、系统的输出和能量散发。如果模型能够满足必要的空间明晰化要求，则可直接应用于景观动态研究。生态系统研究已有几十年的历史。为建立生态过程模型提供了足够生态过程信息，如光合作用、物质迁移、能量流动、沉积作用等。尽管生态系统过程模型类型很多，且不同模型可根据具体研究工作需求组合使用，但该类模型主要擅长于生态系统内部与生态系统间生态流过程的模拟。

除上述主要的景观动态空间模型外，一些学者还提出了许多其他模型途径，如空间斑块动态模型、流行病模型、扩散—反应模型等，这些模型多为个案研究。普适性程度与上述模型相比具有显著差异。

8.3 案例分析——辽东湾河口湿地景观变化

8.3.1 区域概况

辽东湾滨海湿地主要位于辽河平原南部，渤海辽东湾顶部。这一区域是由辽河、双台子河、大凌河、小凌河、大清河等一系列河流作用形成的冲海积平原，总体呈湾状三角洲，盘锦市处在该区域的核心位置，集中体现了整个区域的特征。

盘锦市主要位于40°39′—41°27′N，121°23′—122°29′E，东接辽河、大辽河与台安县、海城市、大石桥市为邻，西与凌海市，北与北宁市、黑山县接壤，南隔大辽河与大石桥市、营口市相望，西南面向辽东湾。研究中应用到了 Landsat 以及 CBERS 两种卫星的遥感影像数据，限于所获取的两种卫星遥感图像覆盖区域不同的特点，研究中截取了两种卫星遥感图像所共同覆盖的部分子区域作为本次研究的研究区域。这一区域以双台子河入海口处为中心，涵盖了包括向海一侧蛤蜊岗在内的浅海区，主要范围在目前的双台河口国家级自然保护区内。区域的中心地理坐标为40°53′N，121°48′E。行政区划上属盘锦市盘山县及大洼县管辖范围。研究区为双台河口湿地的核心区域，包含苇田、稻田、滩涂、水系、建筑、旱地等多种典型地物，地物类型丰富，能很好地代表辽东湾滨海湿地的整体状况。研究区示意图如图 8－1 所示。

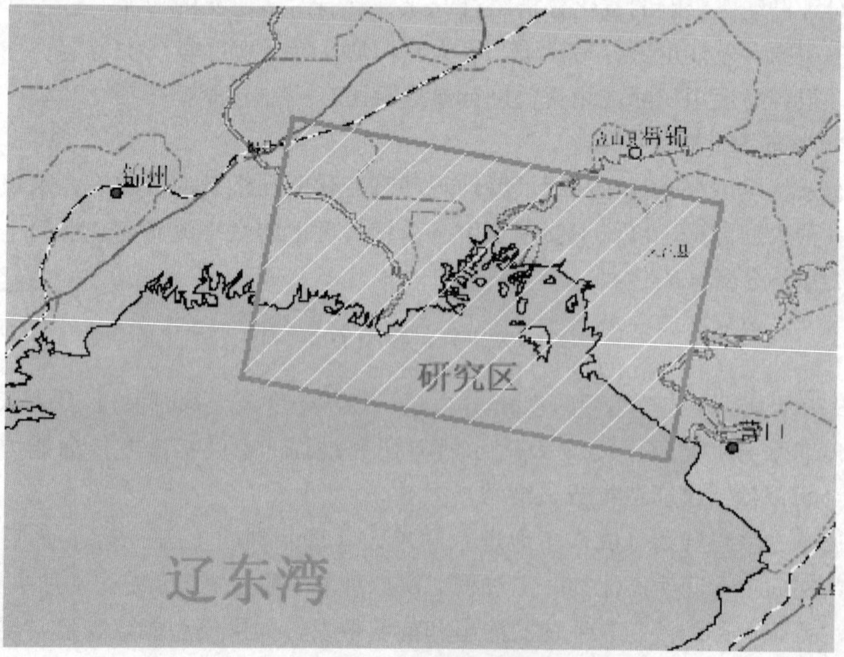

图 8－1　研究区域

研究区地势平坦，地貌类型单一，地面高程多在 2 ~ 4 m，海岸地带地势低洼，湿地遍布，潮沟发育。该区域地貌可分为两种类型，一为滨海平垄地，另一种类型是滨海平洼地。滨海平垄地，高程为 2.5 ~ 4.5 m，地面坡度小于 2，地面组成物质为亚黏土，部分亚砂土。滨海平洼地，地面高程为 1.5 ~ 3.5 m，地面坡度小于 1，地面组成物质为淤泥质亚黏土和黏土。由于坡降宽阔平坦，利于苇田及水稻田的种植。研究区东部大部分都已开辟为水稻田，沿河区域形成大规模的苇田种植区，芦苇产量居全国第一，同时区内西北部分布有一定量的旱地。双台子河下游河道变化无常，泥沙堆积作用强烈，在入海处形成三角洲和河口沙洲。在双台子河口 -5 m 等深线间，分布着规模不等的水下堆积体，其中又以蛤蜊岗为最大，面积达 100 km^2，表面平坦，堆积物以砂质和细砂为主，涨潮淹没，退潮露出。

研究区主要土壤类型有水稻土、盐土、草垫土、沼泽土 4 种。据统计，上述 4 种土壤占总土壤面积的 99.7%，此外还有少部分的风沙土和棕壤。研究区的沼泽土主要分布在芦苇沼泽地区，河流沿岸低洼地带或平原中心洼地上；盐土主要分布于西部和西南部近海地区；水稻土是人类劳动改变了原有土壤性质，经过长期水耕熟化而形成的土壤，分布较广；草甸土也是研究区的主要土壤之一，其分布范围也较为广泛，在双台子河的河漫滩、低阶地及冲积平原上均有分布。

研究区植被类型主要为湿地植被，而由于具有独特的水文、土壤等条件，从而又造成了湿地植被在本区的分异。本区的湿地植被群落类型主要包括以下几种：球果白刺（*Nitraria sibirica var. globicarpa*）群落、獐茅（*Aeluropus litoralis var. sinense*）群落、草甸芦苇（*Phragmites communis*）群落、盐地碱蓬群落、芦苇群落、紧穗三棱草（*Bolboschoenus compatus*）群落、香蒲（*Typha spp.*）群落、穗状狐尾藻（*Myriophyllum spicatum*）群落、硅藻群落以及种植植物群落（董厚德，1995）。双台子河口地区是亚洲最大的芦苇沼泽湿地分布区，几乎所有海拔高度 1.0 ~ 2.0 m，地下水位 0.4 ~ 1.0 m，具有季节性积水或长期积水的地带，均为芦苇沼泽所占据。据最新数据统计，双台河口地区的苇场面积已居世界第一位。

研究区属暖温带大陆性半湿润季风气候。年平均气温 8.3 ~ 8.4℃，无霜期为 167 ~ 174 天，年平均降水量为 611.6 ~ 640.1 mm，年平均蒸发量为 1 392 ~ 1 705 mm，年日照时数为 2 786.0 h。该区域四季分明，春季（3—5 月）气温回暖快，降水少，空气干燥，多偏南风，蒸发量大，日照时数多。4—5 月，降水量为 90.0 mm，占全年降水量的 15% 左右，蒸发量为 588 mm，占年蒸发量的 60% 左右。秋季（9—11 月）多晴朗天气，10 月平均气温为 10.0℃左右，季降水量 125.0 mm，占全年降水量的 20%，日照时数为 670 h，占全年的 24%。冬季（12 月至翌年 2 月）寒冷而干燥，最冷月 1 月平均气温为 -10.3℃，极端最低气温为 -29.3℃，降水量仅 16 mm，占全年降水量的 2.5%。

辽河平原水文条件十分复杂。研究区内水资源可分为海水、河水、湖泊、池塘水及地下水。随着海洋的季节变化，地表水与地下水发生水分与盐分的交换。本区主要河流为大凌河和双台子河，为湿地的主要补给水源。在海滨潮间带，海水为主要的补给水源。在三角洲潮间带以上的区域，河水、大气降水为湿地的主要补给水源。辽河平原的地质构造决定了本区既是地表水的会聚区，又是地下水的会聚区。双台子河一年内有 2/3 时间为河水补给地下水，1/3 时间是地下水补给河水。总体而言，人均地表可用水资源拥有量较低，而地下水资源较为丰富，可以适当补充本区水资源不足的缺陷。

8.3.2 景观格局变化

借助于景观格局分析软件 Fragstats3.3，计算得到了研究区 1987 年、1990 年、1995 年、2000 年、2005 年共 5 个年份的景观格局指数，具体计算结果如表 8－2、表 8－3、表 8－4、表 8－5、表 8－6、表 8－7 所示。

表 8－2 1987 年研究区湿地景观类型格局指数

景观类型	CA（hm^2）	PLAND	NP	PD	LPI	LSI	IJI	COHESION
天然水域	80 223.39	33.819 6	372	0.156 8	31.605 3	17.569 6	47.143 3	99.839 9
裸滩	46 428.03	19.572 6	199	0.083 9	9.852 7	29.344 5	68.495 5	99.743 0
赤碱蓬滩涂	5 126.49	2.161 2	201	0.084 7	0.261 2	27.326 4	38.993 6	97.266 9
养殖区	3 609.54	1.521 7	36	0.015 2	0.168 6	7.827 9	58.379 9	97.549 5
水库坑塘	2 301.48	0.970 2	89	0.037 5	0.554 7	6.996 9	19.356 9	96.976 1
苇田	34 856.46	14.694 4	643	0.271 1	5.099 6	46.433 7	37.637 2	99.563 1
稻田	24 593.85	10.368 0	227	0.095 7	2.111 8	32.447 4	23.426 1	99.224 4
非湿地景观	40 070.25	16.892 3	1 473	0.621 0	8.569 6	77.714 6	71.096 8	99.509 6

表 8－3 1990 年研究区湿地景观类型格局指数

景观类型	CA（hm^2）	PLAND	NP	PD	LPI	LSI	IJI	COHESION
天然水域	75 969.90	32.026 5	395	0.166 5	30.814 1	12.451 0	53.957 8	99.848 8
裸滩	40 314.96	16.995 5	161	0.067 9	8.235 9	20.302 5	73.550 5	99.698 6
赤碱蓬滩涂	1 680.57	0.708 5	227	0.095 7	0.059 0	26.828 5	22.657 8	94.524 2
养殖区	9 417.69	3.970 2	80	0.033 7	0.408 8	11.315 3	50.354 3	97.924 5
水库坑塘	2 119.77	0.893 6	103	0.043 4	0.552 0	4.299 7	24.299 0	98.098 4
苇田	38 136.42	16.077 1	695	0.293 0	8.315 5	37.467 7	39.608 8	99.623 7
稻田	28 931.85	12.196 8	238	0.100 3	7.830 8	34.315 7	12.543 9	99.708 2
非湿地景观	40 638.33	17.131 8	1 598	0.673 7	8.572 5	67.463 5	64.483 9	99.597 0

表 8－4 1995 年研究区湿地景观类型格局指数

景观类型	CA（hm^2）	PLAND	NP	PD	LPI	LSI	IJI	COHESION
天然水域	92 889.00	39.159 1	284	0.119 7	38.449 7	7.811 0	59.740 2	99.856 2
裸滩	17 878.23	7.536 9	126	0.053 1	2.924 7	19.865 5	77.960 7	99.479 6
赤碱蓬滩涂	1 109.61	0.467 8	46	0.019 4	0.197 7	12.412 6	45.911 1	97.184 0
养殖区	11 739.33	4.948 9	90	0.037 9	0.627 5	12.528 4	51.561 3	98.351 9
水库坑塘	2 407.23	1.014 8	151	0.063 6	0.557 3	9.326 2	28.890 1	96.295 4
苇田	33 897.96	14.290 3	476	0.200 7	7.146 9	39.518 7	41.499 6	99.587 6
稻田	26 331.12	11.100 4	647	0.272 8	0.574 2	50.200 6	14.842 6	97.802 0
非湿地景观	50 957.01	21.481 9	1 478	0.623 1	10.296 1	70.238 5	63.527 7	99.805 1

表 8－5　2000 年研究区湿地景观类型格局指数

景观类型	CA（hm^2）	PLAND	NP	PD	LPI	LSI	IJI	COHESION
天然水域	78 236.82	32.982 2	223	0.094 0	32.138 3	9.007 5	55.890 7	99.850 9
裸滩	31 582.17	13.314 0	149	0.062 8	4.906 3	18.889 5	76.225 5	99.618 8
赤碱蓬滩涂	1 678.14	0.707 5	64	0.027 0	0.134 7	16.806 6	25.256 6	97.091 8
养殖区	12 977.55	5.470 9	128	0.054 0	0.503 8	13.701 3	56.522 4	98.083 4
水库坑塘	3 820.68	1.610 7	237	0.099 9	0.562 9	10.167 1	30.532 1	96.780 7
苇田	36 305.73	15.305 3	353	0.148 8	8.156 5	26.261 2	41.379 9	99.715 4
稻田	34 515.18	14.550 5	447	0.188 4	1.557 6	40.721 5	11.750 2	98.822 6
非湿地景观	38 093.22	16.058 9	1 443	0.608 3	7.840 9	66.392 5	61.312 3	99.708 6

表 8－6　2005 年研究区湿地景观类型格局指数

景观类型	CA（hm^2）	PLAND	NP	PD	LPI	LSI	IJI	COHESION
天然水域	87 141.33	36.736 0	332	0.140 0	35.911 1	10.638 2	59.677 6	99.856 4
裸滩	21 564.63	9.091 0	184	0.077 6	3.093 3	23.195 1	70.123 9	99.280 5
赤碱蓬滩涂	527.94	0.222 6	29	0.012 2	0.052 8	10.636 4	17.492 2	95.758 7
养殖区	16 064.37	6.772 2	163	0.068 7	0.566 8	15.106 5	57.618 7	98.044 4
水库坑塘	4 045.50	1.705 5	263	0.110 9	0.560 5	14.494 1	44.644 2	95.234 9
苇田	37 411.38	15.771 5	137	0.057 8	8.806 9	24.652 7	37.560 2	99.750 2
稻田	36 084.87	15.212 2	209	0.088 1	9.790 4	38.162 6	13.440 8	99.731 5
非湿地景观	34 369.47	14.489 1	1 434	0.604 5	7.663 5	76.401 3	72.132 2	99.373 2

表 8－7　研究区近 20 年来湿地景观格局指数变化特征

	NP	LPI	LSI	FRAC_ MN	CONTAG	IJI	SHDI	SHEI
1987 年	3 240	31.605 3	45.147 8	1.132 8	53.118 9	61.436 9	1.694 6	0.814 9
1990 年	3 497	30.814 1	38.239 0	1.133 9	53.321 5	58.549 5	1.723 9	0.829 0
1995 年	3 298	38.449 7	40.179 6	1.127 3	55.377 5	55.022 8	1.634 9	0.786 2
2000 年	3 044	32.138 3	35.812 9	1.116 1	52.908 5	57.329 2	1.756 2	0.844 6
2005 年	2 751	35.911 1	37.371 0	1.128 5	53.801 2	60.186 7	1.708 9	0.821 8

1）斑块类型水平指数分析

从 5 个年份研究区湿地景观格局指数的计算结果对比可以看出，各湿地景观类别占研究区总面积的比例均有一定的变化，如图 8－2 所示。在 1987—2005 年，裸滩、赤碱蓬滩涂、养殖区以及稻田占总面积的比例（PLAND）变化最为显著，其中又以裸滩景观变化最大，从 1987 年的 19.572 6 下降到 2005 年的 9.091，除去由于两期遥感影像获取时潮位差引入的面积变化外，仍可看出裸滩景观面积变化巨大（1995 年裸滩景观的 PLAND 值仅为 7.536 9，造成这一特殊情况的原因是该遥感影像获取时恰逢涨潮的高潮时刻，使得裸滩面积大为减少）。赤碱蓬滩涂的 PLAND 值也从 1987 年的 2.161 2 下降到了 2005 年的 0.222 6；养殖区则从 1987

年的 1.521 7 逐年递增至 2005 年的 6.722 2；稻田景观也从 1987 年的 10.368 增加到了 2005 年的 15.212 2。这四者的变化主要是由于在近 20 年内人们对滩涂资源大面积的开发，并且于 20 世纪 90 年代开始沿双台子河河口东岸建造围海堤坝，进行围海造田以及沿海虾蟹养殖开发所造成的。值得注意的是，赤碱蓬滩涂作为研究区内重要的生态景观和旅游资源，在过去 20 年内遭受到了极大的破坏，面积急剧下降，这必将影响到区域生态的稳定以及旅游业经济的发展。

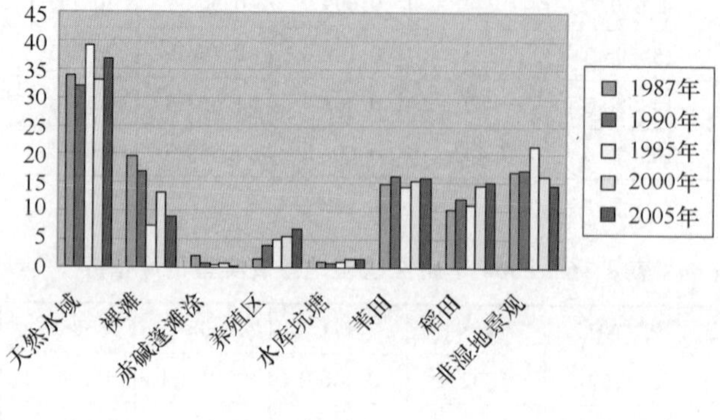

图 8－2　研究区景观类型结构变化柱状图

从斑块个数（NP）和斑块密度（PD）来看，水库坑塘的斑块个数从 1987 年的 89 增加到 2005 年的 263，斑块密度也从 1987 年的 0.037 5 逐年增加到 2005 年的 0.110 9，表明该区域近年来人为开发趋势明显，在十几年期间水库坑塘分布日益相对分散；苇田的斑块数量则呈现随时间递减的趋势，从 1987 年的 643 减少到了 2005 年的 137，斑块密度也从 1987 年的 0.271 1 下降到了 2005 年的 0.057 8，但苇田面积却有一定量的增加，表明该区域的苇田呈现大量成片规范化种植的趋势，其分布相对集中。稻田景观的斑块数和斑块密度在 20 世纪 90 年代中期大幅度地升高，在 2000 年之后又开始下降，造成这一现象的原因可能也主要是由 20 世纪 90 年代围海造田期间所产生的大量零星分布的稻田所致，2000 年围海后新生土地的种植业开发已逐渐完善并形成规模化，稻田景观斑块数和斑块密度也得以回落。

最大斑块指数（LPI）可以作为景观优势度的简单度量。通过表中数据对比，我们可以发现，裸滩以及赤碱蓬滩涂的 LPI 值呈递减趋势，其中裸滩的 LPI 值从 1987 年的 9.852 7 下降到 2005 年的 3.093 3，说明裸滩景观的优势度有较大幅度的降低。养殖区、苇田、稻田的 LPI 值都有所增加，在 1987—1990 年尤为明显，分别从 1987 年的 0.168 6、5.099 6、2.111 8 增加到 1990 年的 0.408 8、8.315 5、7.830 8，说明在这期间人为的开发活动强烈，养殖区面积有较大的提高，苇田、稻田开发也更具规范化。

对于能够衡量斑块聚集程度的景观形状指数（LSI），其值越大，斑块之间表现得越为分离。养殖区、水库坑塘的景观形状指数（LSI）均有明显的提高，分别由 1987 年的 7.827 9、6.996 9 提高到 2005 年的 15.106 5、14.494 1；而苇田的 LSI 值则表现出随时间递减的趋势，从 1987 年的 46.433 7 降低到了 2005 年的 24.652 7。这表明在伴随着人类开发下，该区域内养殖区和水库坑塘分布区域更为广泛，而该区域中苇田的种植日益规模化，原本不规则的小型苇田逐渐连片，斑块分布更趋于聚集化。

对比散布与并列指数（IJI），我们可以看出，水库坑塘的这一指标随时间呈明显的上升趋势，从 1987 年的 19.356 9 上升到了 2005 年的 44.644 2，这说明水库坑塘的分布日渐分散。

稻田的这一指标较低且有减小的趋势，说明稻田在整个景观中分布较为集中，主要分布在研究区的东部以及西北部的一小部分。苇田的这一指标与稻田相比均稍高，原因是苇田的分布范围不如稻田那么集中，在研究区内多处都有分布。

从斑块结合度指数（COHESION）来看，赤碱蓬滩涂、养殖区、水库坑塘的这一指标值较低，说明这三类景观类型自身的连通性相对较低，而苇田、稻田等其他几类景观类型相对较高且相互之间连通性差异不大。

2）景观水平指数分析

从表 8－7 中的结果可以分析得到：整个研究区的总体斑块数量基本呈减少趋势，从 1987 年的 3 240 降低到了 2005 年的 2 751。分析其原因主要是由于人类开发使赤碱蓬的生境受到了极大的干扰以及对苇田的规模性开发使其斑块更完整、联片，导致赤碱蓬滩涂和苇田湿地景观的斑块数大量地减少。这些数据也表明，研究区 2005 年的湿地景观的破碎化程度相对于 1987 年有所降低，景观的异质性得到了增强。

对研究区整个景观在 1987—2005 年的景观形状指数（LSI）进行分析可知（图 8－3）：整个景观 LSI 值呈减少趋势，表明研究区内各景观类型之间分布更趋于集中化。这也说明，在近 20 年间，研究区内景观分布受人为开发影响较为强烈，多数景观类型在人类的作用下趋于集中分布，苇田、稻田景观尤为明显。

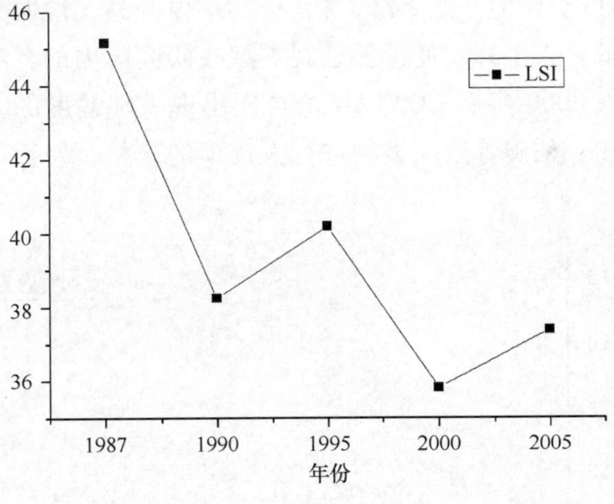

图 8－3 研究区近 20 年来整体景观 LSI 指数变化

研究区景观的平均斑块分维数（FRAC_ MN）在 1987—2005 年的变化情况如图 8－4 所示。从图中我们可以看到，整体景观的 FRAC_ MN 值在 2000 年之前呈下降趋势，表明，在 2000 年之前，研究区景观受人为干扰活动影响强烈，多数景观在人类活动作用下趋向于简单化，其景观形状复杂性有所降低，景观的自相似性有所增强；而 2000—2005 年整体景观的 FRAC_ MN 值又开始呈现上升趋势，究其原因，可能是在此期间，人们对于苇田、稻田这些在整体景观中占很大比重的景观类型进行改造，使得原来许多零散的斑块得以连成一片，进而又使得景观斑块边界变得更为不规则。

蔓延度指数（CONTAG）与散布与并列指数（IJI）这两个指标是衡量景观总体分布的指标。蔓延度描述的是景观中不同斑块类型的团聚程度，而散布与并列是指不同斑块类型在景

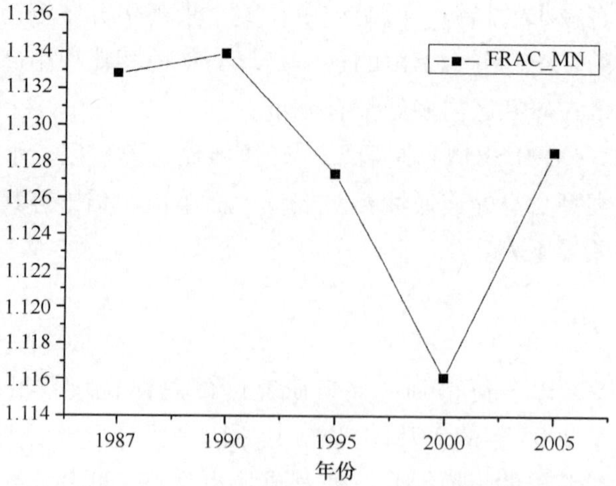

图 8－4　研究区近 20 年来整体景观 FRAC_ MN 指数变化

观中的混杂。对这两种指数进行分析（见图 8－5、图 8－6），可知：蔓延度指数（CONTAG）在 1987—2005 年呈现一个先升高后降低之后再升高的过程，而散布与并列指数（IJI）则呈现一个先降低后升高的过程。CONTAG 的最高值与 IJI 的最低值均出现在 1995 年。表明，在 1987—1995 年，研究区内各景观类型总体聚集趋势上升，人类活动对景观类型分布的干扰强度很高；1995 年之后 CONTAG 值开始下降，相应的 IJI 值升高，说明人类活动对于景观类型分布的干扰强度有所降低，人工开发使得各景观类型在研究区内的分布又更为广泛，相应的整体聚集程度降低；而在 2000 年后 CONTAG 值再次出现一定幅度的上升，究其原因可能是在这期间内人们对于苇田、稻田等景观类型进行大规模的修整，使得苇田和稻田的生产更规模化、规范化。

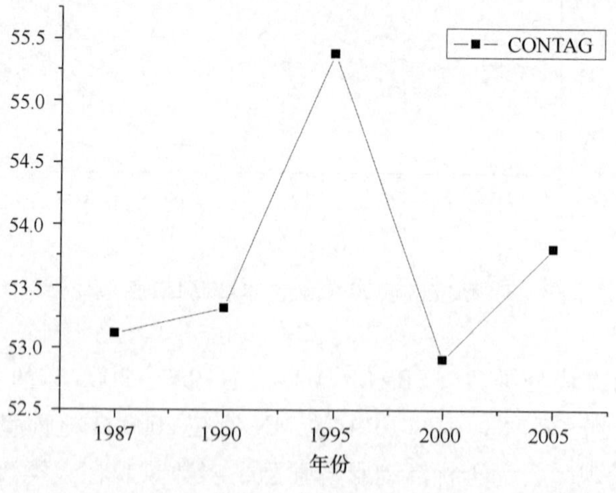

图 8－5　研究区近 20 年来整体景观 CONTAG 指数变化

研究区在过去近 20 年内受人为活动干扰强烈，整个区域从 1987—2005 年的景观多样性指数和景观均匀度指数变化较大，如图 8－7、图 8－8 所示。景观多样性指数的大小反映景观要素的多少和各景观要素所占比例的变化，均匀度指数表征的是景观中不同景观类型分配的均匀程度。研究区景观的 Shannon 多样性指数（SHDI）在 1987—1990 年由 1.694 6 上升到

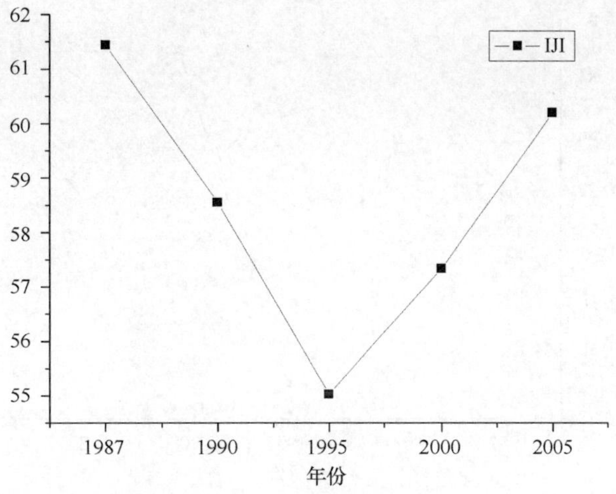

图 8－6　研究区近 20 年来整体景观 IJI 指数变化

1. 723 9，Shannon 均匀度指数（SHEI）也由 0. 814 9 上升到 0. 829 0，说明研究区在这一时期各景观类别所占的比例的差距有所减小，景观类别分布也更为均匀，整个景观的优势度有所下降，也表明在这一时期人类干扰强度相对较低。1990—1995 年 SHDI 和 SHEI 都出现了较大幅度的降低，表明研究区内景观类别间所占面积比例的差距突然增大，某些景观类别的优势度得到提升，使整体景观均匀性降低。从表 8－4 中我们可以看出，裸滩景观在这一期间变化很大，除去由图像获取时潮位差所导致的变化面积外，也有一定量的裸滩景观被开发成了养殖区，而这一时期内所进行的围海工程也使得大量的裸滩转化为了非湿地景观。1995—2000 年 SHDI 和 SHEI 值再次呈现了上升的趋势，在这一时期人类干扰强度相比之前有所减弱，研究区整体景观多样性和均匀性都有较大的升高，各湿地景观类型之间所占面积比例的差距降低，景观类型分布趋于均匀。2000 年之后 SHDI 和 SHEI 又有一定幅度的降低，表明这一期间人类活动干扰强度再次增大，养殖区、苇田、稻田等人工湿地景观的优势度增强，赤碱蓬滩涂景观的优势度下降明显，整体景观的异质程度有一定的下降，区域总体上又呈现出向非均衡化方向发展的趋势。

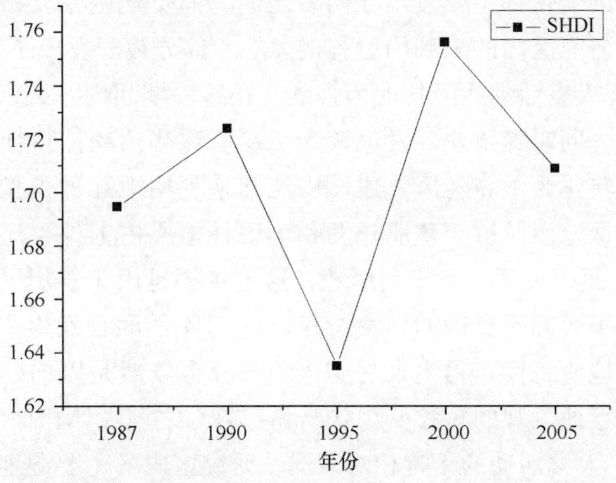

图 8－7　研究区近 20 年来整体景观 SHDI 指数变化

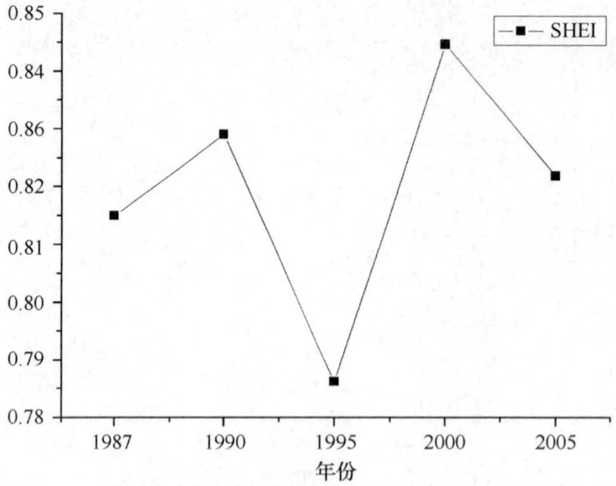

图 8-8　研究区近 20 年来整体景观 SHEI 指数变化

8.3.3　景观动态趋势分析

借助于 GIS 软件，通过对 1987—2005 年共 5 期遥感影像资料的景观分类结果进行属性统计，建立了 4 个相邻年份间的景观类型转移矩阵，如表 8-8、表 8-9、表 8-10、表 8-11 所示。矩阵元素表示由一类景观转移到另一类景观的面积比例。矩阵表中对角线的数值代表各类景观自身转换的面积比率，由此可以直观地看出各类景观动态演变趋势与程度。

对各种经过类型转移的面积大小及其转移趋势进行分析，可以看出，在 1987—1990 年，天然水域、水库坑塘、苇田、稻田景观变化较小，分别保留了原有面积的 91.56%、88.86%、81.81% 和 93.39%，苇田的减少主要是部分退化为荒草地，部分则被开发成了稻田，稻田转化的方向则主要为建设用地。裸滩、赤碱蓬滩涂在人类活动的干扰之下，变化很大。有近 10% 的裸滩景观被开发成了养殖区，而赤碱蓬滩涂在人类活动的影响下退化严重，未发生变化的面积仅占原面积的 11% 左右，原有赤碱蓬滩涂有接近一半退化成了裸滩，并有近 15% 和 10% 的面积分别为养殖区和苇田所占据。研究区内林地、旱地与草地的变化幅度也较大，其中林地与旱地的变化都主要发生在两者之间，而草地则主要被开发成了苇田、稻田以及建设用地。此外，研究区内的未利用地有很大的一部分被开发成了苇田。

在 1990—1995 年，人类活动的干扰尤为强烈，在这一期间内，人们在双台子河入海口东岸兴建了筑堤围海工程，同时养殖业开发也较为活跃。这些活动使得裸滩景观的面积进一步减少，减少的面积主要转化为了养殖区、建设用地和未利用地几种类型。赤碱蓬滩涂景观也持续减少，除去退化为裸滩以及被养殖业开发和苇田种植所占据外，还表现出另外一种新的转化情况，有近 13% 的面积转化成了未利用地，这也主要是由于筑堤围海工程所造成。在这一时期内，苇田景观由于人们不合理的开发，有超过 11% 的面积发生了退化，同时也有一定量的苇田景观为建设用地所替代。稻田景观变化的部分也依然是以向建设用地转化为主。研究区内的林地、旱地、草地景观的转移变化状况和趋势与之前大体相似。

在 1995—2000 年，人类活动的干扰相对减弱，研究区内各主要湿地景观类型均未发生太大的变化。赤碱蓬滩涂景观在这一时期内得到了一定程度的恢复，对比表 8-3、表 8-4、表 8-5 中的数据我们可以看出，2000 年赤碱蓬滩涂景观的面积大致恢复到了 1990 年的水平，但生境发生了较大的变化。恢复的赤碱蓬滩涂景观面积主要由裸滩面积转化而来，而裸滩景观的另一主要转化方向仍为养殖区。在这一时期内，变化最大的景观类型为未利用地和草地景观。这两种景观类型均有大量的面积转化成了苇田、稻田、建设用地和旱地景观，说明在这一时期内，人们对区域内的资源利用更为全面，开发也更为合理化，这些资源的获得也主要得益于20世纪90年代初期的围海造陆工程。

在2000年以后，人类活动对研究区景观的干扰再次开始增强。区域内养殖业持续发展，裸滩景观有3%的面积为养殖业所替代，同时也有超过2%的面积开发成了建设用地（表8－11中有大量裸滩景观转化为天然水域，究其原因也主要是两个时期遥感图像获取时潮位不同）。赤碱蓬滩涂景观的减少尤为剧烈，很多地方几近消亡，在面积下降的同时，其生境也发生了很大的变化，2000年生长有赤碱蓬的区域，到2005年其上的赤碱蓬仅存5%。新生长的赤碱蓬地理位置更趋近于双台子河河口处，这些地区大多远离养殖区，可见养殖业开发对赤碱蓬滩涂景观所造成的影响十分巨大。苇田、稻田景观变化的部分主要是转化成了建设用地和旱地，也有部分稻田被开发成了养殖区。林地景观变化也很巨大，有超过48%的林地转化成了旱地，同时还有近14%的林地开发成了建设用地，而相对的，旱地景观也有较大面积转化成了林地。研究区内草地景观面积持续减少，转化成为苇田、稻田、建设用地景观（分别为30.74%、14.97%和21.92%）的草地面积共占了原草地景观面积的67%以上。研究区内部分景观类别面积日益降低，这对于保持研究区内的生物多样性和区域的生态功能都有一定的负面作用，应该引起人们的重视。

8.3.4 预测分析

研究景观动态的模型一般分为两种，一是随机景观模型，一是基于过程的景观模型。随机景观模型是将空间信息与概率模型相结合；基于过程的景观模型是通过建立尽可能与实际情况相符合的计算机模型模拟真实的景观（宁龙梅，2004）。马尔科夫链模型是应用较为广泛的一种随机模型，它基于转移概率模型，由马尔科夫过程理论发展而来，已被广泛地运用于生态学研究中。当景观变化受众多因子相互作用并且它们之间的作用机理尚不清楚的情况下，常用马尔科夫模型来模拟自然力和人类活动对景观结构的影响。从国内外利用马尔科夫模型进行景观格局变化或土地利用变化研究的例子中，也证明了马尔科夫模型用于景观变化预测的合理可行性。

1）马尔科夫转移概率矩阵

马尔科夫过程（Markov Process）是一个典型的随机过程。设 $X(t)$ 是一随机过程，当过程在时刻 t_0 所处的状态为已知时，时刻 t（$t>t_0$）所处的状态与过程在 t_0 时刻之前的状态无关，这个特性称为无后效性。无后效的随机过程称为马尔科夫过程。马尔科夫过程中的时间和状态既可以是连续的，又可以是离散的。我们称时间离散、状态离散的马尔科夫过程为马尔科夫链。马尔科夫链中，各个时刻的状态的转变由一个状态转移的概率矩阵控制。马尔科夫模型通过对系统不同状态的初始概率以及状态之间的转移概率的研究来确定系统各状态变化趋势，从而达到对未来趋势预测的目的。

马尔科夫过程遵循以下3个假设。

第一，马尔科夫链模型是随机的。从状态 i 到状态 j 的转移概率遵循：$\sum_{j=1}^{n} P_{ij} = 1$，其中 $j=1, 2, 3, \cdots, n$。

第二，通常假设马尔科夫链是一个一阶模型，它说明一个变化的系统在 $t+1$ 时刻的状态只与 t 时刻所处的状态有关。

第三，假设转移概率不发生改变。

研究表明，各景观类型之间相互转化的转移概率矩阵的确定是进行景观变化预测的关键。转移概率矩阵的数学表达式为：

$$P = \begin{bmatrix} P_{11} & P_{12} & \cdots & P_{1n} \\ P_{21} & P_{22} & \cdots & P_{2n} \\ \vdots & \vdots & \vdots & \vdots \\ P_{n1} & P_{n2} & \cdots & P_{nn} \end{bmatrix} \tag{8-4}$$

式中：n 为景观类型数量；P_{ij} 代表由景观类型 i 转变为景观类型 j 的概率。同时，P_{ij} 为非负值，且每一行概率元素之和为 1。

从前面的研究区近 20 年来景观类型转移变化分析可以看出，在 1987 年到 2005 年间，我们所分析的 4 个时段内人类活动的干扰强度都不一致，在各时间段内景观类别的转移变化程度与趋势也都各不相同。本次景观变化预测研究所要采用的马尔科夫模型要求所研究的时段内景观类型转移的概率为不变的值，即自然力与人类活动对景观的干扰强度不变，因此我们只利用了 2000—2005 年这一时段的研究区景观类型变化情况作为基础，运用马尔科夫模型进行景观变化预测，进而得到未来在人类活动干扰强度不变的情况下研究区景观结构的变化情况。

研究中，我们以 2000—2005 年研究区景观类型转移变化（见表 8－11）来确定转移概率。初始状态矩阵 A（0）以 2000 年研究区各景观类型所占面积百分比来表示：A（0） = [32.98　13.31　0.71　5.47　1.61　15.31　14.55　8.03　2.82　0.93　3.98　0.30] = [天然水域　裸滩　赤碱蓬滩涂　养殖区　水库坑塘　苇田　稻田　建设用地　未利用地　林地　旱地　草地]。

利用表 8－11 中研究区 2000—2005 年各景观类型的转移变化情况，可以得到各景观类型的年平均转化情况，再由年平均转化情况求出步长为 1 年时的转移概率矩阵，即用年均转移面积百分比除以 100%，对角线上的值为用 1 减去转为其他类型景观的概率总和，这样就得到了初始状态下的各景观转移概率矩阵，如表 8－12 所示。

2）区域景观变化趋势预测

由马尔科夫随机过程理论可知，利用初始状态概率矩阵，在景观转移概率不变，即外界作用力不变的情况下，我们可以模拟出某一初始年代之后若干年乃至稳定时期的各景观类别所占的面积比例。马尔科夫过程第 n 期的转移概率计算公式为

$$P_{ij}^{n} = \sum_{k=0}^{m-1} P_{ik} P_{kj}^{(n-1)} = \sum_{k=0}^{m-1} P_{ik}^{(n-1)} P_{kj} \tag{8-5}$$

式中，m 表示转移概率矩阵的行列数，而任意第 n 分期的转移概率矩阵等于第 1 分期的转移概率矩阵的 n 次方。根据初始面积百分比矩阵 A（0）和第 1 分期的转移概率 P（1）可

计算出第1分期末的面积百分比矩阵 A（1），即

$$A(1) = A(0) \times P^{(1)} \tag{8-6}$$

据此可以得到第 n 期末的面积百分比矩阵 A（n），也即

$$A(n) = A(n-1) \times P^{(1)} = A(0) \times P^{(n)} \tag{8-7}$$

将各分期各景观类型的面积百分比乘以总面积，即得到各分期各景观类型面积，从而实现景观变化预测的目的。

研究中我们利用初始状态下各景观类型的转移概率矩阵（见表8－12），分别算出了研究区2010年、2020年、2035年、2050年以及稳定状态下的各景观类型的转移概率矩阵（见表8－13），之后通过公式计算得到了研究区在这些时期的各景观类型所占的面积百分比，如表8－14所示。其中稳定状态下景观类型转移概率矩阵的计算是考虑到当 $n\to\infty$ 时，各景观类型将趋于稳定，且与他们的初始状态 A（0）时各景观面积比例无关，它可以通过求解转移概率矩阵的极限值得到。

通过对表8－14中研究区景观类型的预测结果进行分析可以看出，在保持与2000—2005年自然力与人类活动干扰强度不变的情况下，研究区内湿地景观的面积在未来呈减少的趋势，到各景观类型比例稳定时期，研究区内湿地景观面积比例将从2000年的83.94%下降至77.86%。湿地景观类型也将发生较大的变化，其中，赤碱蓬滩涂将逐渐消亡，苇田面积也将大量减少，而养殖区面积则将有很大的提升，2050年养殖区面积将达到2000年时的两倍。水库坑塘与稻田面积则相对较为稳定，面积比例变化不大（对于天然水域与裸滩两个景观类别由于在求算2000—2005年景观转移概率时由遥感图像原因引入了误差，故在此不对这两个类别的变化进行分析）。引起这些变化的主要原因，可能是人们为追逐更高的经济效益，大力开发水产养殖业，新建和扩建大量的虾蟹池，导致了赤碱蓬生境的恶化，致使其几近消亡，这一情况对于双台河口区域的生态保护和旅游经济将带来严峻的挑战，由此也可以看出，在目前对于赤碱蓬滩涂这一具有重要生态意义和经济价值的资源进行保护已迫在眉睫。苇田面积减少的主要原因也可能是未来区域人口资源的发展而带来的更高的土地资源需求，使得部分开发欠合理的苇田转化成了建设用地。稻田面积变化不大且到稳定时期略有增加，这可能也主要归因于区域农业经济的发展以及未来对粮食资源需求的增加。

研究区内非湿地景观在将来也有较大的变化，其中最明显的是建设用地的增加，这也是未来区域社会经济发展的必然产物。未利用地在未来对土地资源需求日益增多的情况下将得到有效的开发。林地、旱地的面积也随着农业经济的发展而增加。

由于应用马尔科夫模型进行景观预测的前提之一是研究区自然力和人类活动干扰保持不变，这种情况在实际中几乎是不可能的。本次研究所预测的结果只是按现有的发展趋势所作的预测，对于决策管理部门对未来区域的管理和区域可持续发展规划有一定的借鉴意义。

表 8－8　1987—1990 年景观类型转移变化矩阵

1987 年	1990 年											
	天然水域	裸滩	赤碱蓬滩涂	养殖区	水库坑塘	苇田	稻田	建设用地	未利用地	林地	旱地	草地
天然水域	91.56	4.59	0.00	0.12	0.00	1.79	0.01	0.27	1.58	0.01	0.02	0.05
裸滩	4.08	72.56	2.29	10.04	0.00	3.16	0.02	2.06	5.54	0.00	0.00	0.25
赤碱蓬滩涂	2.01	49.91	11.01	15.80	0.00	10.03	0.03	4.31	5.24	0.00	0.00	1.66
养殖区	0.00	1.11	0.05	91.91	0.00	0.31	0.14	5.54	0.94	0.00	0.00	0.00
水库坑塘	0.00	0.00	0.00	0.23	88.86	2.87	0.73	3.86	1.89	0.86	0.70	0.00
苇田	0.16	0.21	0.07	0.30	0.04	81.81	4.08	2.07	1.94	1.81	0.68	6.83
稻田	0.00	0.00	0.00	0.02	0.00	0.27	93.39	5.58	0.23	0.12	0.12	0.27
建设用地	0.00	0.00	0.00	0.91	0.22	0.02	7.62	82.70	5.60	1.40	1.53	0.00
未利用地	4.63	1.65	0.23	2.81	0.22	43.22	3.29	5.73	28.24	1.26	4.11	4.61
林地	0.00	0.00	0.00	0.00	0.00	2.69	1.85	1.59	5.88	59.85	27.66	0.48
旱地	0.00	0.00	0.00	0.00	0.00	0.92	5.23	4.69	8.58	10.02	69.21	1.35
草地	0.20	1.02	0.05	0.90	0.00	20.63	14.96	11.27	17.25	2.37	3.90	27.45

表 8-9 1990—1995 年景观类型转移变化矩阵

1990 年	1995 年											
	天然水域	裸滩	赤碱蓬滩涂	养殖区	水库坑塘	苇田	稻田	建设用地	未利用地	林地	旱地	草地
天然水域	96.89	0.54	0.00	0.05	0.00	0.61	0.07	0.23	1.51	0.00	0.01	0.09
裸滩	45.92	39.63	2.04	4.94	0.00	1.05	0.09	1.60	4.45	0.00	0.00	0.28
赤碱蓬滩涂	3.92	53.40	12.94	4.81	0.00	6.83	0.00	2.72	12.83	0.00	0.00	2.55
养殖区	0.00	1.66	0.00	95.79	0.00	0.15	0.04	0.90	1.46	0.00	0.00	0.00
水库坑塘	0.00	0.00	0.00	0.06	96.06	0.34	0.41	2.24	0.33	0.00	0.56	0.00
苇田	0.60	0.22	0.15	0.59	0.23	77.05	2.45	4.53	11.65	0.27	0.73	1.53
稻田	0.00	0.00	0.00	0.09	0.05	1.31	87.03	9.46	0.29	0.23	1.43	0.11
建设用地	0.00	0.00	0.00	1.15	0.75	0.88	8.90	80.02	3.62	1.08	3.60	0.00
未利用地	3.42	0.65	0.00	1.42	0.80	9.70	6.28	19.82	45.93	0.93	5.81	5.24
林地	0.00	0.00	0.00	0.00	0.00	4.24	1.18	7.57	10.15	45.89	30.27	0.70
旱地	0.00	0.00	0.00	0.00	0.00	0.22	2.53	2.21	6.99	8.90	78.86	0.29
草地	0.22	0.00	0.00	0.85	0.87	25.80	15.43	16.30	25.02	0.68	5.44	9.39

表 8－10　1995—2000 年景观类型转移变化矩阵

1995 年	2000 年											
	天然水域	裸滩	赤碱蓬滩涂	养殖区	水库坑塘	苇田	稻田	建设用地	未利用地	林地	旱地	草地
天然水域	82.51	16.65	0.04	0.02	0.00	0.42	0.06	0.07	0.17	0.00	0.06	0.00
裸滩	3.28	81.55	6.43	5.45	0.00	1.41	0.00	0.67	1.21	0.00	0.00	0.00
赤碱蓬滩涂	13.07	36.58	38.49	0.02	0.00	7.62	0.00	1.01	3.21	0.00	0.00	0.00
养殖区	0.00	2.05	0.00	94.23	0.00	0.08	1.19	0.47	1.98	0.00	0.00	0.00
水库坑塘	0.00	0.00	0.00	1.15	88.42	2.73	1.78	4.53	0.25	0.80	0.34	0.00
苇田	0.84	0.67	0.00	0.50	0.22	85.69	4.64	3.82	2.88	0.29	0.24	0.21
稻田	0.01	0.00	0.00	0.14	0.07	0.38	90.94	5.78	0.94	0.00	1.53	0.22
建设用地	0.00	0.00	0.00	1.24	0.68	0.91	3.02	86.95	2.97	1.23	3.00	0.00
未利用地	3.44	0.81	0.00	1.38	6.85	29.79	14.52	7.55	23.07	1.08	9.88	1.63
林地	0.00	0.00	0.00	0.00	0.00	2.36	4.01	2.56	1.42	50.73	38.35	0.57
旱地	0.00	0.00	0.00	0.00	0.00	1.01	10.57	4.80	1.94	6.95	74.50	0.23
草地	1.01	0.00	0.00	0.60	6.35	28.95	14.83	11.91	22.53	1.01	5.91	6.90

表 8－11　2000—2005 年景观类型转移变化矩阵

2000 年	2005 年											
	天然水域	裸滩	赤碱蓬滩涂	养殖区	水库坑塘	苇田	稻田	建设用地	未利用地	林地	旱地	草地
天然水域	97.78	1.24	0.01	0.07	0.00	0.55	0.01	0.14	0.20	0.00	0.00	0.00
裸滩	31.31	59.2	1.40	3.00	0.00	1.03	0.00	2.58	1.48	0.00	0.00	0.00
赤碱蓬滩涂	3.51	84.18	5.25	3.27	0.00	0.06	0.00	2.26	1.47	0.00	0.00	0.00
养殖区	0.00	0.76	0.00	97.71	0.00	0.06	0.30	1.14	0.03	0.00	0.00	0.00
水库坑塘	0.00	0.00	0.00	0.03	92.04	0.51	1.68	5.66	0.00	0.00	0.08	0.00
苇田	0.82	0.41	0.00	0.69	0.16	93.59	0.90	1.21	0.59	0.28	1.20	0.15
稻田	0.00	0.00	0.00	1.99	0.34	0.66	93.56	1.72	0.06	0.00	1.19	0.48
建设用地	0.00	0.00	0.00	1.08	0.25	0.75	2.28	92.98	0.26	0.59	1.81	0.00
未利用地	2.93	0.40	0.00	9.47	0.89	29.89	17.18	15.15	13.15	1.07	5.66	3.71
林地	0.00	0.00	0.00	0.00	0.00	1.51	1.49	13.86	2.11	32.59	48.44	0.00
旱地	0.11	0.00	0.00	0.00	0.11	1.97	7.54	0.20	0.01	21.39	68.57	0.32
草地	0.41	0.00	0.00	11.53	0.83	30.74	14.97	21.92	4.81	0.00	7.69	7.10

表 8－12　初始状态各景观类型转移概率矩阵（$n=1$）

$n=0$	$n=1$											
	天然水域	裸滩	赤碱蓬滩涂	养殖区	水库坑塘	苇田	稻田	建设用地	未利用地	林地	旱地	草地
天然水域	0.995 6	0.002 5	0.000 0	0.000 1	0.000 0	0.001 1	0.000 0	0.000 3	0.000 4	0.000 0	0.000 0	0.000 0
裸滩	0.062 6	0.918 3	0.002 8	0.006 0	0.000 0	0.002 1	0.000 0	0.005 2	0.003 0	0.000 0	0.000 0	0.000 0
赤碱蓬滩涂	0.007 0	0.168 4	0.810 6	0.006 5	0.000 0	0.000 1	0.000 0	0.004 5	0.002 9	0.000 0	0.000 0	0.000 0
养殖区	0.000 0	0.001 5	0.000 0	0.995 4	0.000 0	0.000 1	0.000 6	0.002 3	0.000 1	0.000 0	0.000 0	0.000 0
水库坑塘	0.000 0	0.000 0	0.000 0	0.000 1	0.984 0	0.001 0	0.003 4	0.011 3	0.000 0	0.000 0	0.000 2	0.000 0
苇田	0.001 6	0.000 8	0.000 0	0.001 4	0.000 3	0.987 2	0.001 8	0.002 4	0.001 2	0.000 6	0.002 4	0.000 3
稻田	0.000 0	0.000 0	0.000 0	0.004 0	0.000 7	0.001 3	0.987 1	0.003 4	0.000 1	0.000 0	0.002 4	0.001 0
建设用地	0.000 0	0.000 0	0.000 0	0.002 2	0.000 5	0.001 5	0.004 6	0.985 9	0.000 5	0.001 2	0.003 6	0.000 0
未利用地	0.005 9	0.000 8	0.000 0	0.018 9	0.001 8	0.059 8	0.034 4	0.030 3	0.827 3	0.002 1	0.011 3	0.007 4
林地	0.000 0	0.000 0	0.000 0	0.000 0	0.000 0	0.003 0	0.003 0	0.027 7	0.004 2	0.865 2	0.096 9	0.000 0
旱地	0.000 2	0.000 0	0.000 0	0.000 0	0.000 2	0.003 9	0.015 1	0.000 4	0.000 0	0.042 8	0.936 8	0.000 6
草地	0.000 8	0.000 0	0.000 0	0.023 1	0.001 7	0.061 5	0.029 9	0.043 8	0.009 6	0.000 0	0.015 4	0.814 2

表 8－13　2000—2010 年研究区各景观类型转移概率矩阵（$n=10$）

$n=0$	$n=10$											
	天然水域	裸滩	赤碱蓬滩涂	养殖区	水库坑塘	苇田	稻田	建设用地	未利用地	林地	旱地	草地
天然水域	0.962 6	0.017 3	0.000 2	0.001 8	0.000 0	0.011 1	0.000 6	0.003 7	0.002 1	0.000 1	0.000 3	0.000 1
裸滩	0.433 4	0.439 3	0.008 0	0.044 0	0.000 3	0.020 9	0.003 7	0.038 0	0.010 0	0.000 5	0.001 6	0.000 3
赤碱蓬滩涂	0.263 4	0.481 2	0.128 3	0.053 7	0.000 3	0.014 0	0.003 8	0.041 2	0.011 8	0.000 5	0.001 6	0.000 4
养殖区	0.003 4	0.010 4	0.000 1	0.955 7	0.000 1	0.001 4	0.006 1	0.021 6	0.000 6	0.000 1	0.000 4	0.000 0
水库坑塘	0.000 1	0.000 0	0.000 0	0.002 6	0.851 4	0.009 8	0.032 2	0.099 3	0.000 2	0.000 8	0.003 4	0.000 1
苇田	0.016 8	0.005 5	0.000 0	0.014 6	0.002 8	0.882 5	0.019 5	0.024 2	0.005 7	0.006 3	0.020 4	0.001 5
稻田	0.000 2	0.000 3	0.000 0	0.038 1	0.006 3	0.014 1	0.881 5	0.032 5	0.000 8	0.003 0	0.018 9	0.004 4
建设用地	0.000 3	0.000 2	0.000 0	0.021 4	0.004 6	0.015 2	0.043 8	0.870 8	0.002 5	0.010 8	0.030 3	0.000 3
未利用地	0.032 8	0.004 6	0.000 0	0.102 3	0.010 0	0.285 4	0.173 4	0.154 6	0.152 8	0.015 7	0.054 7	0.013 6
林地	0.001 3	0.000 2	0.000 0	0.004 8	0.001 3	0.033 5	0.062 4	0.157 7	0.010 7	0.311 9	0.414 7	0.001 5
旱地	0.001 9	0.000 1	0.000 0	0.003 4	0.002 0	0.034 9	0.117 2	0.037 3	0.003 3	0.181 5	0.615 8	0.002 5
草地	0.007 9	0.002 1	0.000 0	0.117 5	0.009 3	0.282 1	0.150 8	0.204 5	0.018 2	0.013 6	0.064 2	0.129 7

表 8-14　不同时期研究区各景观类型面积百分比情况

景观类型	时间					
	2000 年	2010 年	2020 年	2035 年	2050 年	$n \to \infty$
天然水域	32. 98	38. 09	40. 05	40. 63	40. 25	23. 22
裸滩	13. 31	6. 92	3. 97	2. 31	1. 83	1. 35
赤碱蓬滩涂	0. 71	0. 20	0. 09	0. 04	0. 03	0. 02
养殖区	5. 47	7. 21	8. 39	9. 79	10. 99	27. 49
水库坑塘	1. 61	1. 59	1. 56	1. 51	1. 47	1. 42
苇田	15. 31	15. 58	15. 15	14. 39	13. 70	9. 38
稻田	14. 55	14. 69	14. 52	14. 25	14. 04	14. 98
建设用地	8. 03	9. 56	10. 42	11. 25	11. 84	15. 92
未利用地	2. 82	0. 79	0. 43	0. 34	0. 32	0. 26
林地	0. 93	1. 30	1. 38	1. 41	1. 43	1. 55
旱地	3. 98	3. 88	3. 90	3. 95	3. 98	4. 29
草地	0. 30	0. 19	0. 14	0. 13	0. 12	0. 12

参考文献

Finlayson CM, vander Valk AG. 1995. Classification and Inventory of the World's Wetlands. Netherlands: Kluwer Academic Publishers.

Forman RTT, Godron M. 1986. Landscape Ecology. New York: John Wiley and Sons.

Grifiths GH. 2000. Editorial: Remote Sensing and Landscape Ecology: Landscape Patterns and Landscape Change. International journal of Remote Sensing, 21 (13): 2537 - 2539.

http://cieme.org/HTML/2005/10 - 17/155723.html.

Maing JK, Marsh SE. 2001. Assessment of environmental impacts of river basin development on the riverine forests of eastern Kenya using multi - temporal satellite data. Int. J. Remote Sensing, 22 (14): 2701 - 2729.

Menges CH, Bach C, Hosking J. 2001. Land cover discrimination in a wetland environment using TopSAR data. In: Geoscience and Remote Sensing Symposium. New York: IEEE Press, 3: 1409 - 1411.

Millington AC, Velez - Liendo XM, Bradley AV. 2003. Scale dependence in multitemporal mapping of forest fragmentation in Bolivia: implications for explaining temporal trends in landscape ecology and applications to biodiversity conservation. ISPRS Journal of Photogrammetry & Remote Sensing, 57: 289 - 299.

Munyati C. 2000. Wetland change detection on the Kafue Flats, Zambia, by classification of a multitemporal remote sensing image dataset. Int. J. Remote Sensing, 21 (9): 1787 - 1806.

Royle JA, Koneff MD, Reynolds RE. 2002. Spatial Modeling of Wetland Condition in the U.S. Prairie Pothole Region. Biometrics, 58 (2): 270 - 279.

Saich P, Thompson JR, Rebelo LM. 2001. Monitoring wetland extent and dynamics in the Cat Tien National Park, Vietnam, using space - based radar remote sensing. In: Geoscience and Remote Sensing Symposium. New York: IEEE Press, 7: 3099 - 3101.

Saura S. 2004. Effects of remote sensor spatial resolution and data aggregation on selected fragmentation indices. Landscape Ecology, 19: 197 - 209.

陈凝强，戴锦芳. 1998. 人机交互式土地资源遥感解译方法研究. 遥感技术与应用，13 (2): 16 - 20.

陈文波，肖笃宁，李秀珍. 2002. 景观指数分类、应用及构建研究. 应用生态学报，13 (1): 121 - 125.

除多，张镱锂，郑度. 2005. 拉萨地区土地利用变化情景分析. 地理研究，24 (6): 869 - 877.

董厚德，全奎国，邵成，等. 1995. 辽河河口湿地自然保护区植物群落生态研究. 应用生态学报，6 (2): 190 - 195.

龚乐春，韦新良，胡秉民. 2005. 区域景观结构动态变化的趋势分析及其应用研究. 浙江大学学报（农业与生命科学版），31 (2): 211 - 214.

黄桂林，张建军，李玉祥. 2000. 辽河三角洲湿地分类及现状分析：辽河三角洲湿地资源及其生物多样性的遥感监测系列论文之一. 林业资源管理，4: 51 - 56.

蒋卫国，李京，王文杰，等. 2005. 基于遥感与GIS的辽河三角洲湿地资源变化及驱动力分析. 国土资源遥感，3: 62 - 65.

金维根. 1988. 土壤资源研究与景观生态学. 生态学杂志，7 (4): 51 - 54.

李祥，王心源，张广胜，等. 2006. 基于马尔科夫模型的芜湖市景观格局演变研究. 资源开发与市场，22 (1): 20 - 23.

李秀珍，布仁仓，常禹，等. 2004. 景观格局指标对不同景观格局的反应. 生态学报，24 (1): 123 - 134.

刘红玉，吕宪国，刘振乾. 2001. 环渤海三角洲湿地资源研究. 自然资源学报，16 (2): 101 - 106.

刘军. 中国湿地现状综述. 2004. 中国环境管理干部学院学报，14 (2): 64 - 67.

陆健健. 1989. 湿地与湿地生态系统的管理对策. 农村生态环境，2: 39 - 42.

陆健健．1998. 一个新的中国湿地分类系统．见：郎惠卿，林鹏，陆健健．中国湿地研究和保护．上海：华东师范大学出版社．361－364.
倪晋仁，殷康前，赵智杰．1998. 湿地综合分类研究．自然资源学报，13（3）：214－221.
宁龙梅，王学雷，胡望斌．2004. 利用马尔科夫过程模拟和预测武汉市湿地景观的动态演变．华中师范大学学报（自然科学版），38（2）：255－258.
宁龙梅，王学雷，吴后建．2005. 武汉市湿地景观格局变化研究．长江流域资源与环境，14（1）：44－49.
宁龙梅．2004. 武汉市湿地功能评价与景观格局动态变化研究：（硕士学位论文）．武汉：中科院测量与地球物理研究所．
孙广友．2000. 中国湿地科学的进展与展望．地球科学进展，15（6）：666－672.
唐小平，黄桂林．2003. 中国湿地分类系统的研究．林业科学研究，16（5）：531－539.
王根绪，郭晓寅，程国栋．2002. 黄河源区景观格局与生态功能的动态变化．生态学报，22（10）：1587－1598.
王宪礼，胡远满，布仁仓．1996. 辽河三角洲湿地的景观变化分析．地理科学，16（3）：260－265.
王宪礼．1995. 辽河三角洲湿地的景观生态学研究：（博士学位论文）．沈阳：中科院应用生态研究所．
王学雷，吴宜进．2002. 马尔科夫模型在四湖地区湿地景观变化研究中的应用．华中农业大学学报，21（3）：288－291.
王雪军，程春满，杨建新，等．2003. 生态环境脆弱区的景观动态监测与预报研究．北京林业大学学报，25（4）：39－43.
吴美蓉．2000. 中巴地球资源卫星应用及其发展．测绘科学，25（2）：25－30.
肖笃宁，李晓文，王连平．2001. 辽东湾滨海湿地资源景观演变与可持续利用．资源科学，23（2）：31－36.
肖笃宁，李秀珍．1997. 当代景观生态学的进展和展望．地理科学，17（4）：356－363.
肖笃宁．1999. 景观生态学研究进展．长沙：湖南科学技术出版社．
徐建华，方创琳，岳文泽．2003. 基于RS与GIS的区域景观镶嵌结构研究．生态学报，23（2）：365－375.
徐琪，蔡立，董元华．1995. 论我国湿地的特点、类型与管理．见：陈宜瑜．中国湿地研究．长春：吉林科学技术出版社．24－33.
俞孔坚．1990. 中国人的理想环境模式及其生态史观．北京林业大学学报，12（1）：10－17.
曾辉，郭庆华，刘晓东．1998. 景观格局空间分辨率效应的实验研究：以珠江三角洲东部地区为例．北京大学学报，34（6）：820－826.
曾辉，刘国军．1999. 基于景观结构的区域生态风险分析．中国环境科学，19（5）：454－457.
张海龙，蒋建军，解修平．2005. 基于GIS和马尔科夫模型的渭河盆地景观动态变化研究．干旱区资源与环境，19（7）：119－124.
张晓龙，李培英，李萍，等．2005. 中国滨海湿地研究现状与展望．海洋科学进展，23（1）：87－95.
赵景柱．1990. 景观生态空间格局动态度量指标体系．生态学报，10（2）：182－186.
赵弈．1993. 沈阳市东陵区景观格局变化及其对环境影响研究．都市与计划（台湾），20（1）：75－87.
朱建国，李应中．1996. 中国湿地研究现状综述［J］．中国农业资源与区划，2：21－24.

9 河口湿地人类活动强度评价

陆地上80%的生态系统都已受到了来自自然、人类或者两者共同作用的干扰，河口湿地生态系统也不例外，甚至受到了更为严重的人为干扰（朱教君，2004）。

为了评价干扰状况，生态学家们引入了“干扰度”（hemerochoren）的概念。Hemeroby由希腊文hemeros（驯化的，人工培育的）和bios（生命）复合而成。芬兰植物学家Jalas第一次提出了hemerochoren的概念，用于描述那些直接或间接地通过人类活动引入的植物种类。德国生态学家Sukopp在此基础上提出了“degree of hemeroby”的概念，将其定义为“Hemeroby是人类过去所有有意识和无意识的对立地和植被施加干扰的一个总的量度，这一量度的不同强度等级，即为‘生态干扰度’”（Sukopp，1976）。

李迈和将其翻译成“生态干扰度”，并作为“一种评价植被天然性程度的方法”进行全面介绍，认为与干扰度相对应的是描述立地与植被的“天然性程度”，即现实植被或立地与其天然性状态之间的距离或相似性。人类干扰越强，植被和立地受到的影响或破坏就越大，它们的天然性程度就越低，或者说距离它们的“顶级群落（climax community）”或“潜在的自然植被”（potential natural vegetation）就越远。

陈爱莲将其引入到湿地景观生态研究中。将hemeroby翻译成“人为干扰度”，以区别与景观生态学中的disturbance（干扰）。王成（1998）将景观生态学中干扰定义为景观异质性的一个主要来源，它在改变景观格局的同时又受制于景观格局；并认为景观干扰具有双重性：破坏性和建设性。

虽然该评价指数在植被和森林生态学中应用较深入，但在描述人类活动、土地利用方式的景观人为干扰度定量评价方面的应用较少。陈爱莲等引入生态干扰度概念结合《全国土地分类》（试行），制定了生态干扰度分类表，分析了双台子河口湿地自然保护区的景观单元特征指数和生态干扰度动态变化的时空规律及其社会经济原因。

9.1 理论基础

9.1.1 干扰强度

干扰影响了生态系统的稳定，造成生态系统结构和功能的破坏，使生态系统处于另外一种状态。为了正确评价生态系统的干扰状态，芬兰植物学家Jalas提出了“hemerochoren”的概念，用于描述那些直接或间接地通过人类活动引入的植物种类。之后，德国生态学家Sukopp提出了“生态干扰度”的概念，并将其引入生态学范畴，用于描述人类对植被与立地干扰影响的强度。“Hemeroby是人类过去所有意识和无意识的对立地和植被施加干扰的一个总的量度”。这一量度的不同强度等级，即为“生态干扰度”。

9.1.2 自然度（敏感性）评价

干扰度是从干扰的角度出发，评价干扰对现有生态系统的影响程度。与之相对应的是自然度，自然度是与干扰度相对立的一个概念，是从现有生态系统的自然性出发，评价现有森林的一种属性。人类的干扰越强，植被和立地受到的影响和破坏就越大，它们的天然程度就越低。从本质上说，生态干扰度和天然性程度是相同的，其差别在于是强调人的影响还是植被的状态属性。

9.2 干扰度评价原则

9.2.1 差异性原则

人类活动是一个复杂系统，干扰度评价既要考虑干扰强度的可比性，又要考虑各干扰强度的差异性。

9.2.2 可操作性

人类活动量化问题一直是地理学、生态学、环境科学和社会科学研究的难点，在对干扰度评价过程中要考虑所用方法是否可对人类活动进行量化。

9.2.3 科学性

干扰度评价的科学性体现在其对人类活动定量化表达的可靠性、可信度等。

9.3 评价方法

9.3.1 干扰度指数评价法

人为干扰度指数（Hemeroby Index，HI）是由“生态干扰度指数”发展而来，由芬兰植物学家 Jalas 提出了“hemerochoren”的概念，后由学者将其发展为人为干扰度指数，是用来定量评估人类活动强度的指标，其基本理论是对不同人类活动方式进行干扰度指数赋值，其值阈范围为 0 ~ 1，“0”表示无干扰，“1”表示全干扰。

9.3.2 景观生态评价法

景观生态评价方法是借助景观生态学模型指数，如景观破碎化指数、景观多样性指数、景观分形分维指数等，对人类活动强度进行评价。例如，一般认为在区域尺度，景观破碎化指数越高其人为干扰强度越高，但该方法适用性目前存在较大争议。

9.3.3 敏感性评价法

敏感性评价法是从生态系统对人类活动干扰的敏感性及风险角度进行评价，从被干扰对象进行评价，评价其受到干扰的敏感性及风险，通常结合模型给予评价。

选择层次分析法（Analytic Hierarchy Process，AHP）对河口环境污染风险综合水平进行评价。目标层为环境污染风险综合水平指数（S），准则层分为污染危害性和污染对象脆弱性。指标层按照准则层进行选择，污染风险危害性指标具体选择：距居民点距离、距工矿企业距离、距农耕地距离等；易污染对象分为：水环境、潮滩底栖生境、林地、芦苇群落等脆弱性生态因子。

9.4　案例分析——大洋河河口湿地人为干扰度时空动态评价

9.4.1　区域概况

大洋河（39°48′—39°00′N，123°31′—123°43′E）源于鞍山市岫岩县，流经丹东市的凤城和东港市（图9－1），由东港孤山镇和黄土坎镇入海，河长202 km，年均径流量31×10^{9} m^{3}，流域面积6 202 km^{2}，流域内现有人口83.3万人，现有耕地面积132.7万亩。是丹东地区主要的农业产生基地，分布广阔的水田和水产养殖场，区域内的大孤山及大鹿岛是具有悠久文化历史的旅游风景区。大洋河河口主要位于东港市的小甸子、新立、黄土坎、孤山、菩萨庙、海洋红农场和黄土坎农场区域范围内。河口区发育典型的湿地生态系统，主要湿地植被为芦苇群落。

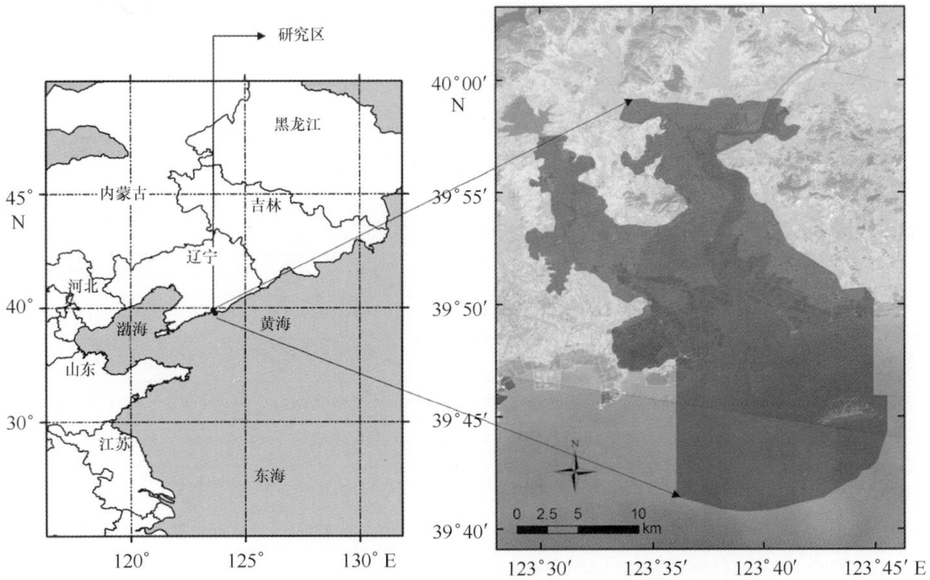

图9－1　大洋河河口2008年SPOT5影像及位置图

9.4.2　数据与方法

1958年、1970年、1984年、2008年四期航空、SPOT5高分辨率影像，1958年、1970年、1984年为航摄数据，空间分辨率达到2.0 m；2008年为全彩色SPOT5高分辨率卫星合成影像，空间分辨率到达5 m（图9－1）；卫星影像经过大气校正、辐射校正等预处理后，采用地面控制点方法（60 km×60 km的卫星影像上，平均取4行，每行设置4～5个控制点，在重点研究区域控制点可以增加）进行图像精校正，将几何误差控制在0.5~1个像元以内[19]。

依据河口地区特殊的地理单元，结合《滨海湿地信息分类体系》（海域使用行业标准），滨海湿地信息可分为三大类（生物景观、环境因子、人类活动）、5级分类体系。根据本文研究目的，结合陈爱莲等研究成果，进一步将分类结果确定为3种景观：（几乎）无干扰型、半干扰型、全干扰型，在此基础上分出22个子类型。人为干扰度指数（Hemeroby Index，HI）参照陈爱莲双台河口生态干扰强度确定方法（表9－1），在本研究中将其翻译为“人为干扰度”，本文进一步确定 HI<0.3 为无干扰；0.3≤HI≤0.75 为半干扰；0.75<HI 为全干扰。根据滨海湿地信息分类体系，通过目视解译进行矢量信息的分类提取。在 GIS9.3 支持下，采用人工目视判读方法，对聚类分类结果进行类型判定和斑块核定。对复杂类型或疑点区进行标记，待野外校验给予解决。信息提取完成后进行拓扑查错，建立研究区景观类型数据库。

表9－1　景观类型人为干扰度赋值表（孙永光，等，2012）

一级类型	二级类型	含义	HI	编码（ID）
无干扰（几乎无人为干扰）	海洋	低潮6 m以外浅海水域	0.1	B21
	河漫滩	河漫滩、江心洲、沙洲	0.17	B112
	泥滩	高潮被淹没、低潮裸露的沿海泥滩地	0.17	B12401
	水下三角洲	水下三角洲	0.17	B131
	潮汐通道	潮沟	0.13	B12102
	芦苇湿地	芦苇沼泽	0.15	A13305
	河流	一、二级永久性河流	0.23	B121
半干扰（人为、自然作用参半，主要为农业、养殖业等生态系统）	岛	基岩岛	0.3	B321
	水库坑塘	人工水库	0.3	C133
	灌排沟渠	人工水渠，兼具道路的功能	0.5	C131
	林地	自然林、人工林、稀疏林	0.55	A211
	果园	果林	0.55	A214
	围海养殖	在浅海区域的圈围养殖区域	0.63	C232
	滩涂养殖	滩涂鱼、虾、蟹养殖水面	0.63	C231
	水田	水稻田	0.65	C11101
	旱地	旱生作物用地	0.7	C11102
	盐田	盐业用地	0.75	C221
全干扰（人造地物如公路等）	交通用地	主干公路、一般公路、田埂	0.95	C123
	居民点	农村居民地	0.95	C121
	港口码头	渔业码头 、商贸码头	0.98	C212
	工矿用地	矿山开采、油气开采、工业企业用地	0.99	C122
	旅游基础设施	旅游设施用地	0.99	C241

9.4.3 人为干扰度时空动态评价

1）人为干扰度时序分异

大洋河河口人为干扰度呈逐年增加趋势，在河口湿地区域，1958—1970 年人为干扰度变化最为明显，呈上升趋势（图 9-2）。1970—1984 年河口湿地区域人为干扰度变化呈缓和趋势，1984—2008 年人为干扰度呈下降趋势。但就研究区总体而言，近 60 年来全干扰类型的总面积呈增加趋势，从 1958 年的 4.16 km^2 上升至 9.16 km^2；半干扰类型从 115.82 km^2 上升至 180.57 km^2（图 9-3）；而无干扰类型面积从 1958 年的 291.23 km^2 下降至 221.13 km^2。

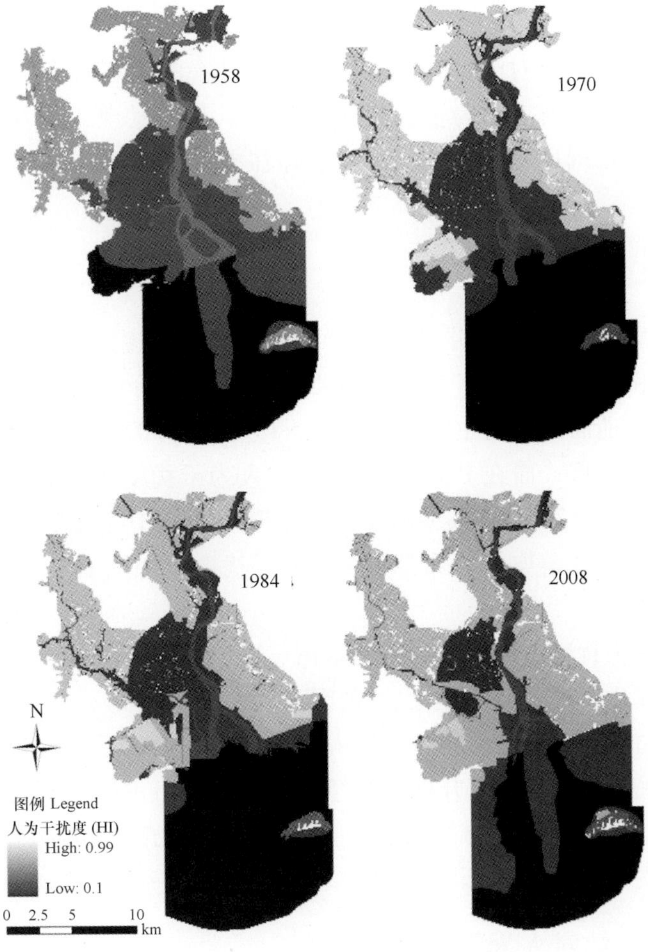

图 9-2 不同年份大洋河河口人为干扰度（HI）
（1958 年、1970 年、1984 年、2008 年）

不同时期人为干扰度变化幅度也不尽相同，1958—1970 年人为干扰度上升范围及幅度明显高于 1970—2008 年的两个时期（图 9-3），3 个历史阶段中，1970—1984 年间人为干扰度变化幅度和范围最小，而 1984—2008 年人为干扰度在上升 0～0.21 强度间的范围最

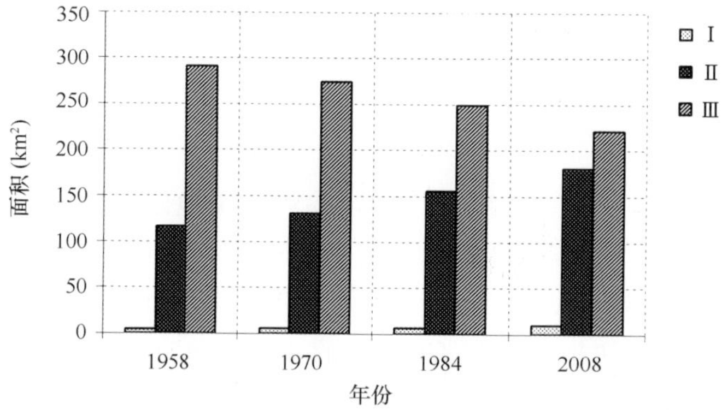

图9－3　人为干扰度（HI）不同干扰类型面积历史时期统计
Ⅰ：全干扰；Ⅱ：半干扰；Ⅲ：无干扰

大，说明新的历史时候人类对河口湿地的开发已由过去的破坏式开发转向可持续发展利用阶段。通过对比不同历史时期人为干扰度变化情况，我们发现：随着时间变化，人为干扰度呈上升趋势，但在不同历史时期其变化强度存在差异，在不同历史时期人为干扰度的变化呈非均质化特征。

2）人为干扰度空间分异

人为干扰度在河口地区具有明显的空间大致分带性，逐渐由陆向海过渡（图9－4），人为干扰度分布面积在河口湿地区最大，主要集中于河流阶地及湿地区，主要干扰类型以水田、围海养殖、旱地居民点为主（图9－5），1958—1970年，人为干扰度呈上升的区域主要集中于河口湿地区域；而在1970—1984年，人为干扰度明显上升区域转移至陆地与海洋交汇处为中心；1984—2008年人类活动强度上升的区域中心逐渐转向海洋，主要是对边滩、水域、海岛的干扰度增加。结果表明：人为干扰度中心随着年限变化在空间上逐渐由陆向海过渡。

研究区整体人为干扰度主控景观类型是水田、围海养殖、旱地、居民点和盐田。对比不同年份景观类型的变化发现1958年主控景观因子是水田，而到了1970年保持水田的相对优势情况下，围海养殖和旱地呈上升趋势，进入20世纪80年代后，围海养殖的数量呈逐年上升趋势，其次是居民点的数量呈上升趋势，但上升幅度和所占比例不大（图9－5）。综上所述，大洋河河口湿地人为干扰度的主控景观类型是围海养殖和水田，特别是在近几十年来，以围海养殖驱动为主。

9.4.4　景观格局指数对人为干扰度的响应

1）景观格局指数对人为干扰度的响应

人类干扰活动区域的斑块数量（NP）在1958—1984年明显大于无干扰类型的斑块的数量，而到了2008年无干扰活动的斑块数量呈上升趋势，景观异质性增大。说明随着人为干扰度的增强及其集约化的发展，区域景观异质性降低。从不同干扰类型斑块的历史发展来看，人类活动导致区域景观类型斑块数量呈下降趋势，而无人类干扰区域斑

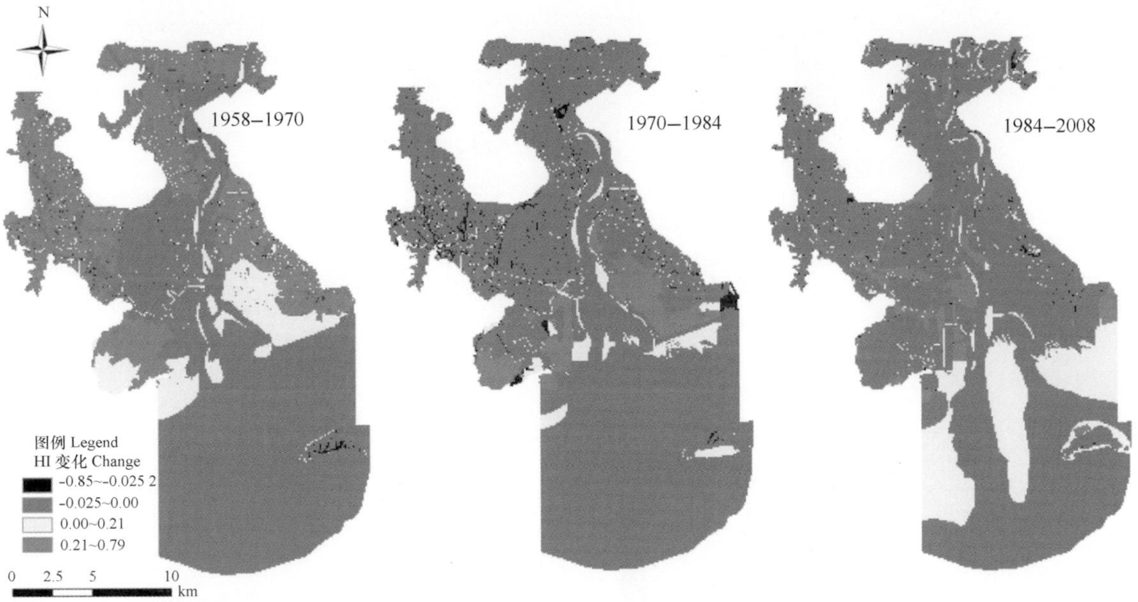

图 9-4 不同时期人为干扰度动态度（1958—1970 年，1970—1984 年，1984—2008 年）

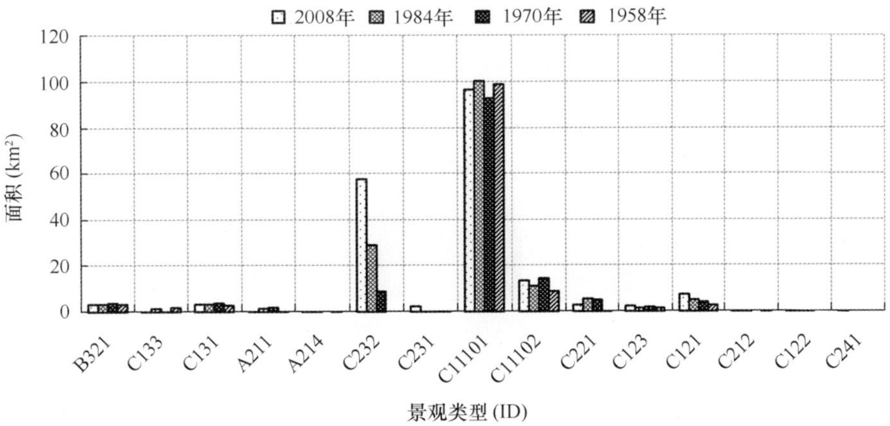

图 9-5 大洋河河口不同年人为干扰度景观类型面积

块数量呈上升趋势（图 9-6）。表明人类活动导致景观异质性降低，而自然过程发展规律则导致景观异质性升高；边缘密度指数（ED）在人类活动的干扰下，随着时间的推移呈下降趋势，而无干扰类型区域边缘密度则呈上升趋势，说明人类干扰活动与自然过程存在对立性；平均形状指数（MSI）在人类活动干扰下呈下降趋势，无干扰区域在 1958—1970 年表现为下降，然而 1970—2008 年表现为上升趋势；面积加权的平均斑块分形指数（AWMPFD）在 1958—2008 年呈下降趋势，无干扰情况下其值变化不大。综合而言，人为干扰度（全干扰、半干扰）会导致斑块数量（NP）、边缘密度指数（ED）、平均形状指数（MSI）和面积加权的平均斑块分形指数（AWMPFD）总体在 1958—2008 年呈下降趋势（图 9-6）。

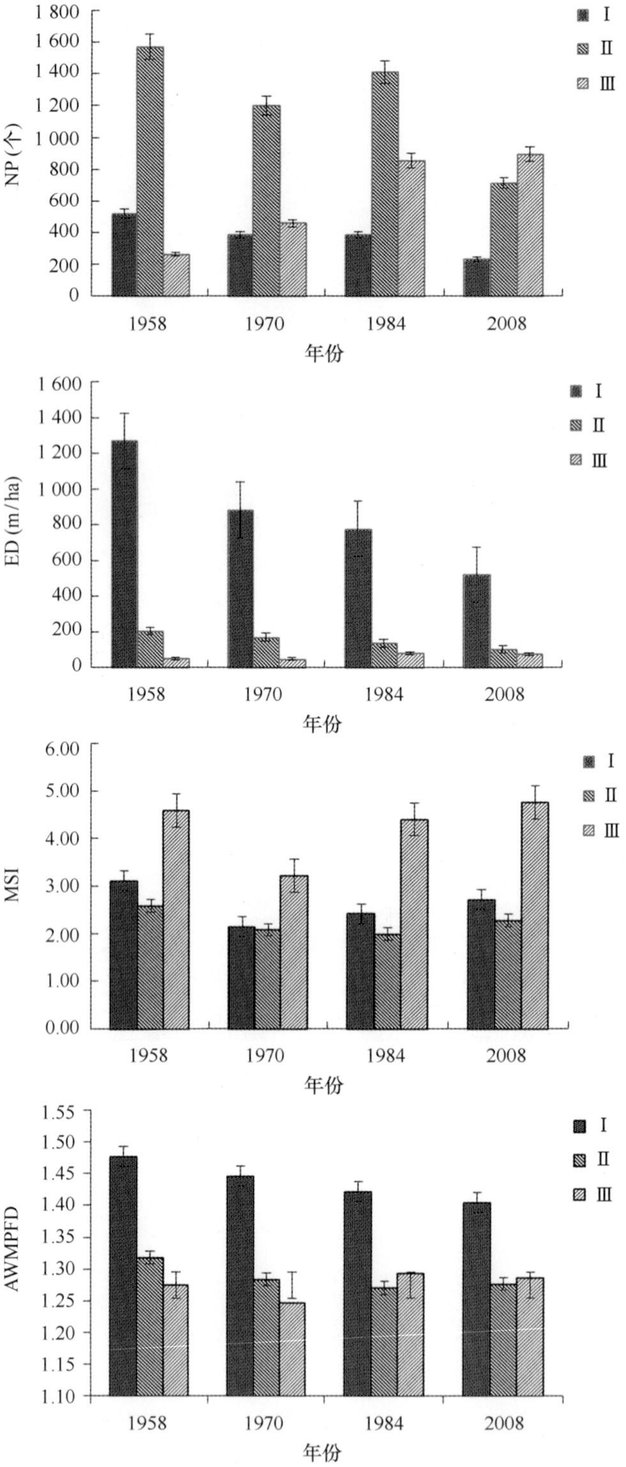

图 9－6　不同人为干扰度景观格局指数年际变化统计

Ⅰ：全干扰；Ⅱ：半干扰；Ⅲ：无干扰；NP：斑块数量；ED：边缘密度；MSI：平均形状指数；AWMPFD：面积加权的平均斑块分形指数

2）景观格局指数与人为干扰度指数量化关系

通过对不同干扰类型景观格局指数分析，我们发现人类干扰度对景观格局指数具有一定的影响，本文进一步利用网格法（1.5 km×1.5 km）将景观格局指数进行空间化（图9－7），在空间上，斑块数量（NP）、边缘密度指数（ED）高值出现在人为干扰度较高区域，平均形状指数（MSI）和面积加权的平均斑块分形指数（AWMPFD）高值多出现在中等强度干扰区域；通过空间相关性统计我们发现，人为干扰度指数与景观指数相关性大小依次为：斑块数量（NP）＞边缘密度指数（ED）＞面积加权的平均斑块分形指数（AWMPFD）（表9－2），并均呈正相关。结果表明，在空间分布上人为干扰度高的区域其斑块数量（NP）、边缘密度指数（ED）、面积加权的平均斑块分形指数（AWMPFD）表现为高值。平均形状指数（MSI）与人为干扰度相关性不显著。

表9－2 人为干扰度与景观格局指数相关性矩阵

		斑块数量（NP）	边缘密度（m/ha）［ED（m/ha）］	平均形状指数（MSI）	面积加权的平均斑块分形指数（AWMPFD）	人为干扰度2008（HI2008）
斑块数量（NP）	相关性	1.00	0.81**	0.05	0.57**	0.62**
	显著性		0.00	0.51	0.00	0.00
边缘密度［ED（m/ha）］	相关性	0.81**	1.00	0.48**	0.85**	0.51**
	显著性	0.00		0.00	0.00	0.00
平均形状指数（MSI）	相关性	0.05	0.48**	1.00	0.68**	0.12
	显著性	0.51	0.00		0.00	0.09
面积加权的平均斑块分形指数（AWMPFD）	相关性	0.57**	0.85**	0.68**	1.00	0.40**
	显著性	0.00	0.00	0.00		0.00
人为干扰度2008（HI 2008）	相关性	0.62**	0.518**	0.12	0.40**	1.00
	显著性	0.00	0.00	0.09	0.00	

**$P<0.01$ 水平显著 双侧检验

9.5 案例分析——大洋河河口湿地人为干扰污染风险评价

9.5.1 区域概况

同9.4.1。

9.5.2 数据与处理

影像及土地利用分类同9.4.2。

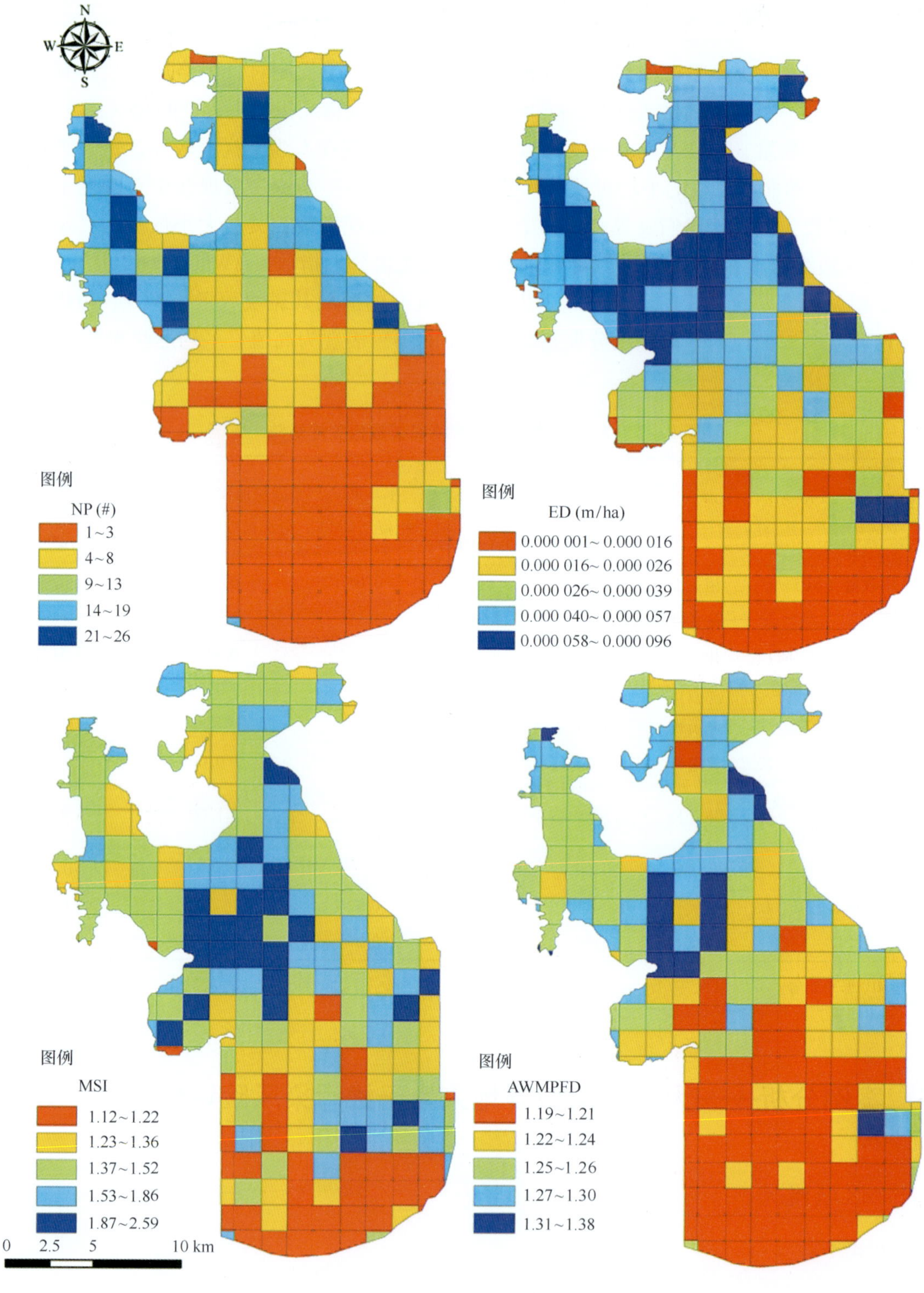

图 9－7　大洋河河口 2008 年景观格局指数空间分异

NP：斑块数量；ED：边缘密度；MSI：平均形状指数；AWMPFD：面积加权的平均斑块分形指数

9.5.3 环境污染风险评价模型构建

1）评价指标体系

具体污染评价指标分级赋值及空间分布情况见表9-3和图9-8（孙永光等，2012）。

表9-3 评价因子分级及权重

		不易污染	轻易污染	中易污染	高易污染	极易污染	
	分级	0.2	0.4	0.6	0.8	1	*wi*
污染危害性	A	>5 000 m	4 000 m	3 000 m	2 000 m	<1 000 m	0.36
	B	>7 500 m	6 000 m	4 500 m	3 000 m	<1 500 m	0.19
	C	>1 000 m	800 m	600 m	400 m	<200 m	0.13
污染脆弱性	D	>1 000 m	800 m	600 m	400 m	<200 m	0.09
	E	>2 500 m	2 000 m	1 500 m	1 000 m	<500 m	0.03
	F	>5 000 m	4 000 m	3 000 m	2 000 m	<1 000 m	0.05
	G	>1 000 m	800 m	600 m	400 m	<200 m	0.12

A：距居民点距离；B：距工矿企业距离；C：距农耕用地距离；D：距潮沟距离；E：距林地距离；F：距芦苇湿地距离；G：距水体距离。

2）评价因子权重

评价因子权重的确定主要取决于各评价因子的重要程度以及指标之间的相互关系，本文首先利用专家打分法确定两两指标间的重要程度，进一步获得指标间的重要性判断矩阵，并进行判断矩阵一致性检验（CR），经检验环境污染风险评价层CR值为0.001 0，准则层判断矩阵CR分别为：0.038 6和0.035 9，各层一致性CR均小于0.1满足评价因子总排序一致性要求，借助Yaahp软件最终获得各评价因子权重（表9-3）。

3）环境污染风险综合评价（*S*）

根据各指标权重，本文采用加权求和的方法对大洋河河口地区环境污染风险综合水平进行评价，环境污染风险综合水平评价指数（*S*）计算公式为

$$S = \sum_{i=1}^{n} U_i \times W_i \tag{7-1}$$

式中：S 为环境污染风险综合评价指数；n 为评价因子数量；U_i 为第 i 个评价因子赋值；W_i 为第 i 个评价因子权重。

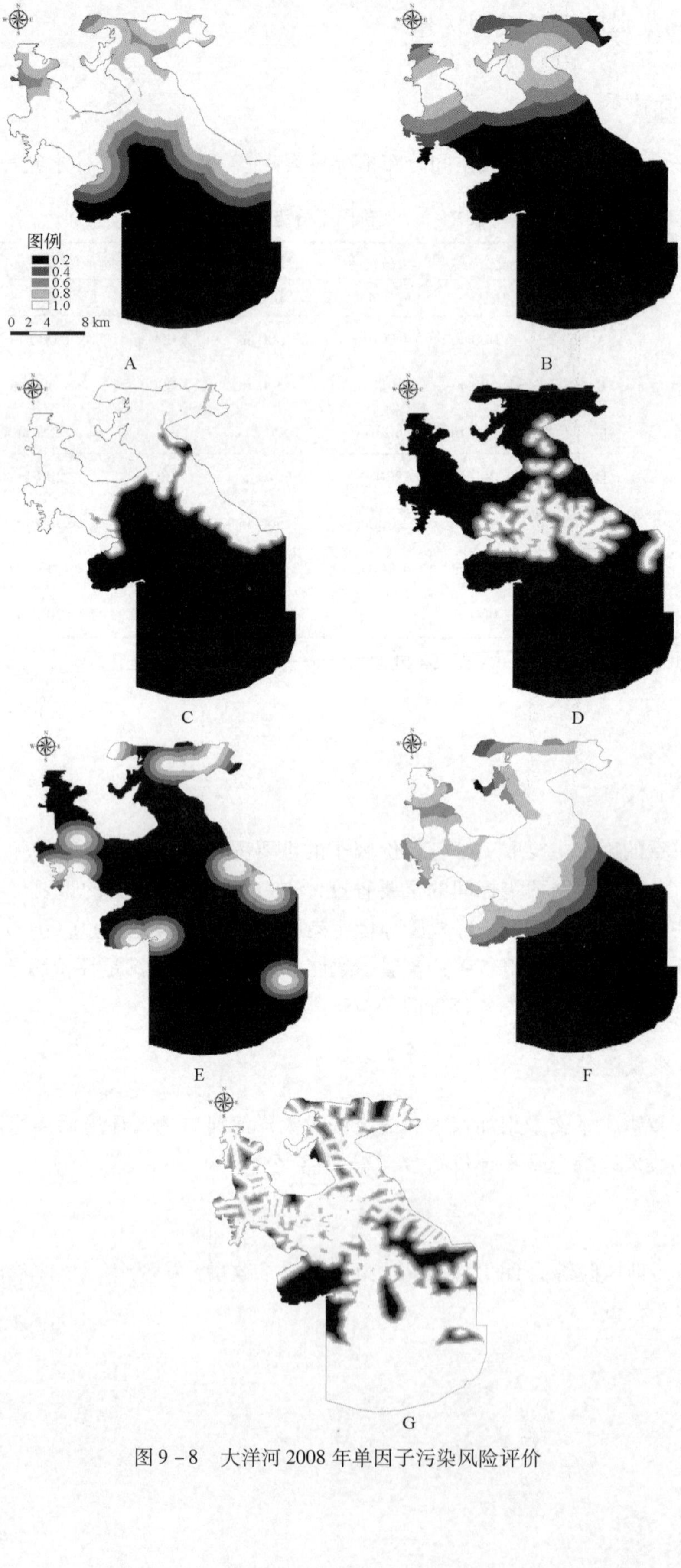

图 9-8　大洋河 2008 年单因子污染风险评价

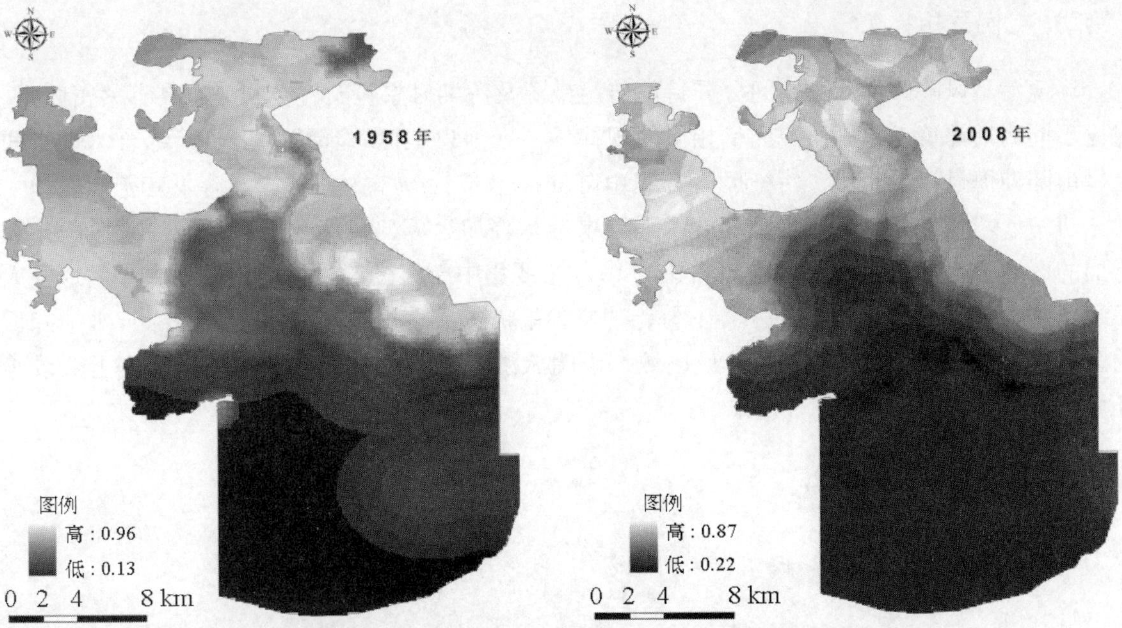

图 9－9　大洋河 1958 年、2008 年环境污染风险综合水平（S）空间分布

9.5.4　环境污染风险综合水平时空动态

1）时序动态

大洋河河口环境污染风险综合水平在 1958—2008 年呈增加趋势（图 9－10）。1958 年不易污染占研究区总面积的 46.56%，到 2008 年则下降至 9.02%，不易污染面积呈明显减少趋势；高易污染和极易污染区域 1958 年占研究区总面积的 10.33%，2008 年则上升到 33.44%；轻易污染面积增加了 35.30%，而中易污染面积则降低了 20.84%（图 9－10），这主要是由于研究区中易污染区域在几十年间随着人类活动强度的增加，逐渐转化为了高易污染区域和极易污染区域。从统计数据来看，随着年限的增加环境污染风险总体水平呈上升趋势。

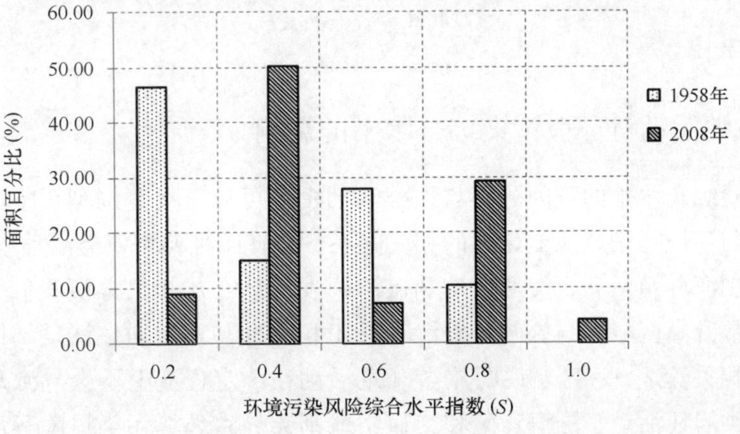

图 9－10　大洋河 1958—2008 年环境污染风险综合水平指数（S）面积统计

2）空间分异特征

环境污染风险综合水平空间分异特征与污染源及污染对象脆弱性空间分布具有紧密联系。对比不同时期评价结果，研究区呈相似的规律性：在河口地区，环境污染风险综合水平空间上呈由陆向海过渡的趋势，污染风险等级由陆向海呈带状分布，并呈逐渐降低趋势（图9－9）。进一步将两期环境污染风险综合水平结果进行叠加运算，我们发现，环境污染风险指数增加的区域主要分布于向陆区域（图9－11），主要集中于居民点、交通用地、农业用地及人类活动开发区域；而在外河口区域基本呈现未变化状态，而相对环境污染风险综合水平降低的区域主要集中于旅游基础设施建设区域，说明旅游基础设施开发活动在一定程度上会改善环境污染风险综合水平。

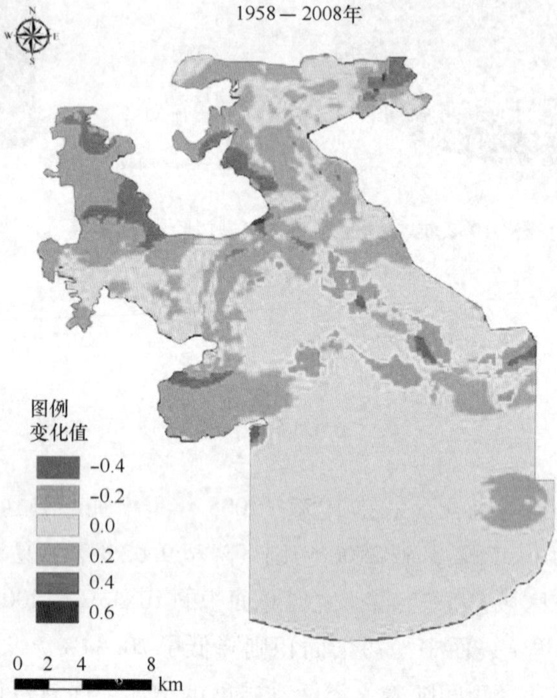

图9－11　大洋河1958—2008年环境污染风险综合水平动态变化
（变化值＝$S_{2008}-S_{1958}$）

9.5.5　典型人类活动对环境污染综合水平的影响

环境污染风险综合水平的空间分异与人类活动密不可分，本案例利用空间相关性统计获得典型人类活动与环境污染风险变化间的相关关系。选择4种典型人类活动进行评价，包括：人类居住活动、围海养殖活动、交通活动和旅游开发活动，从相关分析我们发现，环境污染风险综合水平指数升高区域除与旅游开发活动呈正相关外，人类居住活动、围海养殖和交通用地均与其呈负相关（表9－4）。说明旅游开发活动在一定程度上不会导致环境污染风险程度的增加，而人类居住活动、围海养殖和交通用地则会导致环境污染风险程度的升高，空间上距三者距离越近的区域其环境污染风险程度越高，主要是由于居民点污染物排放，围海养殖造成的水体污染及交通用地导致的面源污染而导致。

表 9-4 典型人类活动与环境污染风险变化相关关系

		H1	H2	H3	H4	S_C
H1	Pearson	1.00	0.863**	0.938**	-0.079*	-0.363**
	Sig（双侧）		0.00	0.00	0.02	0.00
H2	Pearson	0.863**	1.00	0.880**	0.178**	-0.272**
	Sig（双侧）	0.00		0.00	0.00	0.00
H3	Pearson	0.938**	0.880**	1.00	0.01	-0.302**
	Sig（双侧）	0.00	0.00		0.88	0.00
H4	Pearson	-0.079*	0.178**	0.01	1.00	0.402**
	Sig（双侧）	0.02	0.00	0.88		0.00
S_C	Pearson	-0.363**	-0.272**	-0.302**	0.402**	1.00
	Sig（双侧）	0.00	0.00	0.00	0.0	

** $P<0.01$ 水平显著 双侧检验；* $P<0.05$ 水平显著 双侧检验；H1：距居民点距离；H2：距养殖塘距离；H3：距交通用地距离；H4：距旅游基础设施距离；S_C：变化值

9.6 适用性探讨

9.6.1 人为干扰度

将生态干扰度指数引入河口湿地人类活动干扰强度监测评价中来，从时间维和空间维对该区域的人为干扰度进行了动态监测，本案例在系统监测大洋河河口人为干扰度基础上，进一步验证了河口地区人为干扰度在不同历史时期并非均质化发展，存在跳跃性发展，其主要是由于不同历史时期人类活动政策改变而导致，在1958—1970年，正是我国大力发展农业生产时期，因此该时期人类活动干扰强度变化幅度最大，主要形成以水田为主的干扰方式，而到了1970—2008年人们的生活生产方式发生了改变，由单一农业向滨海养殖发展，因此围海养殖规模在该时期呈现明显上升趋势。在空间维上，在河口湿地区域人为干扰度呈典型地带性，表现为由陆向海逐渐推进格局，说明随着社会经济的发展，人类经济活动开发逐渐由过去以农耕开发为主，逐渐向海岸带养殖、港口贸易工矿开发为主，案例表明，人为干扰度指数能够有效对人类干扰强度进行遥感监测与空间评价。

9.6.2 人类活动对生态系统景观格局影响评价

人为干扰通过影响景观空间格局，进一步影响生态学过程。前人曾探讨了人为干扰度对斑块面积（CA）、斑块数量（NP）、景观分形指数（MSI）的影响，张琳琳等（2010）发现城市化发展过程中对景观分形指数具有较大影响，人为干扰度强度越大，景观格局越具有规则性。本文进一步对斑块数量（NP）、边缘密度指数（ED）、平均形状指数（MSI）和面积加权的平均斑块分形指数（AWMPFD）随着时间变化特征进行了分析，发现与前人相似的结论，在人类干扰活动下，四项指标随着时间的推移均呈下降趋势，说明人类开发活动会导致景观异质性降低、景观格局向规则化转化，复杂性降低，边缘化程度降低，主要是由于自然湿地景观逐渐被规则的道路、养殖塘、水田和居民点等代替。从而进一步影响河口湿地生态系统的生物、元素、能量及信息的转移与迁移，导致河口湿地生态系统质量降低。

9.6.3 人类活动对生态系统污染风险的评价

人类活动对区域环境的影响是当今全球变化研究的主流之一，全球环境变化受人类的影响，人类活动越是改变、支配甚至取代自然生态系统，就越会增加气候变化和环境变化的脆弱性。本案例初步探讨了典型人类活动与环境污染风险之间的空间相关性，对不同人类活动方式对于环境污染风险的影响进行了初步分析，在研究中发现，并非所有人类活动均对环境具有负面影响。例如，旅游开发活动在一定程度上不会导致环境污染风险程度的增加，说明人类开发活动与环境污染之间可持续发展模式的存在，建立有序开发模式是环境保护和发展的必由之路。

总之，通过理论与案例分析，人为干扰度指数能够有效对人类活动强度进行遥感测量与评价，并能够将其应用于人类活动对滨海湿地环境影响评价中去。

参考文献

Cifric I. 2008. Cultural homogeneization and diversity. Synthesis Philosophica, 23 (1): 25 – 52.

Devictor V, Julliard R, Clavel J, Jiguet F, Lee A, Couvet D. 2008. Functional biotic homogenization of bird communities in disturbed landscapes. Global Ecology and Biogeography, 17 (2): 252 – 261.

Dormann CF, Schweiger O, Augenstein I, Bailey D, Billeter R, de Blust G, DeFilippi R, Frenzel M, Hendrickx F, Herzog F, Klotz S, Liira J, Maelfait JP, Schmidt T, Speelmans M, van Wingerden WKR, Zobel M. 2007. Effects of landscape structure and land – use intensity on similarity ofplant and animal communities. Global Ecology and Biogeography, 16 (6): 774 – 787.

Ekroos J, Heliola J, Kuussaari M. 2010. Homogenization of lepidopteran communities in intensively cultivated agricultural landscapes. Journal of Applied Ecology, 47 (2): 459 – 467.

Ekroos J, Heliola J, Kuussaari M. 2010. Homogenization of lepidopteran communities in intensively cultivated agricultural landscapes. Journal of Applied Ecology, 47 (2) : 459 – 467.

Forman RTT. 1995. Land Mosaics, the Ecology of Landscape and Regions. New York: Cambridge University Press.

Fu BJ, Zhang QJ, Chen LD, Zhao WW, Gulinck H, Liu GB, Yang QK, Zhu YG. 2006. Temporal change in land use and its relationship to slope degree and soil type in a small catchment on the Loess Plateau of China. Catena, 65 (1): 41 – 48. Doi: 10. 1016/j. catena. 2005. 07. 005.

Jalas J. 1955. Hemerobe und hemerochore pflanzenarten. Einterminologischer reformversuch. Acta Societatis pro Fauna et Flora Fennica, 72: 1 – 15.

Wu JG. 2004. Effects of changing scale on landscape pattern analysis: Scaling relations. Landscape Ecology, 19: 125 – 128.

Zalasiewicz J, Williams M, Steffen W, Crutzen P. 2010. The new world of the anthropocene. Environmental Science and Technology, 44 (7) : 2228 – 2231.

Zonneveld IS. Land Ecology. 1995. Netherlands Amsterdam: SPB Academic Publishing.

陈爱莲，朱博勤，陈利顶，等 . 2010. 双台河口湿地景观及生态干扰度的动态变化 . 应用生态学报，21 (5): 1120 – 1128.

陈国奇，强胜 . 2011. 人类活动是导致生物均质化的主要因素 . 生态学报，31 (14): 4107 – 4116.

陈吉余. 2000. 中国河口海岸研究与实践. 北京：高等教育出版社. 24–31.
傅伯杰，陈利顶，马克明. 2001. 景观生态学理论与方法. 北京：科学出版社.
何念鹏，周道玮，吴泠，张玉芬. 2001. 人为干扰强度对村级景观破碎度的影响. 应用生态学报，12（6）：897–899.
李秀珍，布仁仓，常禹，等. 2004. 景观格局指标对不同景观格局的反应. 生态学报，24（1）：123–134.
梁发超，刘黎明. 2011. 景观格局的人类干扰强度定量分析与生态功能区优化初探：以福建省闽清县为例. 资源科学，33（6）：1138–1144.
罗新正，郭献军. 2004. 人类干扰与海河流域水环境衰退. 中国人口·资源与环境，14（5）：12–16.
时玉涛，温海燕，乔光建. 2011. 人类活动对滦河口湿地生态环境影响分析. 南水北调与水利科技，9（3）：124–128.
孙永光，赵冬至，吴涛，等. 2012. 河口湿地人为干扰度时空动态及景观响应—以大洋河口为例. 生态学报，32（12）：3645–3655.
孙永光，赵冬至，张丰收，等. 2012. 基于遥感方法的大洋河口湿地环境污染风险时空动态模糊评价. 应用生态学报，23（11）：3180–3186.
王维奇，曾从盛，钟春棋，仝川. 2010. 人类干扰对闽江河口湿地土壤碳、氮、磷生态化学计量学特征的影响. 环境科学，31（10）：2411–2416.
王玉，贾晓波，张文广，等. 2010. 江苏海岸带土地利用变化及驱动力分析. 长江流域资源与环境，19（1）：7–13.
吴涛，赵冬至，张丰收，卫宝泉. 2011. 基于高分辨率遥感影像的大洋河河口湿地景观格局变化. 应用生态学报，22（7）：1833–1840.
肖笃宁，李秀珍，高峻，等. 2010. 景观生态学. 北京：科学出版社.
张琳琳，孔繁花，尹海伟，等. 2010. 基于景观空间指标与移动窗口的济南城市空间格局变化. 生态学杂志，29（8）：1591–1598.
朱教君，刘足根. 2004. 森林干扰生态研究. 应用生态学报，15（10）：1703–1710.

10　河口湿地生境质量指数评价

10.1　理论基础

10.1.1　内涵

生态环境质量是指生态环境的优劣程度，它以生态学理论为基础，在特定的时间和空间范围内，从生态系统层次上，反映生态环境对人类生存及社会经济持续发展的适宜程度，是根据人类的具体要求对生态环境的性质及变化状态的结果进行评定。

生态环境质量评价就是根据特定的目的，选择具有代表性、可比性、可操作性的评价指标和方法，对生态环境质量的优劣程度进行定性或定量的分析和判别。

10.1.2　生态质量评价类型

生态质量评价类型主要包括：生态安全评价、生态风险评价、生态系统健康评价、生态系统稳定性评价、生态系统服务功能评价、生态环境承载力评价。

10.1.3　生态质量评价步骤

（1）生境质量评价参量的选择及其数量特征。

（2）生态环境质量评价模型建立。

（3）生态环境质量的判定及分级。生境是指生物的个体、种群或群落生活地域的环境，包括必需的生存条件和其他对生物起作用的生态因素。生境是生态学中环境的概念，又称栖息地。

10.2　评价方法

区域生态环境的质量评价一般采用定性评价和定量评价两种方法。定性评价一般选取对生态环境影响较大的指标进行评价，根据该指标的大小或优劣程度评价生态环境的好坏；而定量评价则采取一定的公式或模型对指标系统进行计算，根据计算结果的大小对生态环境进行评价，通常有脆弱度计算法、距离计算法、层次分析法、综合模型法和生态足迹法等。

10.2.1　综合指数评价法

综合指数评价法从监测点的原始监测数据统计值与评价标准之比作为分指数，然后通过数学综合作为环境质量评定尺度。近几十年来，这一方法在环境质量评价中得到了广泛的应用，并有了很大的发展。早期国外应用的指数法有美国的 NWF 环境质量指数和加拿大的“总环境质量指数”（EQI）等，目前最常用的是综合指数法，应用此法，可以体现生态环境评价的综合性、整体性和层次性。

国家环保总局发布了《生态环境状况评价技术规范》行业标准，2006 年 5 月 1 日起试行。技术规范规定：生态环境质量指数反映被评价区域生态环境质量状况，数值范围 0 ~ 100。生态环境状况指数（Ecological Index，EI）EI = 0.25 × 生物丰度指数 + 0.2 × 植被覆盖指数 + 0.2 × 水网密度指数 + 0.2 × 土地退化指数 + 0.15 × 环境质量指数。

10.2.2 生态环境评价模型

综合评价法是生态环境质量综合评价中运用较多的一种方法，此法的具体应用是层次分析法（AHP 法）。它是模拟人脑对客观事物的分析与综合过程，将定量分析与定性分析有机结合起来的一种系统分析方法。层次分析法的应用研究很多，姚建、朱晓华等将层次分析法运用于生态环境质量评价中。

另外还有主成分分析法、模糊综合评价法、灰色关联度法等。目前，关于生态环境质量评价的研究，国内外又出现了一些新的方法和技术。

1）主成分分析法

主成分分析法也称主分量分析，在实证问题研究中，为了全面、系统地分析问题，必须考虑众多影响因素，这些涉及的因素一般称为指标，在多元统计分析中也称为变量。由于每个变量都在不同程度上反映了所研究问题的某些信息，并且指标之间彼此有一定的相关性，因而所得的统计数据反映的信息在一定程度上有重叠。在用统计方法研究多变量问题时，变量太多会增加计算量和增加分析问题的复杂性，人们希望在进行定量分析的过程中，涉及的变量较少，得到的信息量较多。而主成分分析法旨在利用降维的思想，把多指标转化为少数几个综合指标。国内学者韩申山等（2011）、刘臣辉等（2011）、邵金花等（2006）、范立民等（2010）、李俊等（2009）、刘飞跃（2010）、郭玲霞等（2011）、闫东锋等（2011）、郭家祯等（2009）都曾应用主成分分析法针对不同对象的生态环境质量进行分析评价。

2）模糊综合评价法

模糊综合评价法是一种基于模糊数学的综合评价方法。该综合评价法根据模糊数学的隶属度理论把定性评价转化为定量评价，即用模糊数学对受到多种因素制约的事物或对象作出一个总体的评价。它具有结果清晰、系统性强的特点，能较好地解决模糊的、难以量化的问题，适合各种非确定性问题的解决。如国内学者朱国宇（2011）、卓少玲（2011）、汪贞（2011）、翟琨（2010）、和世超（2008）、杨旭东（2006）、庞发虎（2008）、贾永飞（2009）、李仙玉（2009）等运用模糊评价法对土地利用状况、水质和生态环境等进行质量评价分析并划分等级。

3）灰色关联度法

对于两个系统之间的因素，其随时间或不同对象而变化的关联性大小的量度，称为关联度。在系统发展过程中，若两个因素变化的趋势具有一致性，即同步变化程度较高，可谓二者关联程度较高；反之，则较低。因此，该方法是根据因素之间发展趋势的相似或相异程度，也即“灰色关联度”，作为衡量因素间关联程度的一种方法。灰色系统理论提出了对各子系统进行灰色关联度分析的概念，意图通过一定的方法，去寻求系统中各子系统（或因素）之间的数值关系。因此，灰色关联度分析对于一个系统发展变化态势提供了量化的度量，非常适合动态历程分析。张同娟等（2010）、王春丽等（2011）、王晓亚等（2009）、孙丰英等（2009）、黄惠等（2005）、刘芳等（2005）、王兆林等（2007）应用灰色关联度模型针对生态环境要素与人类活动因子建立相关分析，进行脆弱性及可持续发展评价研究。

10.3 大洋河河口湿地生境质量评价

10.3.1 区域介绍

同 9.4.1。

10.3.2 评价信息获取

1）数据来源及预处理

研究区域共获取两期（1984—2008 年）高分辨率遥感影像，其中 1984 年是航摄数据，空间分辨率达到 1.5 m，2008 年为全彩色 SPOT5 高分辨率卫星合成影像，空间分辨率达到 5 m。另外，分别收集到 1980 年和 1995 年的该地区 1∶5 万的纸质地形图资料（表 10－1）。

表 10－1　研究区域的数据来源信息

数据源	数据类型	分辨率	时间
地形图	纸质地形图	1∶5 万	1977 年航摄，绘制，1980 年出版
航片	航摄资料	2 m	1984 年夏季
地形图	纸质地形图	1∶5 万	1994 年补测、补调，1995 年成图
SPOT5	卫星影像	5 m	2008 年夏季

已获取的卫星影像已经进行过基本的大气校正、辐射校正等预处理，本次研究的重点对该数据进行现场实测控制点的图像几何精校正。具体操作如下。

①在卫星影像上进行地面控制点标注，选取路宽为 1～2 m 的乡村小道，路口尽量呈直角，便于实测定位。

②在软件中，利用车载 GPS 进行跟踪定位，在现场找到影像中的具体位置点。

③利用高精度定位工具在控制点上进行现场坐标测定。

④在软件中导入实测地面控制点的坐标，利用软件自带控件工具进行高精度的经纬度纠正。

总的来说，60 km×60 km 的卫星影像上，平均取 4 行，每行设置 4～5 个控制点，在重点研究区域控制点可以增加。以上所有遥感数据都采用该方法进行图像精校正。该方法可以将几何误差控制在 0.5～1 个像元以内。

2）景观分类及信息提取

在综合考虑本次研究所采用的遥感数据源的高分辨率的特性，并结合了研究区域土地覆被与土地利用的特殊性的基础上，建立了一套适合本研究区域以及论文研究目标的景观分类体系。

研究区内景观类型共分为4级，其中生物因子、环境因子和开发因子为3个一级类。生物因子包括芦苇群落、疏林群落、灌丛群落、草甸群落、红树林群落和米草群落等。环境因子分为水体和泥滩地两个部分，包括河流（河床）、古河道及河口湖、河漫滩、潮间带河口水域、河口沙嘴、心滩/堆积岛、潮间带泥滩和潮下带浅海水域等。开发因子分为农业用地开发，建设用地开发和海域使用开发，其中农业用地开发包括水田、旱地/水浇地、果园、乔木林、灌木林、水产养殖和家畜禽类养殖等；建设用地开发包括城镇建设用地、工业用地、交通用地、水工建筑等4类；海域使用开发包括交通用海、工业用海、渔业用海和旅游娱乐设施用海。其中，交通用海包括：港口、码头、航道用海、锚地用海、路桥用海；工业用海包括：盐业用海、固体矿产开采用海、油气开采用海、船舶工业用海、电力工业用海、海水综合利用用海、其他工业用海；渔业用海包括：渔业基础设施用海、围海养殖用海、开放式养殖用海、人工鱼礁用海；旅游娱乐设施用海包括：旅游基础设施用海、浴场用海、游乐场用海。根据信息提取经验统计，遥感影像在5 m以内的高分辨率影像可以满足4级分类要求，而5~20 m分辨率数据只能满足3级分类要求，30 m以上数据只能满足2级分类要求。

根据河口湿地分类体系，通过目视解译进行矢量信息的分类提取。具体操作如下：在基于地物光谱特征聚类分类的基础上，利用建立的河口湿地卫星遥感地物标志库，在相关软件的支持下，采用人工目视判读方法，对聚类分类结果进行类型判定和斑块核定。判定的原则是先进行类型判定，其次再进行斑块核定，在判定的过程中充分利用影像纹理信息和研究地区的同期地形图数据进行辅助判别，对复杂类型或疑点区进行标记，待野外校验给予解决。信息提取完成后进行拓扑查错，避免重复区域和空置区域的出现。

3）外业验证

根据海洋监测技术规程第7部分卫星遥感观测①的相关规定，应用典型样区校核法或线路验证法，校验卫星遥感信息提取的准确性。验证过程中拍摄照片，并作现场记录。重点对遥感影像上的复杂类型或疑点区地物进行地面验证核实，验证量达到90%。

10.3.3 评价方法与等级划分

1）评价方法

生境质量指数是用来进行生态环境评价的一个常用指数，常见于各种评价模型当中，其简单的计算方法得到了大多数生态学家的认可。但是，该方法对各类评价指标的权重赋值，目前仍离不开评价者的主观判断，所以多少使其结果带有评价者的主观性。具体计算公式如下：

生境质量指数（Ecological Quality Index，EQI）：

$$\mathrm{EQI} = \sum_{i=1}^{n} W_i \times D_i \tag{10-1}$$

① 海洋监测技术规程由国家海洋局组织编写，于2011年正式发布。

式中：W_i 为第 i 个指标因子的权重；D_i 为第 i 个评价因子。

运用层次分析法和专家打分法选取指标因子，并赋予权重（表 10－2）。

表 10－2　评价指标及权重

评价指标	权重
人口密度	0.064 6
人口增长率	0.043 3
养殖用地	0.035 4
建设用地	0.029 0
耕地	0.041 1
人工湿地	0.055 5
芦苇初级生产力	0.090 4
芦苇生物量	0.110 4
天然湿地面积	0.154 5
植被面积	0.126 5
水域面积	0.084 8
景观多样性指标	0.074 0
景观聚集度指标	0.090 4

2）评价等级划分

本文根据大洋河口这一特殊的研究区域，将大洋河口湿地生境质量分为以下 5 个等级。

第一级评价指数范围不小于 2.3，该等级主要为芦苇湿地、植被，水域面积分布广泛，人类活动少，开发弱，保存着较完整的鸟类的自然栖息环境。主要分布区域位于：国家级大洋河口湿地自然保护区。

第二级评价指数范围在 0.15～2.3，该等级主要为未被人类开发利用的沿海泥滩和海涂，保存着良好的内部生态系统。主要分布在大洋河入海口及左侧。

第三级评价指数范围在 0.09～0.15，该等级主要是人类活动开发利用较弱，或是保护性开发地区，主要开发手段以农业开发为主，该等级的分布区域主要是大洋河口的主要稻米产区和人工水库坑塘。

第四等级指数范围在 0.055～0.09，主要是水产养殖区域。

第五等级范围不大于 0.055，该等级范围内主要是以建设用地开发为主，分布有盐田、道路和居民宅基地和高密度的水产养殖区。

10.3.4　评价结果

将每种评价指标都在 ArcGIS 中建立图层，将前面得到的大洋河河口区域景观格局数据及遥感数据导入地理信息软件 ArcGIS 中，并统一各层的评价单元为 1 000 m × 1 000 m 的空间单元，通过计算统计合并和数据格式转换后，得到各个指标的权重栅格数据层，利用 SpatialAnalyst（空间分析）模块，Raster Calculator 工具对栅格图层进行加权计算，可以得到整个研究区的不同地区的生境质量指数。

利用 ArcGIS 软件栅格计算工具，得到了大洋河口湿地健康质量等级分布图，如图 10－1～图 10－4 所示。

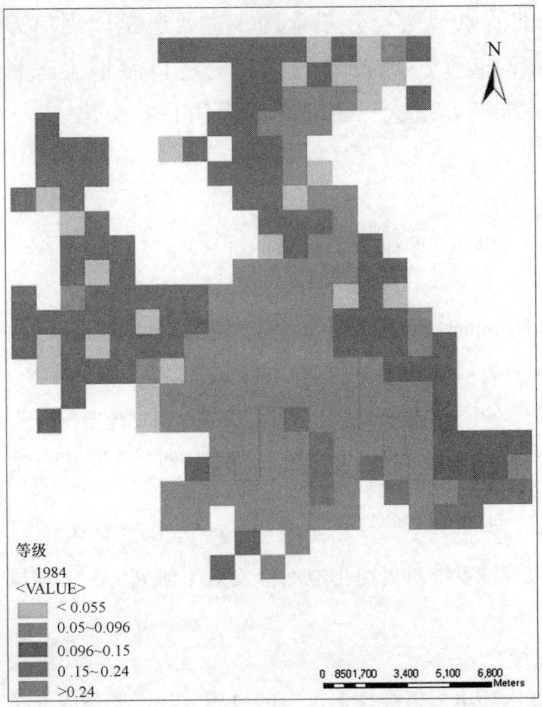

图 10－1 1984 年大洋河口湿地生境质量等级分布图

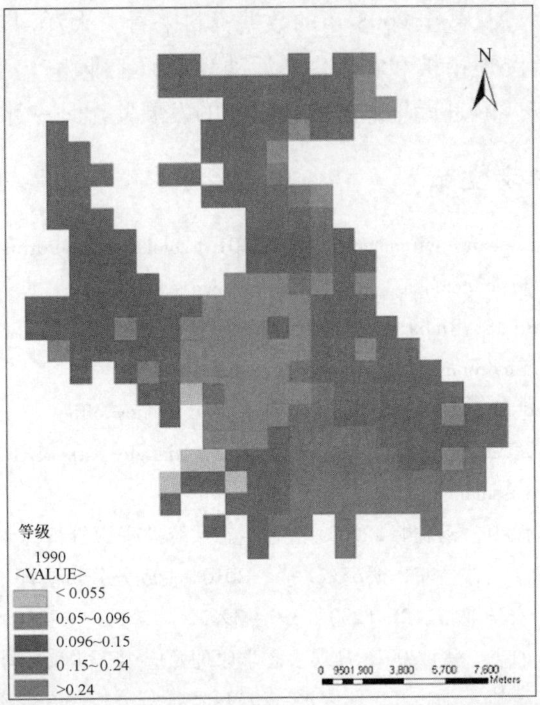

图 10－2 1990 年大洋河口生境质量等级分布图

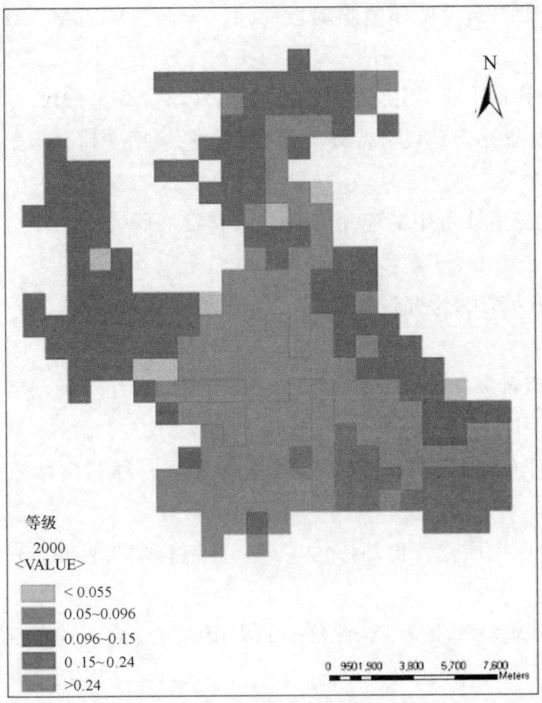

图 10－3 2000 年大洋河口湿地生境质量等级分布图

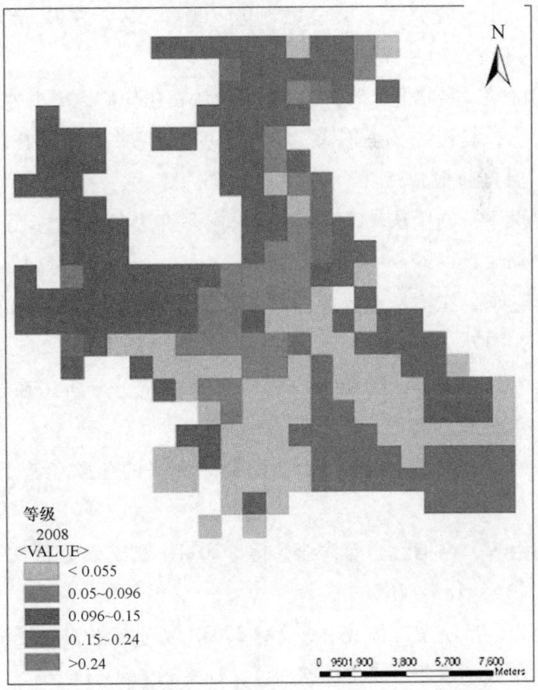

图 10－4 2008 年大洋河口湿地生态质量等级图

从截至2008年的数据资料来看，大洋河口目前的景观格局分布合理，主要还是以河口原始湿地植被和农业生产活动为主，工业生产活动相对较少，保持着较完整的河口湿地生态系统。但是近年来的围海养殖的发展使湿地—水田—水产养殖这三者之间的矛盾日益突出。

参考文献

European environment agency. 2001. Ecological monitoring and evaluation of Agri – environment schenes. http：//ecologic. ecologic – events. de/ecodown/capenlarge/.

Merle S, Richard F, Guy P. 1995. A review of the evolution of environment evaluation procedures in south Africa [J]. Environment policy making, 15：45 –46.

United States environmental protection agency office of research and development national health and environmental effects research laboratory research triangle park, NC 27711, Research strategy environmental monitoring and assessment program, EPA. 2002.

崔保山，杨志峰. 2002. 湿地生态系统健康评价指标体系Ⅰ. 理论 [J]. 生态学报，22 (7)：1005 –1011.

范立民，吴伟，胡庚东，等. 2010. 主成分分析法评价多级生物系统对集约化池塘修复效果研究 [J]. 中国农学通报，26 (23)：392 –396.

傅伯杰，等. 2001. 景观生态学原理及应用. 北京：科学出版社.

郭家祯，益心虹，邱俊永. 2009. 主成分分析法在太湖流域水环境可持续性评价中的应用 [J]. 安徽农业科学，37 (32)：15940 –15943.

郭玲霞，黄朝禧. 2011. 基于主成分分析法的武汉市生态用地变化驱动研究 [J]. 天津农业科学，17 (2)：37 –41.

韩申山，史兴民，裴晓敏，等. 2011. 基于主成分分析法的铜川市环境脆弱性 [J]. 中国农学通报，27 (1)：270 –274.

和世超，余本胜. 2008. 模糊评价法在焦作矿区矿井水水质评价中的应用 [J]. 科技信息，(22)：313 –314.

黄惠，马俊杰，王伯铎，等. 2005. 灰色关联度法在区域生态示范建设可持续发展分析中的应用 [J]. 水土保持通报，25 (2)：48 –52.

贾永飞，施国庆. 2009. 综合模糊评价法在水库移民环境容量评价中的应用 [J]. 水利发展研究，9 (5)：13 –16.

李春晖，崔嵬，庞爱萍，等. 2008. 流域生态健康评价理论与方法研究进展 [J]. 地理科学进展，27 (1)：9 –17.

李俊，卢文喜，曹明哲，等. 2009. 主成分分析法在长春市石头口门水库水环境质量评价中的应用 [J]. 节水灌溉，(1)：15 –17，21.

李仙玉，王琳. 2009. 基于模糊评价法的公路生态景观评价 [J]. 牡丹江师范学院学报（自然科学版），(3)：7 –8.

刘臣辉，吕信红，范海燕，等. 2011. 主成分分析法用于环境质量评价的探讨 [J]. 环境科学与管理，36 (3)：183 –186.

刘芳，吕晓莹，孟宪林，等. 2005. 改进灰色关联度法在环境空气质量综合评价中的应用研究 [J]. 齐齐哈尔大学学报（自然科学版），21 (3)：8 –11.

刘飞跃，万哨凯. 2010. 基于主成分分析法的吉安市土地利用的生态安全评价研究 [J]. 安徽农业科学，38 (11)：5788 –5790，5809.

庞发虎，张乃群，李玉英，等. 2008. 标准差权重模糊评价法对南水北调中线水源区水质的评价 [J]. 西北农林科技大学学报（自然科学版），36 (2)：229 –234.

邵金花，刘贤赵. 2006. 区域水资源承载力的主成分分析法及应用——以陕西省西安市为例 [J]. 安徽农业科学，34（19）：5017－5018，5021.
孙丰英，许光泉，唐文锋，等. 2009. 灰色关联度法在地下水脆弱性评价与分区中的应用［J］. 城市地质，4（3）：32－35.
索安宁，赵冬至，张丰收，等. 2008. 景观指标与滨海湿地生态系统健康评价［J］. 海洋环境科学，27.
汤国安，杨昕. 2006. ArcGIS 地理信息系统空间分析实验教程. 北京：科学出版社.
万本太. 2004. 中国生态环境质量评价研究. 北京：中国环境科学出版社. 1－24.
汪贞，李根保，王高鸿，等. 2011. 基于模糊评价法的洱海稳态阶段分析［J］. 水生态学杂志，32（3）：53－58.
王春丽，王维升，高鹏飞，等. 2011. 应用灰色关联度法分析刺槐胸径生长与立地因子的关系［J］. 吉林农业 C 版，（4）：79－79.
王薇. 2007. 黄河三角洲湿地生态系统健康综合评价研究［D］. 济南：山东农业大学，6.
王宪礼，肖笃宁，布仁仓，等. 1997. 辽河三角洲湿地的景观格局分析［J］. 生态学报，17（3）：317－323.
王晓亚，文俭平，蒋飞跃，等. 2009. 应用灰色关联度法评价北京潮河护坡植被质量［J］. 草地学报，17（5）：675－679.
王兆林，杨庆媛，湛果，等. 2007. 灰色关联度法在稻田土壤质量评价中的应用——以四川省犍为县为例［J］. 西南师范大学学报（自然科学版），32（1）：52－56.
邬建国. 2001. 景观生态学：格局、过程、尺度与等级. 北京：高等教育出版社.
吴涛. 2010. 基于遥感技术的河口三角洲湿地景观生态健康评价. 上海：上海师范大学.
肖笃宁，胡远满，李秀珍，等. 2001. 环渤海三角洲湿地的景观生态学研究. 北京：科学出版社.
肖笃宁，等. 2002. 论生态安全的基本概念和研究内容［J］. 应用生态学报，13（3）：354－358.
闫东锋，王向阳，杨喜田，等. 2011. 主成分分析法和稳定度指数法评价森林群落稳定性比较［J］. 河南农业大学学报，45（2）：166－171，182.
杨帆. 2007. 基于 RS 和 GIS 的辽东湾滨海湿地景观动态变化研究［D］. 大连：大连海事大学.
杨旭东，李伟，马学军，等. 2006. 模糊评价法在沧州市区地下水脆弱性评价中的应用［J］. 安全与环境工程，13（2）：9－12.
姚建. 1998. AHP 法在县域生态质量评价中的应用［J］. 重庆环境科学，20（2）：14－17.
翟琨. 2010. 模糊评价法在水库水质评价中的应用［J］. 湖北民族学院学报（自然科学版），28（1）：10－12.
张同娟，杨劲松，刘广明，等. 2010. 基于灰色关联度法河口地区土壤盐分影响因子分析［J］. 土壤通报，41（4）：793－796.
朱国宇，熊伟. 2011. 模糊评价法与综合指数法在生态影响后评价中的应用比较研究［J］. 东北农业大学学报，42（2）：54－59.
卓少玲，陈盛，张江山，等. 2011. 基于模糊评价法的湿地土壤环境质量综合评价［J］. 环境科学导刊，30（4）：64－67.

11 河口湿地生态系统健康评价

随着全球经济的发展和工业化的普及，出现了资源破坏、环境污染、生物多样性降低等生态问题，这些问题日益威胁到人类的生存和发展并迫使我们越来越重视可持续发展问题，越来越重视“生态”和“安全”问题。为了解决这些问题，更深入了解生态环境结构、功能和过程，因而逐步在全球范围内开展了生态评价研究。20 世纪 90 年代以来国内许多学者提出“生态安全”的概念和问题，虽然对“生态安全”的定义和理解各不相同，但逐渐为生态研究和评价引入了思路和方法。生态安全研究是当前生态学研究的前沿，是解决当前世界面临的生态问题的途径，是可持续发展的理论基础；生态安全评价是生态安全研究的分支，是人们深入地理解生态系统结构、功能和过程以解决全球生态问题的一种手段，为生态系统管理及其相关社会经济政策制定提供一定的依据。

目前对“河口生态系统”一词尚无明确的生态学上的定义。在传统生态学中，生态系统一般采用该生态系统中优势类群或者景观进行划分（如森林生态系统、草地生态系统、沙漠生态系统等），以及采用群落栖息地进行划分（如湖泊生态系统、潮间带生态系统、大洋生态系统等）。而河口作为一个海陆交汇的复杂生境交错带，河流、湿地、潮间带等各种生境类型都有分布，以及沿流域内的各种生境，更是增加了河口生态系统的复杂性。因此“河口生态系统”并非严格意义上的生态系统名称，而是多种生态系统的集合。不同的河口生态系统的实际情况可能大不相同，并且其自身具有一定的复杂性，这就决定了对河口生态系统进行研究需要具有很强的针对性。

河口处于流域和海洋的交汇处，河口生态系统环境因子变化剧烈，各种过程（物理、化学、生物和地质过程）耦合多变，生态环境错综复杂。来自流域、河口海岸带和海洋的自然压力和人类活动压力影响着河口生态系统的安全状况。河口海岸地带多是经济发达、人口集聚之地，世界 60% 的人口和 2/3 的大中城市集中在沿海地区，日益加剧的人类活动增加了河口海岸地区的压力，人类高强度经济活动赋予流域环境的压力最终向河口转移、会聚，通过物质和能量通量的变化对河口三角洲及其邻近海域的环境产生了深刻的影响。与此同时，来自海洋系统的自然和人类活动也强烈影响着河口生态安全状况，如海洋的潮汐、环流、赤潮以及人类在海洋上的开发活动等。

11.1 理论基础

11.1.1 生态系统健康的界定

生态系统健康，是一个新概念，属于新领域。它的定义目前在学术界尚未取得共识。生态系统健康是指一个生态系统所具有的稳定性和可持续性，即在时间上具有维持其组织机构、自我调节和对威胁的恢复能力，并认为生态系统健康可以通过活力、组织机构和恢复力3个特征来定义（Rapport，1992）。

Costanza（1998）认为生态系统健康是没有疾病、内部稳定、多样性和复杂性、有活力和增长空间、内部要素平衡、稳定性和恢复性的统一，测定生态系统健康应该包括系统恢复力、平衡能力、组织（多样性）和活力（新陈代谢）等。

国内学者（崔保山，2001）认为，生态系统健康是指系统内的物质循环和能量流动未受到损害，关键生态组分和有机组织被保存完整且缺乏疾病，对长期或突发的自然或人为扰动能保持着弹性和稳定性，整体功能表现出多样性、复杂性、活力和相应的生产率，其发展终极是生态整合性。

傅伯杰等（2001）认为生态系统健康应是生态系统的综合特征，它具有活力、稳定和自调节的能力。一个生态系统的生物群落在结构上、功能上与理论上所描述的相近，就健康，否则就不健康，不健康的生态系统往往是处于衰退、逐渐趋向于不可逆的崩溃过程。

11.1.2 生态系统健康的评价原则

生态系统健康评价不应该建立在单个物种的存在、缺失或某一状态为基础的标准上。不应该仅仅在对物种大量的调查或统计的基础上。同时，应该有实验室的工作配合。

生态系统健康评价应该能反映人们对生态系统可能发生的相应变化的认识。

虽然作为最佳的评价健康度量应该是简单的，可惜系统化、有可分辨的变化状态。然而生态系统健康并不是必须为一个单一的数值。

系统健康评价的标准应该与数量值上的变化相对应，即使给几十年，发生的数量改变也不应该出现间断。健康的度量应该具有统计学属性。

在考虑到最小数量的观察时，系统健康的度量应该与观察的次数不具有相关性。

11.1.3 生态系统健康敏感性

①生态系统中某些绿色植物防御性次生代谢物减少，处于患病、鼠害和虫害严重、光合作用受阻、生长速率下降的濒危境地。

②物种生态对策改变和多样性的下降。

③生态系统净初级生产量和生物量下降。

④植物根系互惠共生微生物的减少，对生物生长不利的微生物增多。

⑤外来种的入侵，造成系统波动及稳定性的变化。

⑥污染物排放：湖泊的富营养化，海洋的赤潮，大气和固体废弃物的负效应。

⑦生态系统中限制植物生长的营养物的流失量增加，因此系统无法利用和保护。

⑧植物体内产品转化率和分解率增加，枯枝落叶层的积累明显下降。

⑨系统中水和营养物质的瓶颈效应及土壤的物理化学条件的变劣、生态平衡失调，以非良性循环为主。

11.1.4 生态系统健康度量

由于生态系统是一个多变量的，那么生态系统健康标准也是多尺度的、动态的，它有结构（组织）、有功能（活力）、有适应（弹性）。再综合这3方面，组织、活力和弹性就是生态系统健康的具体反映，换句话说，健康就是由复杂系统所表现的3项测量标准。它作为生态系统健康度量的标准暗示了一个被加权的总结或一个对组分更加复杂的操作运算，加权中考虑每一组分对整个系统功能的相对重要性的评估，这个评估就是合成为价值。

生态系统健康指数（health index，HI）的初步形式：

$$HI = V \cdot O \cdot R \tag{11-1}$$

式中：HI为系统健康指数，也是可持续性的一个度量；V为系统活力，是系统活力、新陈代谢和初级生产力主要标准；O为系统组织指数，是系统组织的相对程度指数，包括多样性和相关性；R为系统弹性，是系统弹性的相对程度指数。从理论上，根据3个方面指标进行综合运算就可确定一个生态系统的健康状况，可是，在实际操作中常常是很复杂的（傅伯杰，2001）。

11.2 河口湿地生态系统健康评价指标体系

生态系统评价指标是指用来推断或解释该生态系统其他属性的相应变量或组分，并提供生态系统或其组分的综合特性或概况说明（Tomas，1996；Landres，1992；崔保山，2002）。

针对不同的空间尺度，湿地生态健康指标的选取有着不同的侧重。从生态系统、景观到流域湿地，空间尺度不同，衡量指标和研究形式也就有差异。湿地生态系统研究侧重比较均一的湿地地区，湿地景观侧重中尺度内的空间格局的变化，湿地流域健康状况研究则是从生态、社会、经济多方面考虑湿地问题。

典型的单一指标可以用来推断生态系统的几个属性，特别是具有早期预警和诊断性功能的指标最有价值（Kelly，1989）。而对于任何一个基于生态系统的有效管理和评价计划，生态系统指标数尽可能减少到一个易控制和操作的水平上是最重要的（崔保山，2002）。

整合已有的三角洲湿地评价指标，得到三角洲湿地健康评价指标体系（表11－1）。该体系包含湿地生态特征指标和湿地功能指标两个1级指标，包括自然环境、社会环境、生物、生态功能、经济功能、社会功能共6个2级指标和气象、水文等15个三级指标，一共80多指标参数。针对不同的评价项目，不同的区域尺度和评价目的，可以适当地选取评价参数，建立合适的评价指标体系。

美国湿地健康评价计划（WHEP）针对物种丰富度、生物多样性、指示种类别、营养类型、生物移动性等指标参数，对国内湿地进行了较为全面的健康评价；澳大利亚河流湿地健康评价选用水文学、物理构造特征、滨河区域、水质状况及水生生物5方面共计22项指标对流域健康进行了较为详细的评价；在中国七星河流域湿地健康评价中，构建了湿地生态特征指标体系、功能整合性指标体系和社会政治环境指标体系共28个评价指标参数；黄河三角洲湿地生态系统进行综合评价时，选取了代表湿地功能整合性、湿地生态特征和湿地社会环境的27个指标参数构建指标体系；辽河三角洲湿地区域生态风险评价选取了生态指数、生物多样性指数、干扰强度和自然度、物种重要性指数等景观生态学指标。

表 11－1 三角洲湿地健康评价指标体系

一级指标	二级	三级	主要参数
湿地生态特征指标	自然环境	景观指标	湿地面积变化（斑块面积 CA），密度变化（斑块密度 PD），均匀度变化（斑块分维数 PAFRAC），多样性变化（最大斑块指数 LPI、斑块占景观总面积的比例 PLAND、景观多样性指数 SHDI）等
		气象	气温、湿度、风向、风速、年降水量、蒸发量、大气中 CO_2 浓度、有毒气体浓度及动态、日照和辐射强度等
		水文	水域面积、年径流量、泥沙积量
		水环境	水质（包括 COD5、BOD5 石油类、氨氮、盐度、浊度）
		土壤	底泥的粒径分布、有机质含量、重金属含量
	社会环境	人类活动	周边人口素质，人类活动强度，健康状况物质生活指数，农药利用率，污水处理率，湿地保护意识，政策法规贯彻力度，管理水平
	生物	植物	生物量、生长量、优势种、指标植物、群落结构、群落面积、覆盖度、外来物种数目、珍稀植物数目，水生植物的覆盖率、海藻泛滥周期，原始植物的盖度、多度或密度，平均高度、地上部分生物量（湿重）、植物多样性指数、珍稀濒危物种数和数量
		动物	种类组成；鸟类、鱼类、两栖爬行类、兽类、底栖动物等的生物种数和数量；优势种类；指示种类；动物多样性指数；珍稀、濒危物种数和数量
		微生物	微生物种群分布、数量和季节变化，细菌总数、土壤酶类与活性、呼吸强度、固氨菌及固氨量
湿地功能指标	生态功能	调解功能	洪水调节、水文调节、侵蚀控制、光能利用率、保护面积、保护带长度、水文保持量、CO_2 固定量
		净化功能	持留 N、P、K 量
		栖息地功能	物种丰富度，鸟类种数；鸟类数量（包括候鸟等）
	经济功能	食品生产能力	捕鱼、虾量、贝类收获量
		原材料生产能力	盐沼植被（芦苇、糙叶苔草、米草）产量
	社会功能	休闲娱乐和科研价值	珍稀、濒危物种和数量（国家保护动物种数）；吸引游客人次、吸引科技教育人员数，吸引科技项目数

资料来源：崔保山，2001，2002；俞小明，2006；蒋卫国，2005；付在毅，2001；Karr，1981。

11.3 河口湿地生态系统健康评价方法

目前，国内外学者对生态安全评价方法进行的研究还不够深入，尤其是对流域—河口生态安全评价方法进行的研究更是处于初级阶段，而针对在流域—河口及海洋生态安全评价中所采用的方法及其分类，目前尚处于摸索阶段，一些评价方法的分类及命名体系尚不完善。目前，国内外的流域—河口及海洋生态安全评价方法主要可分为两大类，或者说是两个体系。

一类是基于评价对象的不同而产生和发展起来的评价方法体系，即把流域—河口生态安全评价方法分为生物监测法和指标体系法，并按研究对象的不同再对指标体系法进行简单分类，如国外学者 Roux DJ 等和 Munkittrick KR 等依据生态毒理学建立的评价指标体系（Roux，1993；Munkittrick，1995），Schaeffer DJ 等和 Rapport DJ 等（Schaeffer，1988；Rapport，1984）依据生态系统医学或者流行病学方法建立的评价指标体系。国内学者如李春晖等（2008）在“流域生态健康评价理论与方法研究进展”中综述了流域生态安全评价的方法，认为评价方法主要包括生物监测法和指标体系法，在指标体系法中列举并简单介绍了美国的快速生物评价草案（RBP），瑞典的岸边与河道环境细则（RCE）和澳大利亚的河流状况指数（ISC），祁帆等（2007）在“海洋生态系统健康评价研究进展”中也综述了海洋生态系统健康评价方法，其对海洋生态系统健康评价方法的分类基本与李春晖等相同。

另一类是基于评价中所采用技术方法和模型的不同而进行归类的评价方法体系。刘红（2005）等在“我国生态安全评价方法研究综述”中基于评价模型（或技术方法）的不同把我国生态安全评价方法归结为数学模型法、生态模型法、景观生态模型法、数字地面模型法等 4 种方法。而李会民等（2007）在“海洋生态系统健康评价研究”中对健康评价方法的综述主要是一些指标权重的赋值方法。

本文认为：流域—河口（或者海洋）生态安全评价方法的分类以评价技术或模型为基础的分类方法较为合理。随着科学技术的迅速发展和生态安全研究的进一步深入，生态安全评价必然需要相关学科和技术的支撑，以此为基础对生态安全评价方法进行分类有利于促进现代科学技术和方法在生态研究中的运用，从而有利于生态安全评价的深入和发展。而以评价对象的不同对生态安全评价方法进行分类不利于生态安全评价方法的发展。因为生态安全概念本身就具有十分广泛的内涵，是一种社会—经济—自然复合生态系统的安全，其评价对象不能仅仅局限于生态系统的某一方面的特征。即考虑了人类活动影响的指标体系，考虑把生态系统看做一种社会—经济—自然复合生态系统，就是采用经济学指标与生态指标相结合建立指标，这类指标体系虽然较生态毒理学指标更加宏观全面，但这种分类体系依然限制生态学者的思维方法，评价对象的分类和选择固然重要，但是生态学者应更加注重评价技术手段的发展。

表 11－2　湿地健康状况评价方法

评价模型	评价项目	主要评价指标参数
生物完整性指数法	鱼类群落完整性指数（FIBI） 附着生物完整性指数（PIBI） 无脊椎动物群落指数（ICI） 其他	物种丰富度；生物多样性；指示种类别；营养类型；生物移动性；污染耐受性；其他
河流湿地的溪流状况指数	河流水文学形态特征 河流物理状态 河岸带状况 水质 水生生物	经修订的年度比例流量；集水区的渗透率；河流宽度/纵向连续性/结构完整性；外来植被覆盖度；本地物种；岸坡稳定性；河床的稳定性；植被宽度；结构完整性；浊度/总磷；电导率/pH；大型无脊椎动物的多样性；其他
模糊综合评价方法	湿地生态特征评价 湿地功能整合评价 湿地社会环境评价	生物量或第一生产力；水质；物种多样性；洪水的调控；食品/原材料生产；人类活动强度；人口素质；湿地保护意识及管理水平；其他

续表

评价模型	评价项目	主要评价指标参数
压力-状态-响应模型(PSR)	压力 健康状态 响应	人类活动；人口；工农业；环境变化；生物、土地/水；面积减少；功能退化；制度和政策；管理；其他
景观格局分析法	空间分布特征指数 景观异质性指数	景观多样性指数；优势度指数；均匀度指数；斑块分维数；景观破碎化指数；廊道密度指数；斑块密度指数；景观斑块破碎化指数；景观斑块形状破碎化指数；其他

11.3.1 生物完整性指数法

生物完整性指数是指“支持和维护一个与地区性自然生境相对等的生物集合群的物种组成、多样性和功能等的稳定能力，是生物适应外界环境的长期进化结果”。（Jeffrey，1985）。IBI就是用多个生物参数综合反映水体的生物学状况，从而评价河流乃至整个流域的健康。水生生态系统常常用不同的生物群落评价其生物完整性，主要有底栖动物完整性指数（benthic-index of bio-logical integrative，B-IBI）、鱼类群落生物综合指数（Fish Index of Biotic Integrity）（IBI）、附着生物完整性指数（Periphyton Index of Biotic Integrity）（PIBI）、EPT物种丰富度指数（EPT Richness）和无脊椎动物群落指数（Invertebrate Community Index）（ICI）等。随着IBI方法的完善，一些生境评价指标也得到了发展，如物理完整性可以用定性生境评价指数（Qualitative Habitat Evaluation Index）（QHEI）和物理生境指数（Physical Habitat Index）（PHI）进行评价；化学综合水质指数（Water Quality Index）（WQI）进行评价。

11.3.2 河流湿地的溪流状况指数法

河流湿地的溪流状况指数方法基于水文学、河流物理构造特征、流域区域情况、水质状况及水生生物5方面共计22项指标，主要针对河流湿地进行综合的健康状态评价，并评价长期河流管理和恢复中管理干扰的有效性，在对维多利亚流域中80多条河流的实证研究表明，ISC的结果有助于确定河流恢复的目标，评价河流恢复的有效性，从而引导可持续发展的河流管理（吉力力·阿不都外力，2008）。

11.3.3 模糊综合评价方法

模糊综合评价方法的基本思想是应用模糊关系合成的原理，根据多个因素对评价对象本身存在的性态或隶属上的亦此亦彼性，从数量上对其所属成分都给以刻画和描述。该方法通过对湿地特征指标进行选取，然后对各项指标进行健康等级划分，再通过专家咨询等方法对各项指标进行权重划分，最后通过实地调查和数据统计得到各个指标的相应健康度，得出结果。

在国内三江平原流域河口湿地评价过程中，该评价方法划分3个指标评价体系：生态特征指标、功能整合性指标、社会政治环境指标，共28个指标参数对湿地生态系统健康进行评价。生态特征是系统健康的基本体现，社会政治环境中政策法规对湿地的重视程度及公众对湿地的理解程度同样制约着湿地的健康，因而二者同等重要，功能整合性指标是上述二者协调发展的整体功能体现，因而在三者比较中处于较次地位（陈应天，1979）。

11.3.4 压力—状态—响应模型

关于PSR模型即“压力—状态—响应”（Pressure – State – Response）模型的产生有两种观点，一种观点认为该模型最初是由加拿大统计学家David Rapport和Tony Friend提出，后来由欧洲经济合作与发展组织（Organization for Economic Cooperation and Development，OECD）所采用；另一种观点认为PSR模型最早是由OECD为了评价世界环境状况提出并建立的。无论如何，OECD于20世纪70年代对PSR模型进行了修改并用于环境报告，OECD在进行环境指标研究时对模型进行了适用性和有效性评价，20世纪八九十年代，OECD和联合国环境规划署（UNEP）共同将其发展成一种框架体系并用于研究环境问题（表11－3）。

DPSIR模型是由OECD在1993年提出，并为欧洲环境局所采用。在DPSIR概念模型中，D是指造成环境变化的潜在原因，P是指人类活动对其紧邻的环境以及自然环境的影响，是环境的直接压力因子，S是指环境在上述压力下所处的状况，I是指系统所处的状态反过来对人类健康和社会经济结构的影响，R指人类在促进可持续发展进程中所采取的对策。DPSRC模型相对于PSR模型增加了D驱动力和C控制指标，并对各指标的含义做了修改，D代表驱动生态系统发生变化的动力，包括自然驱动力和人类活动驱动力；P代表导致生态系统结构和功能变化的生态压力，是由于D产生的直接结果；S代表由于压力而造成的河口生态环境的变化，即生态系统非生物成分的变化；R代表生态系统对环境改变而产生的响应，即对S改变的响应，主要指生物响应，即生态系统生物结构的变化；这里的C相当于原PSR模型中的R，代表人类的控制措施，即人类所做出的调控措施，包括法律法规的制定、公众的参与、科学研究的开展等。

表11－3 PSR模型评价指标

分类	一级指标	二级指标
驱动力	自然灾害 气候变化	台风、风暴潮、全球变暖、海平面上升
	人口 工业 农业	人口密度、城市人口数量、农村人口数量、工业类型、工业产值、污水处理率、农地类型、农药化肥使用
压力	淡水 泥沙 营养盐 污染物	丰水期径流量、枯水期径流量、泥沙含量、流域点源和面源入海营养盐总量、重金属、油类、农药
状态	水文 水质 沉积物	水温、盐度、透明度、pH值、DO、COD、三氮、活性磷酸盐、油类Oil、重金属、PAH/PCB等难降解污染物、农药

续表

分类	一级指标	二级指标
响应	浮游植物 浮游动物 底栖植物 底栖动物 鱼类	生物量 物种数 优势度 多样性指数
控制	法律法规 科学研究 公众参与	工业结构调整、农业结构调整、人口政策、科研开展状况、环境保护政策、宣传教育等

11.3.5 景观格局指数法

景观，是由一组以相似方式重复出现的，相互作用的生态系统所组成的异质性陆地区域（左伟，2004）。湿地景观生态学主要研究景观尺度上的湿地类别的格局特征、功能的改变、湿地中的物质流和能量流以及各种湿地类别的动态变化等。遥感和 GIS 技术的发展和使用，使湿地功能的调查、湿地景观变化及其对环境的影响研究、湿地变化趋势的模拟预测研究等逐渐由定性描述转向定量分析。近年来，随着高光谱和高分辨率传感器的广泛使用，使斑块能够体现更加丰富的信息，提高了景观生态学在湿地生态健康研究中定量分析的精度和准确度，使之成为区域和流域等中大尺度生态区健康调查和监测的必要手段之一。

用景观格局指数进行景观格局研究是目前景观生态学界广泛使用的一种定量研究方法。通过景观指数描述景观格局具有使数据获得一定统计性质和能够比较分析不同尺度上的格局的优点（Norton，1992）。国内外众多学者在对景观的定量分析研究过程中提出了许多景观格局指标。通常从分析的角度可将这些指数分为斑块水平指数（patch - level index）、斑块类型水平指数（class - level index）以及景观水平指数（landscape - level index）3 种类型。常用的景观格局指数有：景观格局空间分布特征指数（景观多样性指数、优势度指数、均匀度指数及斑块分维数）和景观异质性指数（聚集度以及破碎化指数：景观破碎化指数、廊道密度指数、斑块密度指数、景观斑块破碎化指数、景观斑块形状破碎化指数）等 10 余种指标来研究湿地景观格局的变化。

11.4 案例分析——大洋河河口湿地生态系统健康评价

分析河口特征及流域输入的影响特点，在 PSR 框架研究分析的基础上，根据流域—河口机理过程的研究，选择河口三角洲湿地的代表性指标，构建涵盖多层次、多尺度的生态安全评估指标体系，河口三角洲湿地指标体系构建如下：

在 PSR 模型中，将指标分为压力指标、状态指标和响应指标。其中，压力指标有人口和人类活动两个二级指标，人口包括人口密度和人口自然增长率等 3 个三级指标，人类活动包括道路建设、居民地建设用地、人工湿地、种植业用地、养殖业用地等 6 个三级指标；状态指标包括：生物特征指标、环境特征指标和景观格局指标，其中生物特征指标有植被初级生产力和生物量两个三级指标，环境特征指标包括湿地面积、植被面积、水域面积、河网密度、河道长度、未利用土地等6个三级指标，景观格局指标包括多样性；破碎度等三级指标；响应指标包括当地的土地利用政策和环境保护政策（表11-4）。

表11-4　PSR评价模型及指标体系

模型	指标体系				
	1级	2级	3级	空间尺度	数据类型
PSR评价模型	压力指标	人口	人口密度	村、镇	统计数据
			人口增长速率	村、镇	统计数据
			其他		
		人类活动	道路建设		面要素
			居民地建设用地		面要素
			人工湿地		面要素
			种植业用地		面要素
			养殖业用地		面要素
			其他		
	状态指标	生物特征指标	芦苇湿地初级生产力	影像分辨率	定量
			芦苇湿地生物量	影像分辨率	定量
			浮游植物种量变化		定量
		环境特征指标	湿地面积		面要素
			植被面积		面要素
			水域面积		面要素
			河网密度		面要素
			河道长度		线/面要素
			未利用土地		面要素
		景观格局指标	景观多样性		指数
			景观破碎度		指数
			其他		
	响应指标	土地利用政策			
		环境保护政策			

11.4.1　指标权重与赋值

层次分析法（Analytical Hieraehy Process，AHP）是美国运筹学家匹兹堡大学教授A. L. Saaty于20世纪70年代提出的多指标综合评价的一种定量系统分析方法，是一种定性与定量相结合的决策方法，它是一种将决策者对复杂系统的决策思维过程模型化、数量化的过程。它在本质上是一种决策思维方式，AHP把复杂问题分解为各个组成因素，将这些按支配关系分组成有序的递阶层次结构，通过两两比较的方式确定层次中诸因素的相对重要性，然后综合人的判断以决定诸因素的相对重要性的总的顺序。此法理论严谨，便于操作，它是在定性方法基础上发展起来的确定因素重要性的一种科学方法。AHP 不仅能进行定量分析也能进行定性分析，它把决策过程中的定量和定性有机结合起来，用一种统一的方法进行处理。它也是一种系统分析方法，它把一个问题看成是一个系统，在研究系统各组成部分相关关系以及系统所处环境基础上进行决策，对复杂问题而言这是一种有效的决策方式。

采用 AHP 法需要用超矩阵方法解决系统的排序问题，具体步骤如下。

①确定目标和评价指标集 u；

②造判断矩阵；

③A 表示目标，u_i 表示评价因素，u_i 任一 u（$i=1, 2, 3, \cdots, n$）。u_{ij}表示 u_i 对 u_j 的相对重要性数值（$j=1, 2, 3, \cdots, n$），u_{ij}的取值依据表 11－5。

表 11－5　U_{ij}的取值关系

标度	含义
1	表示因素 u_i 与 u_j 比较，具有同等重要性
3	表示因素 u_i 与 u_j 比较，u_i 比 u_j 稍微重要
5	表示因素 u_i 与 u_j 比较，u_i 比 u_j 明显重要
7	表示因素 u_i 与 u_j 比较，u_i 比 u_j 强烈重要
9	表示因素 u_i 与 u_j 比较，u_i 比 u_j 极端重要
2，4，6，8	2，4，6，8 分别表示相邻判断 1－3，3－5，5－7，7－9 的中值
倒数	表示因素 u_i 与 u_j 比较得判断 U_{ij}，则 u_i 与 u_j 比较得判断 $U_{ij}=1/u$

④计算重要性排序。根据 $A-U$ 矩阵，求出最大特征根所对应的特征向量。所求特征向量即为各评价要素重要性排序，也就是权数分配。

⑤检验。用公式 CR＝CI/RI 来检验，其中 CR 称为判断矩阵的随机一致性比率，当 CR＜0.10 即可认为判断矩阵具有满意的一致性，说明权数分配是合理的；CI 称为判断矩阵的一般一致性指标，它由下式给出：

$$\mathrm{CI} = (\lambda_{\max} - n)/(n - 1) \tag{11-2}$$

式中，RI 称为判断矩阵的平均随机一致性指标，对于 1～9 阶矩阵，RI 值列于表 11－6。

表 11－6　判断矩阵的平均随机一致性指标

n	1	2	3	4	5	6	7	8	9	10
RI	0.00	0.0	0.58	0.90	1.12	1.24	1.32	1.41	1.45	1.49

以上是层次分析法给出权重基本的理论及程序，而目前可以利用层次法软件来给指标权重赋值，这使得以前烦琐的工作变得快捷而有效。本文利用的是互联网上下载的层次分析法软件 YaahpVersion 0.5.1。该软件操作，具体过程如下。

①构建层次结构模型，将所选取的指标因子按照备选方案、中间层、决策目标 3 个层次建立拓扑关系，如图 11－1 所示。

②层次结构模型建立后利用判断矩阵将专家打分法给出的结果进行赋值，软件自动进行一致性判断，如图 11－2 所示。

③将所有的指标权重确定后，系统将计算出来的各个指标权重值列出，如表 11－7 所示。

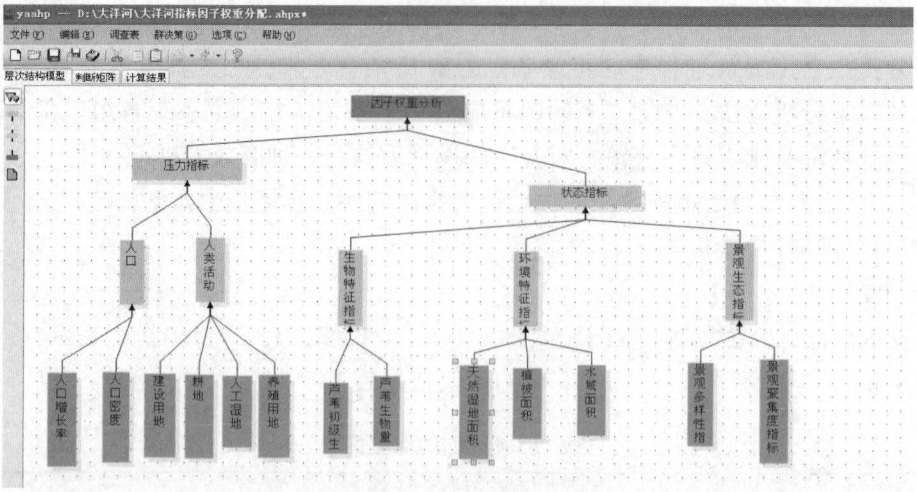

图 11－1 建立层次结构模型

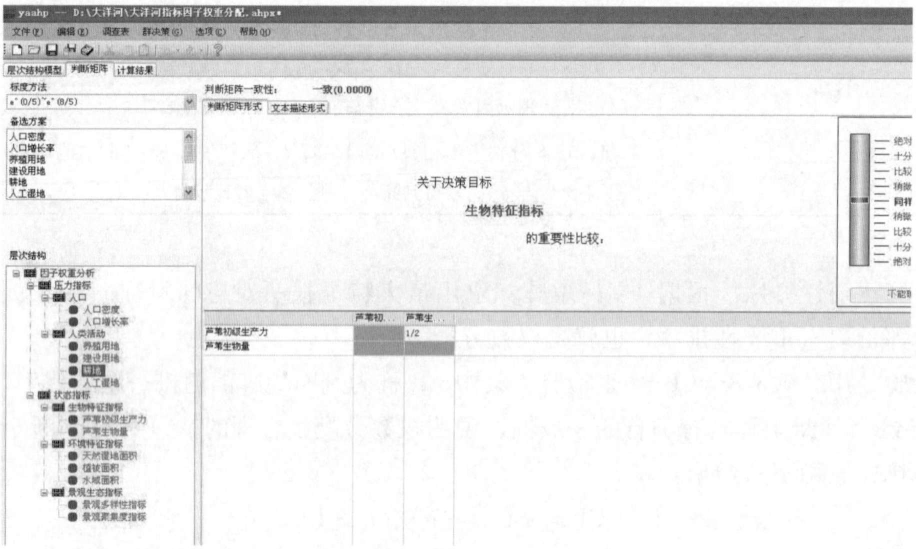

图 11－2 判断矩阵及赋值

表 11－7 各个评价指标的权重

评价指标	权重
人口密度	0.064 6
人口增长率	0.043 3
养殖用地	0.035 4
建设用地	0.029 0
耕地	0.041 1
人工湿地	0.055 5
芦苇初级生产力	0.090 4
芦苇生物量	0.110 4
天然湿地面积	0.154 5

续表

评价指标	权重
植被面积	0.126 5
水域面积	0.084 8
景观多样性指标	0.074 0
景观聚集度指标	0.090 4

11.4.2 河口湿地健康评价

大洋河河口湿地地理信息基础矢量数据经过外业验证，修正后转化为标准栅格数据，利用地理信息系统软件的空间分析模块将所获取的景观信息数据导入，计算研究区域内的斑块面积（CA）、斑块个数（NP）、最大斑块指数（LPI）和斑块占景观总面积的比例（PLAND）等景观格局指数，计算结果如表 11-8 所示。

表 11-8 大洋河河口湿地景观结构特征

景观类型编码	斑块面积（hm^2）		占总面积的百分比（%）		斑块数量		最大斑块指数	
	1984	2008	1984	2008	1984	2008	1984	2008
31111	9 636.6	9 642.7	41	38	151	115	8.572	4.625 7
2111	1 863.2	1 526	8	6	415	96	7.225 4	4.352 4
31243	173.8	298.2	0.7	1	467	215	0.123 6	0.152 1
31231	130.5	199	0.5	0.7	1 632	582	0.028 3	0.170 4
31212	396.3	627.8	1.7	2.4	240	143	0.114 3	0.152 1
1131	5 005.4	3 189.6	21	12	232	43	10.711 7	3.706
31112	1 110.4	1 359.1	4.7	5.3	270	145	0.779 3	0.666 4
1314	120.7	72.3	0.5	0.3	299	15	0.048 3	0.078 8
2211	61.5	54.6	0.3	0.2	60	10	0.107	0.055 1
2113/2114	129.6	83	0.5	0.3	207	79	0.028 4	0.027 8
31121	60	208.6	0.25	0.8	171	53	0.040 4	0.117 2
31311	2 441.2	5 333.5	10	21	53	15	3.553 2	8.557 7
2222	1 642.2	2 497.1	7	9.8	24	9	2.265 8	5.653 9
31223	2.4	0	0.01	0	1	0	0.010 6	0
1323	21.8	23.4	0.094	0.09	5	3	0.066 1	0.052
31221	0.3	3.2	0.001	0.01	1	2	0.001 6	0.006 9
33121	2.8	7	0.01	0.02	4	2	0.007	0.020 1
3221	448.9	252.8	1.9	1	8	3	1.291 6	0.583 2
3241	0	7.3	0	0.02	0	1	0	0.028 8

1）河口湿地景观破碎化加剧

大洋河河口地区湿地景观由天然湿地向人工湿地转化，天然湿地面积下降，湿地核心区域面积缩减，最大斑块面积指数下降，破碎化程度加剧；人工湿地和非湿地的景观类型面积扩大，且最大斑块面积指数呈增长趋势。

大洋河河口地区构成区域天然湿地景观的主体景观类型是芦苇湿地和河流湿地，其变化趋势反映了大洋河河口地区天然湿地的变化趋势。其中，芦苇湿地，从1984年到2008年数据显示：分布面积（CA）从5 005.4 hm^2下降到3 189 hm^2，占总面积百分比（PLAND）从21%降到12%，斑块数（NP）从232下降到43，最大斑块面积指数（LPI）从10.7下降到3.7。河流湿地分布面积（CA）从1 863.2 hm^2下降到1 526 hm^2，占总面积百分比（PLAND）从8%降到6%，斑块数（NP）从415下降到96，最大斑块面积指数（LPI）从7.2下降到4.3。天然湿地分布面积锐减，斑块体逐渐破碎、萎缩，最大斑块面积指数下降是近25年来的主要变化趋势。而作为典型的人工湿地代表之一的围海养殖，其分布面积（CA）从2 441.2 hm^2上升到5 333.5 hm^2，占总面积百分比（PLAND）从10%升到21%，斑块数（NP）从53下降到15，最大斑块面积指数（LPI）从3.55下降到8.55。水渠的分布面积（CA）从173.8 hm^2上升到298.2 hm^2，占总面积百分比（PLAND）从0.7%升到1%，斑块数（NP）从467上升到215，最大斑块面积指数（LPI）从0.12上升到0.15（图11－3）。

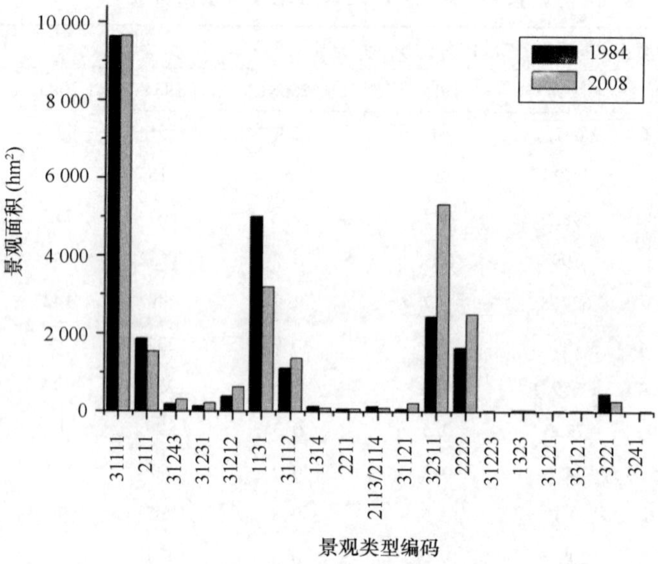

图11－3 景观类型变化

2）生境多样性减少，湿地种群的绝灭率增加

根据景观生态学原理，大面积自然植被斑块可以保护水体和溪流网络，维持大多数内部种的存活，为大多数脊椎动物提供核心生境和避难所，并允许自然干扰体系正常进行，斑块越大，其生境多样性也越大，因此大斑块可能比小斑块含有更多的物种，物种的灭绝率较小。而大洋河口湿地的景观格局动态变化反映河口地区由于湿地核心区斑块破碎化程度加重，大斑块面积的缩减导致该地区生境多样性下降，自然生态系统中物种的绝灭率升高；人工湿地和非湿地的景观类型面积扩大，将导致该地区自然生态系统向农业生态系统的转变。而湿地斑块数目的下降将导致该地区典型湿地物种的减小，生境多样性的减少，进而导致物种数量的减少，生境斑块的消失，减少复合种群，从而增加局部斑块内物种的绝灭概率，减缓再定

居过程，导致复合种群的稳定性降低。

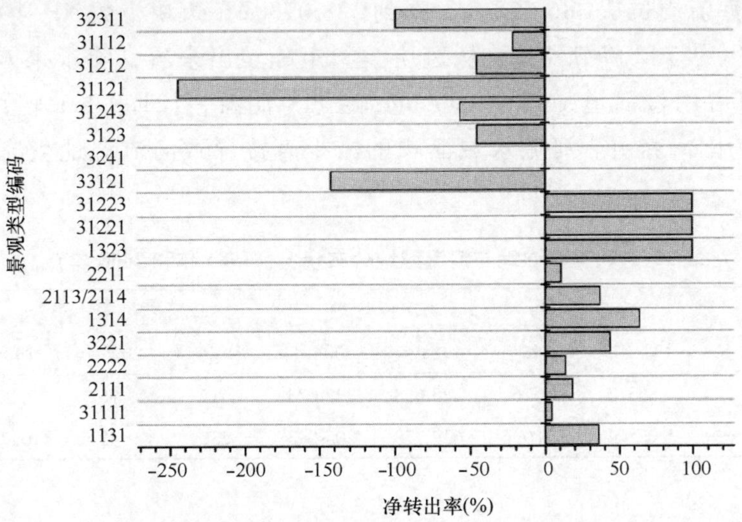

图 11－4 景观类型净转移百分比

注：＋表示净转出率；－表示净转入率

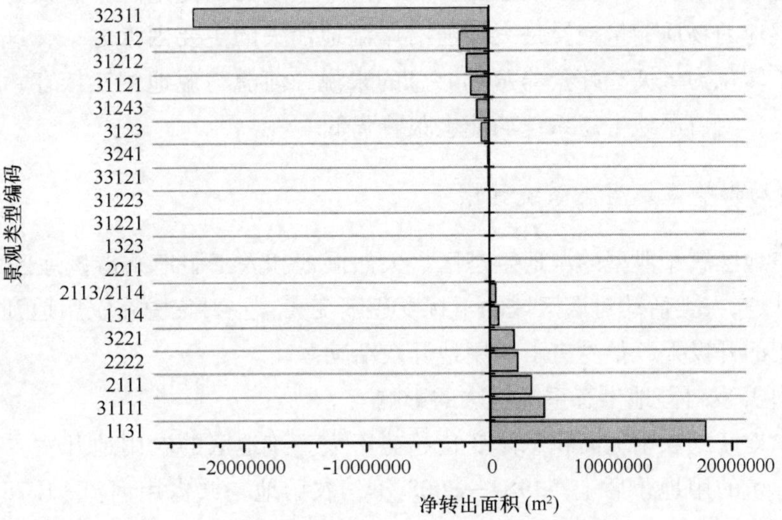

图 11－5 景观类型净转出面积（单位：m^2）

注：＋表示净转出面积；－表示净转入面积

3）河流湿地生态廊道作用的减退

宽而又有浓密植被的河流廊道能够更好地减少来自周围环境的各种溶解物污染，保证水质安全，河流主干道两旁的植被带能够控制景观基底的溶解物质，为两岸内部提供足够的生境和通道等，同时河流能够为两岸高地的植被提供内部种生境，减缓洪水影响，为水生食物链提供有机质，不间断的河岸植被廊道能够维持诸如水温低、含氧高的水生条件，为鱼类和湿地平原稀有种提供生境等（Holland，1996）。

1984 年大洋河河口地区河流水域面积为 1 863.23 hm^2，到 2008 年下降到 1 526.07 hm^2；河流周长从 386 658 m，降到 228 073 m，斑块个数 NP 从 415 降低到 96；最大斑块指数 LPI 从 7.2 降到 4.3。从斑块类型矩阵转出来看，除了果园和盐田外，其他景观类型都曾占用过河道，其中 290 hm^2 转化为泥滩，121.9 hm^2 转化为芦苇湿地，187.5 hm^2 转化为围海养殖。河流水域面积的减少直接导致河流湿地生态廊道作用的减退（表 11 -9）。

表 11 -9　芦苇湿地与河流湿地分布状况（1984 年和 2008 年）

景观类型	面积（hm^2）		周长（m）		斑块数量		最大斑块指数	
	1984 年	2008 年	1984 年	2008 年	1984 年	2008 年	1984 年	2008 年
河流湿地	1 863.2	1 526	386 658	228 073	415	96	7.225 4	4.352 4
芦苇湿地	5 005.4	3 189.6	639 778	205 093	232	43	10.711 7	3.706

4）湿地生态系统服务功能降低

从 1984—2008 年，大洋河河口湿地河网密度、周长和面积都呈下降趋势。这导致了河流对污染物的降解能力下降，维持生境通道和提供内部生境的功能下降，而人为的修筑河堤切断河流与沿岸湿地的物质能量交换是大洋河沿岸湿地消失的主要因素之一，这使不少河流沿岸的湿地被人工转化为坑塘和虾蟹养殖场。总的来说，河流与湿地相互依存，随着河道生态廊道作用的消失，河口湿地生态系统功能也跟着降低。

5）人类活动影响湿地生态系统健康

大洋河河口地区属于典型的湿地生态区。天然湿地和人工湿地共占该地区面积的 90% 以上。自 1984 年以来人类活动对该区域的干扰度逐渐变大，主要集中在农用地开发、建设用地开发和海域使用的开发上，很少有工业用地开发活动。

（1）农用地开发对湿地生态系统健康的影响

大洋河河口地区的农用地面积总体变化趋势不大。该地区的农用地开发主要集中在耕地与湿地和围海养殖的用地矛盾上。1984—2008 年，农用地一共占用河流 91.78 hm^2，河漫滩 17.3 hm^2，芦苇湿地 538 hm^2，占芦苇湿地总转出面积的 26.8%，仅低于围海养殖的 44%，居第二位。农用地对湿地的蚕食与围海养殖不同，主要蚕食的是远离湿地中心地区的、河口区支流水系的、面积分布较小的芦苇湿地。耕地对湿地的蚕食从景观生态学的角度上看是明显削弱了芦苇湿地的生态廊道作用，使芦苇湿地的斑块个数 NP 和最大斑块指数 LPI 值都明显降低。

（2）建设用地开发对湿地生态系统健康的影响

建设用地分为农村居民点用地和交通道路用地，从占用湿地的面积上来看，两者对芦苇湿地的影响很小，从 1984—2008 年的用地类型转移矩阵分析来看，从芦苇湿地转出到居民用地和交通用地的土地面积分别是 60.29 hm^2 和 21.15 hm^2，只占湿地总转出面积的 3% 和 1%。但是建设用地，特别是交通用地对核心区芦苇湿地的分割，却加大了芦苇湿地的破碎化指数和分离度，使芦苇湿地内部生境面积减少，而边缘生境面积增加。这对许多生境破碎化敏感种来说影响很大。一般而言，当生境斑块面积增加时，核心区面积比边缘面积增加得要快；同样，当生境斑块面积减小时，核心区面积则比边缘面积减小得要快。相关研究结果显示，道路对芦苇湿地核心区的切割影响到内部种（interior species）的生存和繁衍，特别是对鸟类的影响严重。

（3）海域使用开发对湿地生态系统健康的影响

从景观分类体系表中可以得出，海域使用主要包括港口用海、工业用海、渔业用海和旅游娱乐用海4个三级分类。在本研究区域内的海域使用主要体现在盐业用海和围海养殖用海。2008年围海养殖用海用地共5 333.5 hm^2，占整个研究区域面积的21%。盐业用海共252.78 hm^2，占整个区域总面积的1%。从斑块类型的转移矩阵来看，从1984—2008年共有881.51 hm^2的芦苇湿地被人工转变成围海养殖用地，占芦苇湿地整个转出率的44%，更为严重的是，作为芦苇湿地的后备资源的泥滩资源，在1984—2008年只有4.13 hm^2转化为芦苇湿地，而近321.29 hm^2被围海养殖占用。其中1984—1990年的6年间，围海养殖占用了781.12 hm^2的芦苇湿地，到了1990—2000年的10年间围海养殖占用芦苇湿地共314.12 hm^2，而从2000—2008年的8年间，只占用芦苇湿地137.8 hm^2。以上数据说明20世纪80年代到90年代是该地区围海养殖发展最为迅猛的时期，也是大洋河芦苇湿地面临最大冲击的一段时期，从20世纪90年代到21世纪初，大洋河的水产养殖规模继续扩大，由于湿地保护条例的出台，芦苇湿地面积的年平均侵占量在降低，每年为31 hm^2/年，但是作为湿地的后备资源的沿海滩涂却遭到大量的破坏，在这10年中共有423.42 hm^2的泥滩转化为围海养殖场。到了21世纪初，随着国家级自然湿地保护区的建立，围海养殖规模基本得到控制，总体规模保持在5 000 hm^2左右。但是经过25年的发展，围海养殖用地已经从1984年的2 441.25 hm^2，发展到2008年的5 333.5 hm^2，用地面积增加了118%，成为整个大洋河河口区域斑块面积分布最大的用地类型。围海养殖面积的增长伴随着河口湿地面积减少，这是该地区天然湿地面积和湿地功能退化的主要原因之一。

11.4.3 河口湿地管理政策与调控探讨

大洋河河口地区天然湿地的减少和消失与当地的土地开发政策密切相关。特别是在20世纪80年代末到90年代初的围海养殖风潮中，天然湿地分布面积骤减，湿地核心区域被养殖区和道路切割得支离破碎。因此，该地区的湿地保护从政策调控上建议采取以下几条举措。

①制定综合的长期发展规划。合理调配各种用地类型的用地规模和比例，确定该地区的经济发展的支柱产业，严格控制能耗高、污染高的产业布局。

②建立自然保护区。保护核心湿地地区不再遭受围海养殖的侵蚀，保护区不应该仅仅建立在芦苇湿地范围内，在广大的泥滩和河流地区也可以建立核心自然保护区，保持河流廊道作用的畅通，保护泥滩资源及其生态系统的健康发展。

③保护河道。河道是湿地孕育的母体和物质能量交换的媒介，通过研究发现该地区的湿地总是伴随着河流的消失和水源的枯竭而消失，因此河道保护是湿地健康与否的关键。保护河道就要禁止滥占河道，禁止拦河养殖，禁止围河造田，保持河道与两岸湿地的水分的自然交换。

④制定严格的围海养殖用地监管制度。确定围海养殖区范围，规划围海养殖区的发展计划，控制围海养殖用地规模，对占用芦苇湿地、泥滩和河流湿地进行围海养殖生产的人或单

位进行严格惩罚。

⑤大力发展资源型旅游产业。大洋河河口地区有充足的旅游资源可供开发，而且拥有两个国家级自然保护区——大孤山国家级森林公园和国家级大洋河河口湿地自然保护区，大孤山古建筑群始建于唐代，是“佛、道、儒”三教合一的大型古刹，大洋河河口湿地每年都有成千上万的海鸟在此驻足或繁衍，可建成观鸟旅游休闲基地，面积广阔的水产养殖场也能发展成为独具特色的养殖观摩与农家乐等旅游资源。

参考文献

2007 Wetland Health Evaluation Program Report Dakota County, MN. Coordinated By: Dakota County 14955 Galaxie Avenue Apple Valley, MN 55124 - 8579. Prepared by: Fortin Consulting, Inc. 2008.

Costanza R. 1998. Special section: forum on valuation of ecosystem services. The value of ecosystem services ecological economics, 25: 1 - 2.

Cowardin LM, V Carter, FC Golet, ET LaRoe. 1979. Classification of wetlands and deepwater habitats of the United States. U. S. Department of the Interior, Fish and Wildlife Service, Washington, D. C. 131pp.

CUI Li - juan, Anna van Paddenburg, ZHANG Man - yin. 2005. Applications of RS, GIS and GPS technologies in research, inventory and management of wetlands in China [J]. Journal of Forestry Resarch, 16 (4): 317 - 322.

Forman RTT, Godron M. 1986. Landscape Ecology. New York: John Wiley and Sons.

Grifiths GH. 2000. Editorial: Remote Sensing and Landscape Ecology: Landscape Patterns and Landscape Change. International journal of Remote Sensing, 21 (13): 2537 - 2539.

Holland MM. 1996. Wetlands and Environment Gradients. In: Mulamoottil G, Warner BG, Mcbean EA. Wetland Environment Gradients. Boundaries and Buffers. CRC Press Inc. , 112 - 131.

Karr JR and DR Dudley. 1981. Ecological perspectives on water quality goals. Environmental Management, 5: 55 - 68.

Kelly JR, Harwell MA. 1989. Indicatoes of ecosystem response and recovery. In: SA Levin, MA Harwall, et al, eds. Ecotoxicology: problems and approaches. New York: springer - verlag, 9 - 35.

Ladson AR, White LJ, Doolan JA, et al. 1999. Development and testing of an index of stream condition for waterway management in Australia. Freshwater Biol, 41: 453 - 468.

Landres PB. 1992. Ecological indicators: panacea or liability. In: Daninel H, Mckenzie D, Hyatt E, et al. , Ltd. Ecological indicators. Barking: Elsevier Science Publisher, 1295 - 1318.

Mitsch WJ, Gosselink JG. Wetlands. 2000. New York: Van Nostrand Reinhold Company.

Paul A Keddy. 2000. Wetland Ecology Principles and Conservation [M]. Cambridge: Cambridge University Press. 124 - 238.

Rapport DJ, 1992. Evolution of indicators of ecosystem health . In: Daniel H, Mckenzie D, Hyatt E, et al. Ecological indicators. Barking: Elsevier Science Publishers Ltd. , 121 - 134.

Tarnocai C, Adams GD, Glooschenko V, et al. 1998. The Canadian wetland classification system. In: National Wetlands Working Group, ed. Wetland of Canada. Ecological Land Classification series 24. Environment Canada, Ottawa, Ontario, Polyscience Publications, Montreal, Quebec, 413 - 427.

The Outline of the National Program for Long - and Medium - Term Scientific and Technological Development (2006 - 2020). http: //www. gov. cn/jrzg/ 2006 - 02/09 /content_ 1837 87. htm. 2008. 8. 28.

Tomas Vives P. 1996. Monitoring Mediterranean wetlands: A methodological Guide. Lisbon: Medwet Publication, Wetlands international Slim bridge.

Warner BG, Rubic CDA. 1997. The Canadian wetland classification system. National Wetlands Working Group, Wetlands Research Centre, University of Waterloo, Waterloo, Ontario.

Zoltai SC, Vitt DH. 1995. Canadian wetlands: Enironment gradients and classification. Vegetatio, 118: 131 – 137.

陈文波，肖笃宁，李秀珍. 2002. 景观指数分类、应用及构建研究［J］. 应用生态学报，13（1）: 121 – 125.

崔保山，杨志峰. 2002. 湿地生态系统健康评价指标体系Ⅰ. 理论［J］. 生态学报，22（7）: 1005 – 1011.

崔保山，杨志峰. 2006. 湿地学. 北京：北京师范大学出版社.

崔保山，杨志峰. 2003. 湿地生态系统健康的时空尺度特征［J］. 应用生态学报，14（1）: 121 – 125.

崔保山，杨志峰. 2001. 湿地生态系统健康研究进展［J］. 生态学杂志，20（3）: 31 – 36.

付在毅，许学工，林辉平，等. 2001. 辽河三角洲湿地区域生态风险评价［J］. 生态学报，21（3）: 365 – 373.

蒋卫国，李京，李加洪，等. 2005. 辽河三角洲湿地生态系统健康评价［J］. 生态学报，25（3）: 408 – 414.

李春晖，崔嵬，庞爱萍，等. 2008. 流域生态健康评价理论与方法研究进展［J］. 地理科学进展，27（1）: 9 – 17.

李秀珍，布仁仓，常禹，等. 2004. 景观格局指标对不同景观格局的反应［J］. 生态学报，24（1）: 123 – 134.

王备新，杨莲芳，刘正文. 2006. 生物完整性指数与水生态系统健康评价［J］. 生态学杂志，25（6）: 707 – 710.

王薇. 2007. 黄河三角洲湿地生态系统健康综合评价研究. 济南：山东农业大学.

吴涛. 2010. 基于遥感技术的河口三角洲湿地景观生态健康评价. 上海：上海师范大学.

赵冬至，马小峰，等. 2007. RS 和 GIS 技术在湿地景观生态研究中的应用进展［J］. 遥感技术与应用，22（3）: 471 – 478.

杨志峰，崔保山，黄国和，等. 2006. 黄淮海地区湿地水生态过程、水环境效应及生态安全调控［J］. 地球科学进展，21（11）: 1119 – 1126.

于伯华，吕昌河. 2004. 基于 DPSIR 概念模型的农业可持续发展宏观分析［J］. 中国人口资源与环境，14（5）: 68 – 72.

俞小明，石纯，陈春来，等. 2006. 河口滨海湿地评价指标体系研究［J］. 国土与自然资源研究，2, 42 – 44.

张晓萍，杨勤科，李锐. 1998. 流域健康诊断指标：一种生态环境评价的新方法. 水土保持通报，18（4）: 57 – 62.

12 河口湿地生态系统服务功能评价

湿地是具有独特功能的生态系统，是重要的生存环境和自然界最富生物多样性的生态景观之一。按《湿地公约》的定义：湿地系统指不问其为自然或人工，长久或暂时性的沼泽地、湿原、泥炭地或水域地带，带有静止或流动，或为淡水、半咸水体者，包括低潮时不超过6 m的水域。湿地是由喜水生物和过湿环境构成的特殊自然综合体，位于生物圈、水圈、岩石圈和大气圈的交汇处，是各种能流和物流交换与作用的场所。它是地球上重要的生存环境和生态系统，具有稳定环境、物种基因保护和资源利用功能，被誉为自然之肾、生物基因库和人类摇篮。

河口湿地是我国湿地类型中的三大类之一，河口是许多迁徙生物的栖息地，是自然界最富生物多样性的生态景观和人类最重要的生存环境之一。在河口生态系统的演替过程中由自然因素和人类活动共同影响，其中人类活动的影响是主要方面。蒋卫国等在对辽河三角洲湿地生态系统健康评价中指出，随着人类干扰活动加强，湿地生态系统健康状态逐渐下降，湿地生态系统生产能力下降，组织结构混乱，水文调节、水质净化等功能日益减弱。

河口湿地由于其重要性已经成为当前湿地研究的热点，为了在经济发展与湿地保护之间寻找一个平衡点，我们进行了大量的湿地评价研究，本文主要是对河口湿地功能评价的研究进展进行了一下总结，从河口湿地的组成出发，根据湿地的不同功能评价研究，不同功能应用的不同评价方法进行了总结。

12.1 河口湿地功能评价理论

12.1.1 生态功能

湿地生态功能评价的目的是为了科学分析湿地的生态功能，正确处理湿地生态环境和开发利用的相互关系，对湿地生态现状作出客观正确的评价，可以为制定合理的湿地保护对策提供依据，对提高湿地生态环境管理水平具有重要的指导作用。

河口湿地独特的地形、地貌以及气候条件孕育了独特的土壤和植被与生物资源，对保护河口湿地以及周边地区的生态平衡起到了重要的作用。湿地生态系统具有多种功能，它不但为人类社会提供了丰富的社会和经济效益，更具有极高的生态效益，对维持生态平衡、保护生物多样性和珍稀物种资源以及涵养水源、蓄洪防旱、降解污染等方面起到了重要作用。

在表12－1中列出了河口湿地生态系统的功能和评价因子。梅雪英等测算了长江口典型植被芦苇的储碳量和固碳能力，结果表明：长江口典型芦苇带湿地具有很强的固碳能力，达

1.11 ~ 2.41 $kg/m^2 \cdot a$，是全国陆地植被平均固碳能力的 2.3 ~ 4.9 倍，全球植被平均固碳能力的 2.7 ~ 5.9 倍。吴炳方等定量测算了东洞庭湖的调蓄容积、水深、波浪等特征，并用这些数据表示湿地在调蓄洪水、削减洪峰、滞流和减少侵蚀等方面的功能。由于以色列 Hulavally（呼拉河）流域的 Papynls 湿地被排干，造成这个沼泽湿地过滤能力的丧失，导致下游 Lake Kinaeret 中沉积物三角洲的形成，使湖水浑混度增加，水质下降。胡嘉东等（2009 年）通过湿地斑块面积、单位面积湿地斑块数量、植被覆盖率和栖息地复杂性对潮间带湿地栖息地功能进行了评价。

表 12-1 生态系统功能及评价因子

生态系统功能	评价因子
大气调节功能	植被固碳、植被温室气体排放
水文调节功能	水库蓄水量、削减洪峰量
污染物净化功能	植被净化量、底泥净化量
提供生物栖息地功能	面积、珍稀物种数、物种丰富度
保护海岸功能	消浪减灾、保护土壤、促淤造陆

12.1.2 经济功能

湿地具有强大的物质生产功能，它蕴藏着丰富的动植物资源；湿地产品功能下降表示湿地健康受损；河口湿地的经济功能主要体现在自然资源、土地资源及生物多样性资源上；自然资源功能：人类从湿地获取各种水产品、农副产品、饲料、造纸原料、建材等；土地资源功能；提供围涂农作、养殖、基建和城镇发展等所需要的土地；生物多样性资源：河口湿地提供丰富的天然物种基因，为生命科学的发展与研究提供了原料。

河口湿地食品生产能力评价因子：鱼虾收获量、贝类收获量。原材料生产能力评价因子：盐沼植被产量。生物多样性资源评价因子：生物多样性、物种多样性。牛永君等（2007 年）在对唐海湿地进行动态变化研究中，对于唐海湿地经济功能变化是根据唐海湿地水稻和芦苇产量的变化来进行评价的。随着长江三角洲内油田的开发、稻田的扩大、盐田的扩建，滨海湿地原有的自然环境受到人为破坏，原始生态范围快速萎缩，物种明显减少。

12.1.3 社会功能

河口湿地因为其特殊的地理位置和生态景观，在休闲娱乐和科研上具有很多的价值。休闲娱乐和科研价值主要体现在吸引游客人次、吸引科技教育人员数（人）、吸引科技项目数（项）。加拿大的 Young 选择了位于加拿大西部省 Saskatchewan 的 Lost River 湿地和 KingGeorge 湿地作为评价研究对象，对这两个湿地的娱乐效益（猎鸭、参观野生动物、远足以及湿地存在效益）进行测算。辛琨等采用费用支出法估算了盘锦湿地生态系统每年的旅游休闲价值为 790 元/km^2，辽宁双台子河口国家级自然保护区的旅游休闲价值为 4 540 元/ km^2。

12.2 生态功能评价方法

12.2.1 大气调节功能

大气调节价值评价采用碳税法。它是一种由多个国家制定的旨在削减温室气体排放的税收制度，就是对 CO_2 的排放进行收费来确定 CO_2 排放损失价值的方法。计算公式如下：

$$6nCO_2 + 6nH_2O \rightarrow nC_6H_{12}O_6 + 6nO_2 \rightarrow nC_6H_{10}O_5$$
$$264 \qquad\qquad 180 \qquad\qquad 192 \qquad\qquad 162 \tag{12-1}$$

植物体生长 162 g 多糖有机物质，可释放 192 g，即植物体每积累 1 g 干物质，可以释放 1.19 g，根据国际碳税标准（1 291 元/t）与我国造林成本的平均值（260.9 元/t）及工业制氧影子价格（0.4 元/kg），将生态指标换算成经济指标，从而得出固定释放的价值。由此可推断出生态系统释放的量及其价值为

$$V_{O_2} = \frac{1}{2}(C_{FO_2} + C_P) \cdot 1.19M_{npp} \tag{12-2}$$

式中：M_{npp}为生态系统单位面积生产的干物质量；C_{FO_2}为释放单位质量 O_2 的造林成本；目前较多采用 0.352 9 元/kg；C_P为工业制氧的成本，现在较多采用 0.4 元/kg；V_{O_2}为生态系统释放的价值。

12.2.2 水温调节功能

湿地的蓄水量价值评价可用影子工程法。其计算公式如下：

$$Q = \sum S_i \cdot D_i \tag{12-3}$$

式中：Q 为总调蓄水量；S_i为第 i 类土地利用类型面积；D_i 为第 i 类土地利用类型的蓄水深度。湿地调蓄水量总价值为总调蓄水量与库容成本的乘积。

12.2.3 污染物净化功能

运用生产成本法来估算河口湿地生态系统去除污水中营养盐价值。根据以下公式计算去除营养盐价值：

$$E_t = E_j \times P_j = \max\left\{\frac{T_j}{N_j\%}\right\} \times P_j \tag{12-4}$$

式中：E_t为湿地净化 N、P 的价值（元/a）；E_j为湿地净化河流污水的量（t/a）；P_j为污水处理厂去除污水单位费用价值（元/t）；T_j为湿地去除 N、P 的量；$N_j\%$ 为河流污水中的 N、P 含量；$T_j/ N_j\%$ 的最大值为湿地净化河流污水的总量即 E_j。

根据专家评估法，以湿地去除重金属的环境效益价值占总环境效益价值的 40% 来获得去除重金属的价值。

12.2.4 栖息地功能

栖息地功能评价可以采用替代价值法进行评估。用替代法计算栖息地价值时，根据崇明

鸟类自然保护区和九段沙湿地自然保护区规划的投资以及目前已经到位的投资情况来对栖息地价值进行初步估价。其中，栖息地保护投资＝保护工程投资＋科研文化投资。

12.2.5 保护海岸功能

河口滨海湿地的保护海岸功能主要体现在消浪减灾、保护土壤和促淤造陆上。

河口湿地植被及其根系能减缓水流和减弱近地面的风速，沉降水体中的悬浮颗粒，促进土壤的形成，具有保护土壤并造陆护岸的功能。根据范航清研究，红树林对岸堤的生态养护功能可增加效益 64.7 万元/km·a。

土壤保护和造陆价值以替代市场价值法计算，即保留土壤中 NPK 含量相当于市场上化肥的价值，即湿地面积×表土 N、P、K 含量×保护的土壤厚度×表土密度×化肥价格。

减灾价值机会成本法，计算因缺乏河口湿地保护造成的损失来作为河口湿地发挥减灾功能所达到的减灾价值。

12.3 经济功能评价方法

12.3.1 物质生产功能

物质生产功能可以使用市场价格法进行评价。其计算公式如下：

$$V = \sum S_i \cdot Y_i \cdot P_i \tag{12-5}$$

式中：V 表示物质生产价值；S_i 表示第 i 类物质生产面积；Y_i 表示第 i 类物质单产；P_i 表示第 i 类物质市场价格。

12.3.2 生物多样性

使用辛普森多样性指数来评价河口湿地生物多样性。辛普森多样性指数是反映物种丰富度和均匀度的综合指标之一，其计算公式如下：

$$\lambda = 1 - \sum_{i=1}^{S} \left(\frac{n_i}{N}\right)^2 \tag{12-6}$$

式中：n_i 为第 i 种生物的数量；N 为所有生物的总数量；S 为种数；值的范围介于 0 与 1 之间，数值越接近 1 表示多样性越高，反之则越低。其中 λ 是总体优势度的度量，λ 值小则说明总体中的每个种数比较均匀。群落的多样性与优势度是互补的。由于优势度多样性互补，可以认为，如 λ 值小则群落有较大的多样性；如果 λ 值大则群落种类成分单一。

12.3.3 土地利用变化

1）土地利用变化幅度

区域土地利用变化幅度是指土地利用类型在面积方面的变化幅度，体现在不同土地利用类型的总量变化上，通过分析土地利用类型面积的总量变化，可反映区域土地利用变化总态势和土地利用结构变化信息，其表达式如下：

$$\Delta U = \frac{U_b - U_a}{U_a} \times 100\% \tag{12-7}$$

式中：ΔU表示研究区域某时段内土地利用类型变化幅度；U_a、U_b分别表示研究地区初期、研究地区末期某种土地利用类型的面积。

2）景观异质性指数

景观异质性指数包括多样性指数（H）、优势度指数（D）和均匀度指数（E）。景观多样性指数反映了景观类型的多少和各景观类型所占比例的变化。其计算公式如下：

$$H = -\sum_{i=1}^{m}(P_i)\log_2(P_i) \tag{12-8}$$

景观优势度指数用以描述景观格局构成中一种或几种斑块类型支配景观的程度。其计算公式如下：

$$D = H_{\max} - H = H_{\max} + \sum_{i=1}^{m}(P_i)\log_2(P_i) \tag{12-9}$$

景观均匀度指数（E）描述景观种不同斑块类型的分布的均匀程度。其计算公式如下：

$$E = -\log_2\left[\sum_{i=1}^{m}P_i^2\right]/H_{\max} \tag{12-10}$$

以上3式中，P_i是i种景观类型占总面积的比例，m是研究区中景观类型的总数，$H_{\max} = \log_2 m$表示景观的最大多样性指数。杨帆等在双台子河口湿地中使用景观异质性指数进行景观格局研究，通过研究显示，地区湿地景观类型变化显著，人类干扰强烈，大量的天然湿地在人类活动干扰下演变为人工湿地。养殖区、稻田湿地等人工湿地景观类型面积明显增加。研究区湿地景观的Shannon多样性指数（SHDI）由1987年的1.694 6上升到2005年的1.708 9，说明景观中各湿地景观类型所占比例的差距有所减小。

12.4 社会功能评价方法

湿地生态系统的休闲娱乐功能是指湿地生态系统为人类提供观赏、旅游和娱乐的场所。采用旅行费用法估算河口湿地的旅游价值。旅游价值由旅行费用支出、旅行时间花费价值以及其他费用三部分构成。计算公式为

休闲娱乐价值=旅行费支出+消费者剩余+旅游时间+其他费用

旅行费用支出=交通费用+食宿费用+公园门票、景点门票及服务费用

消费者剩余的计算主要取决于费用与旅游人次。一个人的消费者剩余计算公式为

$$\mathrm{CS}(i) = \int_{p_a}^{p_{at}} f(p)\,\mathrm{d}p \tag{12-11}$$

对于N个消费者一年中共对某一景点的消费者剩余价值计算公式为[37]

$$\mathrm{ACS} = \sum_{t=1}^{N}\mathrm{CS}(t) \tag{12-12}$$

式中：ACS为总的消费者剩余；CS（i）为单个人的消费者剩余；P（0）为第i个人到景区的现有旅行费用；P（m）为第i个人边际效益为0时的最大旅行费用；f（p）为费用与

旅游人次的函数关系式；p 为景区门票价格。

$$旅行时间花费价值 = 游客旅行总时间 \times 游客单位时间的机会工资$$

$$其他费用 = 摄影、购物费用$$

12.5 案例分析——大洋河河口湿地生态系统服务功能评价

12.5.1 大洋河河口湿地生态系统服务功能价值计算

本研究根据大洋河河口湿地生态系统特征及其服务功能类型的特点，将大洋河河口湿地生态系统服务类型划分为物质生产、大气调节、水文调节、污染物净化、生物栖息地、科研教育、旅游休闲7种服务功能，在此基础上进行其服务功能价值的计算。

1）物质生产功能及价值

大洋河河口湿地生态系统提供的物质产品主要有水产品（海水产品、淡水产品）、芦苇、工业用盐以及水稻。此项服务功能的湿地类型有：围海养殖、芦苇、水田、盐田。据统计，研究区水产养殖面积为 0.57×10^4 hm^2，由水产品单产 6.76 t/hm^2，可以计算出大洋河河口湿地水产品总量为 3.89×10^4 t，按照水产品价格 0.72×10^4元/t 计算，得出水产品总价值为 2.79×10^8元；芦苇湿地面积为 0.32×10^4 hm^2，根据芦苇单产 5.5 t/hm^2计算，得出2006年芦苇产量为 1.79×10^4 t，以450元/t的市场价格计算，得出芦苇总价值为 0.08×10^8元；水田面积为 $1.08 \times 10^4 hm^2$，根据水稻单产 0.72×10^4 kg/hm^2计算，得出水稻总产量达 7.83×10^4 t，按水稻的市场平均价格 2.60 元/kg 计算，得出水稻总价值为 2.04×10^8元；盐田面积为 201.96 hm^2，按照盐田单产 0.007 t/hm^2计算，得到盐田总产量为 1.41×10^4 t，根据每吨工业用盐180元计算，得到盐田价值为 0.03×10^8元；由水产品、芦苇、稻田、盐田四项合计得到2006年大洋河河口湿地物质生产功能总价值约为 4.94×10^8元。

2）大气调节功能及价值

大洋河河口湿地进行大气调节功能的湿地类型有芦苇和水田，研究区芦苇湿地面积为 $0.32 \times 10^4 hm^2$，水田湿地面积为 $1.08 \times 10^4 hm^2$，共计 $1.41 \times 10^4 hm^2$，据调查，芦苇群落初级生产力平均为 $1.42 \times 10^4 kg/hm^2 \cdot a$，可以得到大洋河河口湿地生态系统形成的植物干物质为 1.99×10^5t，则固定 CO_2量为 3.25×10^5t，释放 O_2量为 2.39×10^5t。湿地固定 CO_2功能价值采用造林成本法进行估算，我国的造林成本为260.90元/t，由此得出大洋河河口湿地生态系统吸收 CO_2功能价值为 0.85×10^8元；湿地释放 O_2功能价值采用工业制氧成本法进行估算，我国工业制氧成本为0.40元/kg，由此得出大洋河河口湿地生态系统释放 O_2功能价值为 0.96×10^8元。

湿地对于大气的负效应主要体现为温室气体的释放。依据黄国宏等对辽河三角洲 1.49×10^4 hm^2苇场在195天内排放的温室气体的观测研究结果，发现 CH_4和 N_2O 排放均有明显的季节变化规律，且 CH_4和 N_2O 的平均排放通量分别为 0.52 mg/$m^2 \cdot$ h 和 0.029 mg/$m^2 \cdot$ h。若 CH_4和 N_2O 排放的时间从4—10月计（214天），则可估算出大洋河湿地芦苇每年排放的 CH_4

和 N_2O 的总量分别为 3.7.6×10^5kg 和 2.13×10^4kg。沿用 Pearce 等在 OECD 中提出的 CH_4 和 N_2O 的散放值（CH_4 为 0.95 元/kg，N_2O 为 25.28 元/kg），可得到大洋河河口湿地生态系统排放 CH_4 和 N_2O 所造成的经济损失分别为 3.56×10^4元和 5.39×10^4元，总计 8.95×10^4元。由上得到大洋河河口湿地大气调节价值为 1.79×10^8元。

3）水文调节功能及价值

大洋河河口湿地发挥此项功能的湿地类型有河流、水库、坑塘沟渠及芦苇、水田。研究区内主要河流为大洋河，多年平均地表流量为 0.07×10^8 m^3；芦苇湿地面积为 0.32×10^4 hm^2，稻田湿地面积为 1.08×10^4 hm^2，共计 1.41×10^4 hm^2，据研究结果显示，每公顷沼泽湿地可蓄水 8 100 m^3左右，可以计算出芦苇稻田蓄水量为 1.14×10^8 m^3；坑塘沟渠的面积为 571 hm^2，水深按照 1.5 m 计算，可得坑塘沟渠的蓄水量为 0.09×10^8 m^3；三者总蓄水量为 1.30×10^8 m^3。按照我国每建设 1 m^3水库库容投入成本为 0.67 元（1990 年不变价）计算，可得到大洋河河口湿地生态系统水分调节功能价值为 0.87×10^8元。

4）污染物净化功能及价值

大洋河流域入海河流和近岸海域是水污染物的主要接纳水体，东港市污水排放量约为 0.10×10^8 t，其中 70% 为生活污水，30% 为工业污水，据 2008 年大洋河下游（东港段），后地、大洋河桥两个监测断面的监测情况分析，大洋河河口水质若采用《地表水环境质量标准》（GB 3838—2002V）类标准衡量，其达标率为 100%，由此可近似地认为，大洋河河口湿地净化污水的物质量为 0.10×10^8 t。按照目前国家二级污水处理厂处理污水的成本为 1 元/吨计算，大洋河河口湿地生态系统污染净化功能价值为 0.10×10^8元。

5）生物栖息地功能及价值

大洋河河口湿地生态系统容纳了各种动、植物近千种，其中由低等植物到高等植物 337 种，浮游动物 54 种，鸟类 15 目 44 科 241 种，鱼类 88 种，无脊椎动物 74 种，两栖类 3 种，哺乳类 1 种，还有大量的昆虫和微生物。研究区鸟类资源十分丰富，每年在此越冬、迁徙、栖息的鸟类数量达上百万只，其中国家一级保护鸟类有：丹顶鹤、白枕鹤、白鹤、白鹳等 8 种；国家二级保护鸟类有：大天鹅、白额雁、小杓鹬等 29 种，还有世界濒危鸟类黑嘴鸥和斑背大苇莺。在中日、中澳候鸟保护协定中分别占有 114 种和 43 种。

本研究中采用我国单位面积湿地生态系统价值 0.22×10^4元/hm^2·a 与全球单位面积湿地生态系统价值 0.24×10^4元/hm^2·a 的平均值 0.23×10^4元/hm^2·a 这一标准来计算，得到大洋河河口湿地的栖息地功能价值为 0.95×10^8元。

6）科研教育功能及价值

由于该区湿地科研工作还处于初级阶段，科研经费投入远小于实际科研价值，因此，本文取我国单位面积湿地的平均科研价值 382 元/hm^2 作为计算参数。运用价格替代法得到该区科研教育价值为 0.16×10^8元。

7）旅游休闲功能及价值

2007 年东港市共接待国内外游客 190 万人次，旅游总收入 11 亿元。由于缺乏湿地旅游人数统计数据，本文采用张华在 2007 年评价辽宁省湿地生态系统服务功能价值中将辽宁省 2000 年单位面积旅游效益作为估算参数的方法，此处采用 2007 年东港市单位面积旅游效益 0.47×10^4元/hm^2（即旅游总收入与东港市总面积之比）作为大洋河湿地旅游价值的估算参数，运用价格替代法得到其旅游价值为 1.92×10^8元。

12.5.2 基于 GIS 的大洋河河口湿地价值功能评价

1）生态系统服务功能评价模型

运用层次分析法，对大洋河河口湿地生态系统服务功能进行评价权重的计算。层次结构模型的目标层 A 为大洋河河口湿地生态系统服务功能评价，中间层 B 为经济指标（B_1）、生态指标（B_2）、社会指标（B_3），这三个指标又可划分为物质生产（B_{11}）、大气调节（B_{21}）、水文调节（B_{22}）等 7 个评价指标，方案层选取水产品产值（C_1）、水稻产值（C_2）、芦苇产值（C_3）等 14 个指标。在建立层次结构模型的基础上进行判断矩阵、层次单排序、层次总排序及一致性检验（图 12－1）。

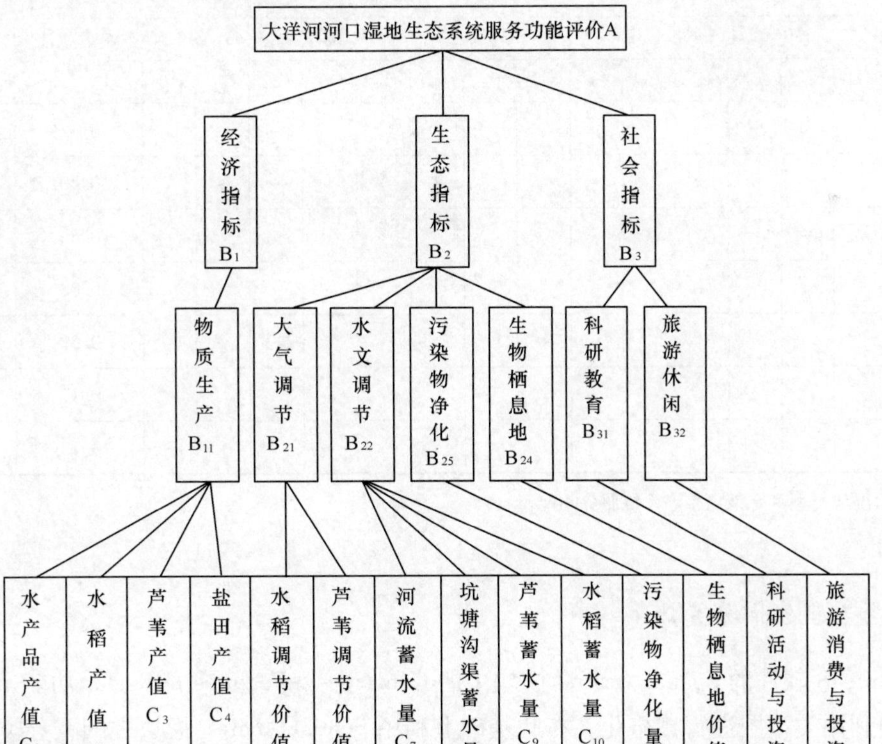

图 12－1 大洋河河口湿地生态系统服务功能评价模型

2）数据标准化

经过以上计算，可以得到大洋河河口湿地生态系统服务功能评价指标权重结果。为了保持各指标数据间的可比性，利用归一化方法对各权重值进行处理，计算公式如下：

$$F_{ij} = 100\frac{(X_{ij} - X_{\min,j})}{(X_{\max,j} - X_{\min,j})} \tag{12-13}$$

式中：F_{ij}——归一化值；

X_{ij}、$X_{\min,j}$、$X_{\max,j}$——评价因子的权重值、最小值和最大值。

建立大洋河河口湿地服务功能价值权重与湿地类型的对应表，进行各湿地类型的权重和标准值统计。C_1 ~ C_{12}的经济价值分别为 C_1：2.79×10^8元；C_2：2.04×10^8元；C_3：0.08×10^8元；C_4：0.03×10^8元；C_5：1.38×10^8元；C_6：0.41×10^8元；C_7：0.05×10^8元；C_8：0.06×10^8元；C_9：0.17×10^8元；C_{10}：0.59×10^8元；C_{11}：0.10×10^8元；C_{12}：0.95×10^8元；C_{13}：0.16×10^8元；C_{14}：1.92×10^8元。根据这些值进行权重值以及归一化值的统计，统计结果如表 12－2 所示。

表 12－2　大洋河河口湿地生态系统服务功能与湿地类型统计表

湿地类型	生态系统服务功能类型														计算结果	
	B_1				B_2								B_3			
	B_{11}				B_{21}		B_{22}				B_{23}	B_{24}	B_{31}	B_{32}	权重总计	归一化值
	C_1	C_2	C_3	C_4	C_5	C_6	C_7	C_8	C_9	C_{10}	C_{11}	C_{12}	C_{13}	C_{14}		
围海养殖	+											+			0.43	100.00
芦苇			+			+			+		+	+	+	+	0.40	92.03
水稻		+			+					+	+	+			0.36	82.35
盐田				+											0.02	0.00
河流							+				+	+	+	+	0.37	85.14
坑塘沟渠								+				+			0.17	37.10
其他												+			0.13	25.93

注："＋"表示湿地类型具有该项生态系统服务功能。

3）服务功能空间分异评价

利用 ArcGIS 软件的 Spatial Analyst 模块中的 Convert－＞Features to Raster 功能，对提取的大洋河土地利用类型图进行栅格化，在此基础上利用 Spatial Analyst 模块中的重分类（Reclassify）功能对栅格化的大洋河河口湿地类型图依据评价权重的标准值进行重分类，得到大洋河河口湿地生态服务功能评价图（图 12－2）。

按生态系统服务功能重要性由小到大（图 12－2），把大洋河河口湿地生态系统服务功能分为 1 ~ 4 四个级别。第 1 级湿地类型是盐田，发挥物质生产功能，总面积为：201.96 hm^2，占研究区面积的 0.49%；第 2 级湿地类型是坑塘沟渠（发挥水文调节、生物栖息地功能）、

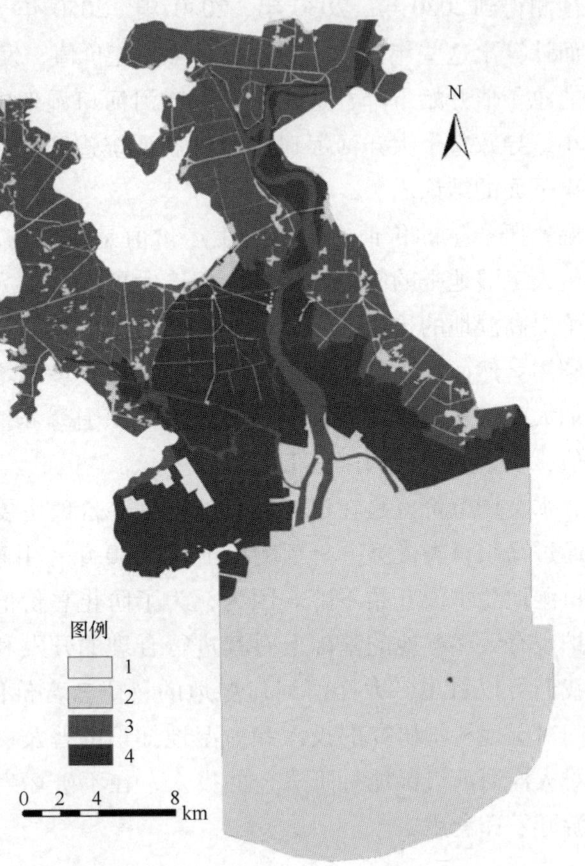

图 12－2　大洋河河口湿地生态系统服务功能评价图

林地、岛、居民点、交通用地、泥滩、水下三角洲，发挥生物栖息地功能，总面积为：1.96×10^4 hm^2，占研究区面积的 47.76%；第 3 级湿地类型是河流（发挥污染物净化、水文调节、生物栖息地、科研教育、旅游休闲功能）、水稻（发挥物质生产、大气调节、水文调节、污染物净化、生物栖息地功能），总面积为：1.23×10^4 hm^2，占研究区面积的 29.87%；第 4 级湿地类型是芦苇（发挥物质生产、大气调节、水文调节、污染物净化、生物栖息地、科研教育、旅游休闲功能）、围海养殖（发挥物质生产、生物栖息地功能），总面积为：0.90×10^4 hm^2，占研究区面积的 21.87%。

12.5.3　理论讨论

本文以遥感数据作为主要的数据源，在遥感和地理信息系统的支持下，结合统计资料对大洋河河口湿地类型的变化进行了研究，得到大洋河河口湿地 1990—2010 年的湿地类型变化图，结合该变化图和数据统计，我们可以得知大洋河河口湿地中的天然湿地（芦苇、河流）的面积在不断地缩小而人工湿地（围海养殖、水田、盐田、坑塘沟渠、其他用地）的面积在不断地扩大。然后我们根据大洋河河口湿地的特点建立了河口湿地生态系统服务功能评价模型，利用该模型在大洋河河口湿地类型面积动态变化的基础上，结合统计资料分别对大洋河河口湿地 1990 年、2010 年的生态系统服务功能价值进行了估算。从计算结果可以看出：天然湿地的总价值在减少，人工湿地的总价值在增大，大洋河河口湿地的总价值也在增大。最后根据马尔科夫模型预测得到2020年、2030年、2040年、2050年、2060年大洋河河口湿地各个类型的面积，进而计算出这些年份的生态系统服务功能价值，发现到2040年之后，大洋河河口湿地的服务功能总价值开始下降，这是由于大洋河河口湿地中的芦苇和河流这两个天然湿地的面积不断减小，导致整个大洋河河口湿地生态系统遭到破坏。通过对这些数据更进一步的分析，可以得出下面的结论。

①在大洋河河口湿地所产生的价值中，物质生产价值是最大的，占总价值的一半左右，物质生产价值主要是由人工湿地中的围海养殖和水田产生的，可见人工湿地对于湿地总价值的贡献是很大的。为了提高湿地的价值，在不破坏天然湿地的情况下，我们应该对人工湿地进行更合理的开发和利用。然而人工湿地的面积不可能永无止境地增大，我们应该在现有的条件下，用科技手段加大对人工湿地的开发，增大单位面积围海养殖和水田的产量，从而提高农业价值和渔业价值，最大限度地利用人工湿地。

②大气调节价值、水文调节价值是在逐年减少的，这些价值主要是由天然湿地中的芦苇和河流产生的。我们通过马尔科夫模型分析预测得出到2040年，由于大气调节、水文调节价值的减少，大洋河河口湿地总价值开始下降。因为，为了防止总价值的下降，维持生态系统的平衡，我们要在保护现有天然湿地的基础上对其进行合理的开发利用，防止天然湿地继续萎缩和退化。另外，我们可以看出，大洋河河口湿地的科研教育价值和旅游休闲价值较低，我们应该加大政府部门对湿地科学研究的投入和对湿地知识的普及、宣传力度，培养人们的湿地保护意识，加强对大洋河河口湿地科研资金的投入，在不破坏生态系统的前提下加大对大洋河河口湿地的旅游开发和利用。

参考文献

杨永兴.2002. 国际湿地科学研究的主要特点、进展与展望［J］. 地理科学进展，21（1）：111－120.

Daily GC. 1997. Nature's Services：Societal Dependence on Natural Ecosystems. Island：Washington DC.

欧阳志云，王如松，赵景柱.1999. 生态系统服务功能及其生态经济价值评价［J］. 应用生态学报，10（5）：635－640.

张素珍，李晓粤，李贵宝.2005. 湿地生态系统服务功能及价值评估［J］. 水土保持研究，（06）.

吴玲玲，陆健健，童春富，刘存岐.2003. 长江口湿地生态系统服务功能价值的评估［J］. 长江流域资源与环境，12（5）：411－416.

吴平，付强.2008. 扎龙湿地生态系统服务功能价值评估［J］. 农业现代化研究，29（3）：335－337.

杨慧玲，尹怀宁，徐惠民，马广文.2009. 双台子河口滨海湿地生态系统服务功能与评估［J］. 国土与自然资源研究，（01）.

2007年东港市国民经济统计资料.2008. 东港：东港市统计局.

陆健健.2003. 河口生态学. 北京：海洋出版社.186－187.

刘红玉，吕宪国，刘振乾.2001. 环渤海三角洲湿地资源研究［J］. 自然资源学报，16（2）：101－106.

任志远，张艳芳，等.2003. 土地利用变化与生态安全评价. 北京：科学出版社.

黄国宏，李玉祥，陈冠雄，等.2001. 环境因素对芦苇湿地C场排放的影响［J］. 环境科学，22（1）：1－5.

庄大昌.2004. 洞庭湖湿地生态系统服务功能价值评估［J］. 经济地理，24（3）：391－394.

吕宪国.2004. 湿地生态系统保护与管理. 北京：化学工业出版社.

李金昌，姜文来，靳乐山，等.1999. 生态价值论. 重庆：重庆大学出版社.

吴平，付强 . 2008. 扎龙湿地生态系统服务功能价值评估［J］. 农业现代化研究，29（3）：335 – 337.
陈仲新，张新时 . 2000. 中国生态系统效益的价值［J］. 科学通报，45（1）：17 – 23.
张华，苗苗，孙才志，等 . 2007. 辽宁省滨海湿地资源类型及静观格局分析［J］. 资源科学，29（3）：139 – 146.

13　河口湿地动态驱动力评价理论及案例

地球表面系统在自然力与社会经济共同作用下正在发生着改变（Forman 等，1995；傅伯杰等，2006）。随着国际全球环境变化人类行动计划（IHGP）和国际地圈生物圈 计划（IGBP）的共同执行，以及后续计划 GLP（Global Land Project）的实施，极大地推动了土地利用何时、何地、何因及何向发展的系统研究，土地利用变化科学也就成为可持续发展科学的重要组成部分。开展滨海湿地景观动态变化驱动力量化评估研究，识别围垦区景观动态内在驱动机制，建立错综复杂的自然因素和人为因素驱动量化评估方法，为滨海湿地的环境管理提供新方法和新思路是必然选择。在全球社会经济高速发展导致自然生态系统健康状况日益恶化的严峻形势下，围垦区景观动态驱动力量化评估研究不仅具有应用价值，而且也丰富了景观生态学研究的核心内容（傅伯杰等，2001）。

13.1　河口湿地驱动力评价理论

纵观国内外土地利用与土地覆被变化的驱动机制研究，目前主要是通过大量的案例与比较，探讨土地利用与土地覆被变化的动力学机制。Fu Congbin 认为土地利用与土地覆被变化的驱动力是：气候变化和人类活动，由此可知驱动力研究指标的选定一方面与自然状况有关，另一方面与人类活动有关。因此，驱动力通常分为生物物理（bio - physical）和社会经济（socio - eco - nomic）两类。生物物理驱动力包括自然环境的特征和过程，如天气和气候变化、地貌、地形及其形成过程、火山爆发、植物演替、土壤类型和过程、自然资源的有效性等；而社会经济驱动力则包括人口变化、贫富状况、技术进步、经济增长、政治经济结构，以及价值观念等。由于不同区域土地利用的驱动机制存在一定的差异，因此驱动力方面的研究目前主要是通过大量的区域性个案比较研究，分析影响土地利用行为者包括土地利用使用者与管理者改变土地利用与管理方式的自然（生物物理）、社会经济方面的主要驱动因子，并在此基础上建立各种区域性的土地利用与土地覆被变化经验模型。而对于土地覆盖变化的机制分析，则主要是采用直接观察与空间分析相结合，综合利用遥感影像与 GIS 的空间分析手段，探讨历史时期内土地覆被变化的时空过程，并将其与驱动因子相结合建立解释土地覆盖时空变化以及推测未来时期内土地覆被化的经验性诊断模型。因此，通过利用遥感对地观测技术，揭示其空间变化规律，分析引起变化的驱动力，建立区域土地利用变化驱动力模型，业已成为当前国际上开展土地利用与土地覆被变化研究的最新动向。

13.2 河口湿地驱动力评价方法

13.2.1 数理统计学法

基于经验的统计模型采用多元统计分析法，分析每个外在因子对土地利用变化的贡献率，从而找出土地利用变化的外在原因。适用于数据比较多的区域，数据的可靠性决定模型的可信度。它的优点是简化问题，易抓住复杂系统中的主要矛盾。研究结果表明，基于经验的统计模型方法有助于从复杂的土地利用系统中分离出主要的驱动因子，并确定土地利用变化与驱动因子的定量关系。

13.2.2 空间模型法

目前，国内外驱动力评价中应用较多的、基于结构的动态模型包括：元胞自动机模型（Cellular Automata，CA），Agent - based 模型、CLUE - S 模型和系统动力学模型等。空间模型的优点在于：能可视化模拟 LUCC 时空分布的动态过程；具有空间概念，用元胞状态的变化来表现土地利用的转变过程；适于模拟复杂系统的行为，并可以对系统未来的发展趋势作情景分析。

13.3 案例分析——长江口河口湿地驱动力评价

13.3.1 区域概况

研究区位于上海市奉贤区（图 13 - 1）长江口与杭州湾海岸带围垦区（30°50′53. 26″—31°02′18. 32″N，121°38′54. 41″—121°53′59. 23″ E）。总面积 85. 35 km^2，东西长约 20 km、南北宽约 4 km。经过多年的开发与管理，现已成为上海市重要的围垦开发与管理示范区。

13.3.2 数据源

1990 年、2000 年、2009 年 TM 数据来源于华东师范大学河口海岸学国家重点实验室地理信息中心，满足 CLUE - S 模型在时间尺度 10 年具有较好模拟效力的要求。1990 年、2000 年、2009 年 TM 数据在 erdas9. 2 和 GIS9. 2 下进行投影、校正、分类和矢量化，根据研究需要将围垦区土地利用类型划分为：开放水域（C0）、林地（C1）、建筑用地（C2）、耕地（C3）、未利用地（C4）和养殖塘（C5），并按 CLUE - S 模型要求将矢量化数据输出为 RRAST 格式（Verburg et al.，1999）。社会属性数据总人口密度、农业人口密度、经济价值来源于奉贤统计年鉴；自然属性数据土壤水分、土壤盐分、有机质和速效 P 来源于 2009 年实地调查与室内实验室分析，并对实验区土壤属性数据利用回归分析进行历史重建，获得 1990 年研究区土壤属性数据预测值。稳定性因子：距海岸线距离、距居民点距离、距人工渠距离、距主河道距离、距主干道距离、距镇中心距离数据由 GIS 缓冲区分析获得。数据的计算和转化均在 GIS 9. 2 中完成，最后输出为 ASCCII 码文件，作为驱动因子输入到 CLUE - S 模型中。

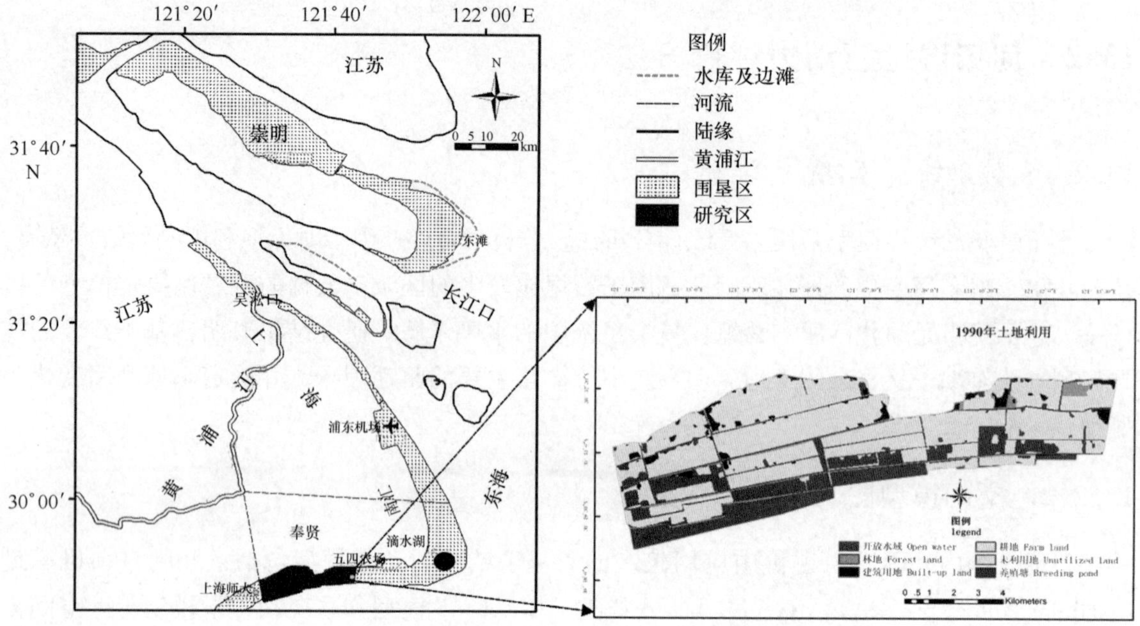

图 13－1　研究区位置及 1990 年土地利用分布图（孙永光等，2011）

13.3.3　CLUE－S 模型

1）模型介绍

CLUE－S 模型是由荷兰瓦格宁根大学环境科学学院的 PeterH · Verburg、Tom Veldkamp 等（Verburg et al.，1999；Veldkamp，1996）人最先研制提出的，该模型是在对区域土地利用变化经验理解的基础上，将土地利用空间分布与影响因子之间建立定量化关系，进而模拟土地利用动态变化过程，探索其时空演变的基本规律，进而实现区域尺度土地利用动态变化过程的模拟。

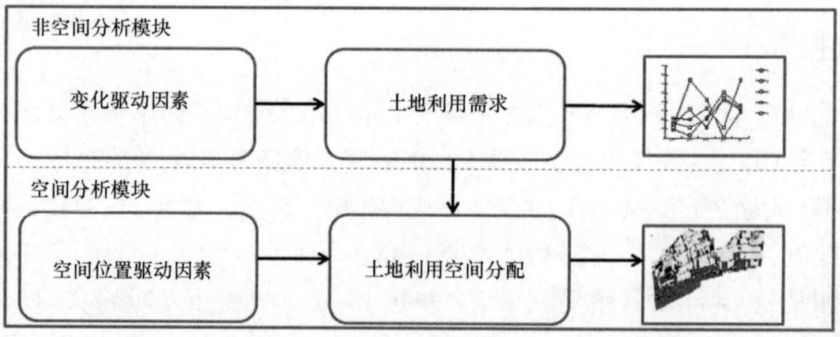

图 13－2　CLUE－S 模型处理过程（孙永光等，2011）

2）模型结构

CLUE－S 核心结构在于将模型分为非空间分析模块和空间分析模块（Pontius et al.，

2001）（图 13－2），非空间分析模块主要计算研究区每年所有土地利用类型变化的需求面积；空间分析模块以非空间分析模块的数据作为数据源，以栅格数据为基础，根据每年各种土地利用类型需求进行空间分配，实现对景观的空间模拟。非空间分析模块的计算可借助外部模块接入，可运用趋势外推法、情景预测法或其他模型方法对研究区未来可能的土地利用需求进行预测。在实际研究中，CLUE－S 模型的运行需要 4 方面数据的支撑（图 13－3），即空间政策和限制、土地利用需求、土地利用转移设置以及地类空间分布适宜性。在本研究中，需求分析模块主要根据趋势外推法对 2000 年和 2009 年的土地利用类型面积进行趋势分析，然后将其输入模型，对其空间政策和限制进行设定，主要设置森林公园作为限制区，土地利用转化规则和转化方向根据 1990 年至 2000 年和 2009 年土地利用转移矩阵进行制定。

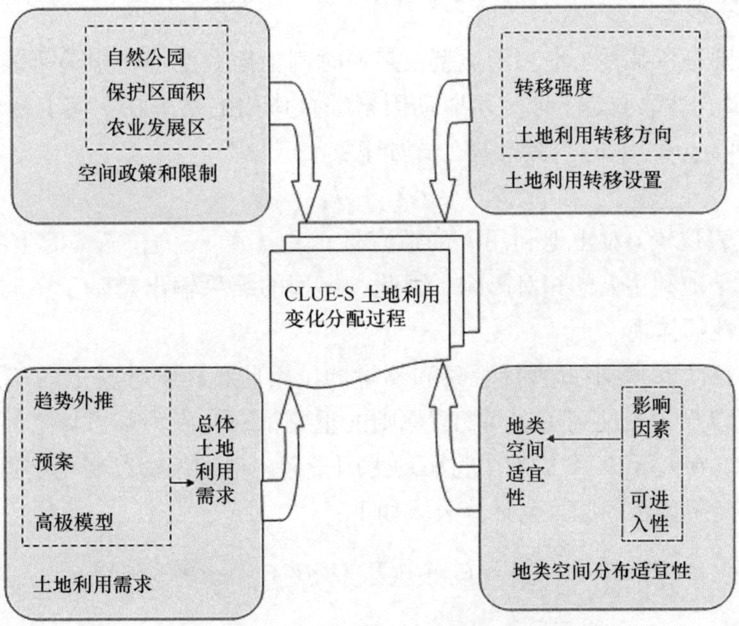

图 13－3　CLUE－S 模型的数据支撑体系（孙永光等，2011）

3）土地利用需求

在情景预案研究中，需要对土地利用需求进行设置。这一部分工作在 CLUE－S 模型之外完成，可根据研究的具体要求，采用不同的需求计算方法（趋势外推法、模型方法、情景预测法等）。土地利用需求设置需要研究者具有一定的逻辑推理能力，根据现有资料和数据对一定区域土地利用变化的规模和方向作出科学的评估和预测。影响土地需求的主要因素可归结为以下几个方面：人口数量和结构变化的需求；经济发展变化的需要，是指某一地区为了整合地方资源和社会经济优势发展，根据自身特点，制定的经济发展政策、产业结构调整政策等，经济发展的变化必然引起土地利用类型的变化，因此土地利用需求计算在城郊和人为干扰较强区域必须考虑经济发展需求；生态保护需求，随着经济的高速发展，人们对生态环境的保护也越来越重视，因此土地需求的计算也要考虑生态保护的需求。

4）土地利用转化设置（ELAS和转化方向设置）

ELAS参数表示该用地类型的转移强度，其值介于0～1，越接近“1”表示越难发生转化，越接近“0”表示越容易发生转化。除了ELAS参数设置，CLUE－S模型还需对土地利用转化方向参数进行设置，主要以土地利用转移矩阵的形式呈现，矩阵的含义主要包括以下信息：哪种土地利用类型可以转化，其将转化为何种土地利用类型；某种特定的转化过程在哪个区域可以发生，在哪些区域被限制；某一区域在预测年内不允许转化；某种土地利用类型在一年或者几年内保持最大面积不变。

5）空间分配规则二元逻辑斯蒂逐步回归分析（Logistic）

空间分配规则是指某种土地利用类型在某一时刻土地利用变化中最可能出现在“最合适区域”。所谓的最合适区域是土地利用驱动因素综合作用的结果在空间上的体现（Verburg et al.，1999；Veldkamp，1996）。其计算公式如下：

$$R_{ki} = a_k X_{1i} + b_k X_{2i} + \cdots \tag{13-1}$$

式中：R_{ki}代表位置i对土地利用k的适宜性；X_{1i}，X_{2i}…为位置i的生物物理特性；a_k，b_k为这些因子对土地利用k的相对影响。因此，模型的结果输出是基于不同过程和因子对空间位置分配重要性的体现。

但是由于适宜性R_{ki}是不可直接观察和测量的，因此，在统计学上的二元逻辑斯蒂（logistic）概率就可以作为土地利用空间配置原则的重要依据，因为其可将空间配置适宜性转化为概率进行分析。在CLUE－S模型中将驱动力因子和土地利用动态变化过程进行概率诊断的方法为二元逻辑斯蒂逐步回归。其计算公式如下：

$$\text{Log}\left(\frac{P_i}{1-P_i}\right) = \beta_0 + \beta_1 X_{1,i} + \beta_2 X_{2,i} + \cdots + \beta_n X_{n,i} \tag{13-2}$$

式中：P_i为土地利用出现发生的概率，其值在0～1；$1-P_i$为土地利用类型不出现的概率，而$P_i/(1-P_i)$为土地利用出现的比率；而$X_{n,i}$表示土地利用发生变化的驱动因子（如海拔，地形，坡度，经济，人口……），该回归方法产生与预测值相关的事件发生比率，在统计学上称之为B［Exp（B）］，一个土地利用类型出现的可能性等于该土地利用类型出现的概率除以该土地利用类型不出现的概率。如果该Exp（B）>1，发生比增加；Exp（B）=1，发生比不变；Exp（B）<1发生比降低。该统计方法可通过SPSS软件实现，显著性检验置信度一般至少要大于95%，低于该值的影响不能进入回归方程。同时，计算得出的概率分布还需进一步检验，评价用地概率分布与真实土地利用分布之间是否具有较高的一致性，通常采用ROC曲线（受试者工作特征曲线），该值介于0.5～1，0.5～0.7说明计算结果不可信；0.7～0.9，说明计算结果具有较好可信度，而介于0.9～1说明具有高的可信度。

6）空间分配动态模拟

土地利用空间分配动态模拟主要是在分析土地利用空间分布概率情况、土地利用转化规则和土地利用需求的基础上，进行数学上的多次迭代实现土地利用空间分配过程，具体过程参阅文献（Verburg et al.，1999；Veldkamp，1996）。

7）邻域设置

CLUE－S 对土地利用空间动态模拟不仅取决于栅格单位的自身条件和驱动因子回归分析的结果，同时也受到领域土地利用类型的影响。因此，CLUE－S 模型在模拟过程中，采用领域函数表达这种土地利用空间分配的影响，为了准确表达某一位置的这种影响，引入聚集度指数（S），其主要意义为土地利用类型在领域区域的比重与整个研究区的比重之比，其具体公式如下：

$$S_{i,k,d} = \frac{n_{k,d,i}/n_{d,i}}{N_k/N} \tag{13-3}$$

式中：$S_{i,k,d}$为位置 i 上土地利用类型 k 的领域聚集度；$n_{k,d,i}$为土地利用类型 k 在以 d 为距离到位置 i 的邻域内的栅格数量；$n_{d,i}$为领域栅格纵的数量；N_k 为研究区土地利用类型 k 总的栅格数；N 为研究区总的栅格数。在 CLUE－S 模拟中，一般有特定的邻域设置文件（Verburg et al.，1999；Veldkamp，1996；周锐，2010）。

13.3.4 驱动力选择

围垦区景观动态驱动力是一个复杂的系统，为了从复杂的自然和人为因素系统中选择准确的驱动力因素，消除驱动力之间的共线性关系，本项研究选择冗余分析来剔除数据间的共线性问题（尹锴等，2009）。冗余分析是剔除变量之间的共线性非常有效的手段与方法，同时也能够反映各变量之间的相关关系（尹锴等，2009）。14 个驱动因子在 CANOCO4.5 中进行 RDA 分析。方差膨胀因子（表 12－1）均小于 10，各因子间的共线性关系并不明显，选择的驱动力能够较好地反映区域景观动态变化驱动力特征。

RDA 结果通过 Monte Carlo test 检验（$P<0.05$），前四轴可解释景观空间变异总信息量的 94.5%，其中第一轴解释总变异的 45.1%，第二轴解释总变异的 25.6%，第三轴解释总变异的 14.4%，第四轴解释总变异的 9.4%，说明解释变量能够较好反映景观空间变异信息。RDA 排序结果显示：第一轴主要反映了耕地（C3）和未利用地（C4）的空间变异信息，第二轴主要反映了养殖塘（C5）、开放水域（C0）及建筑用地（C2）的变化信息，而林地（C1）的空间变异规律并不明显。耕地（C3）的变异主要受到土地经济价值、生态服务价值、土壤有机质、水盐等特征的影响（图 13－4），林地（C1）和养殖塘（C5）受到土壤水分、土壤盐分、距主河道距离和距居民点距离的影响；建筑用地（C2）与距镇中心距离和距居民点距离呈显著正相关；开放水域（C1）在围垦区具有固定的空间分布格局，即呈现格网式分布且分布于主干道和大坝边缘，因此其统计学上的显著规律并不明显。尽管冗余分析可以说明所选驱动力因子具有较好的非共线性关系、各用地类型与驱动因子之间的相关关系，以及确定影响程度的大小，但并不能确定自然因素和人为因素对景观空间格局影响的贡献度。故采用主成分分析（PCA）排序法进行驱动因素权重量化。

表 13－1　研究区土地利用驱动力因子冗余分析（RDA）统计（孙永光等，2011）

驱动力	代码	均值	+标准差	方差膨胀因子
总人口密度（人/hm^2）	DF1	314. 30	56. 87	4. 11
农业人口密度（人/hm^2）	DF2	104. 12	77. 03	3. 05
距海岸线距离（km）	DF3	2. 92	1. 38	5. 59
距居民点距离（km）	DF4	0. 86	0. 46	1. 69
距人工渠距离（km）	DF5	0. 41	0. 24	1. 57
距主河道距离（km）	DF6	3. 56	1. 75	4. 30
距主干道距离（km）	DF7	0. 66	0. 50	2. 59
距镇中心距离（km）	DF8	3. 71	1. 54	3. 21
生态服务价值（元/hm^2）	DF9	16 046. 17	10 994. 80	3. 13
经济价值（元/年 · hm^2）	DF10	1 021. 07	394. 03	4. 58
土壤水分（% vol）	DF11	0. 33	0. 04	4. 18
土壤盐分（μs/m）	DF12	0. 42	0. 10	2. 26
土壤有机质（%）	DF13	4. 39	1. 12	4. 26
土壤速效（ppm）	DF14	43. 09	13. 12	2. 95

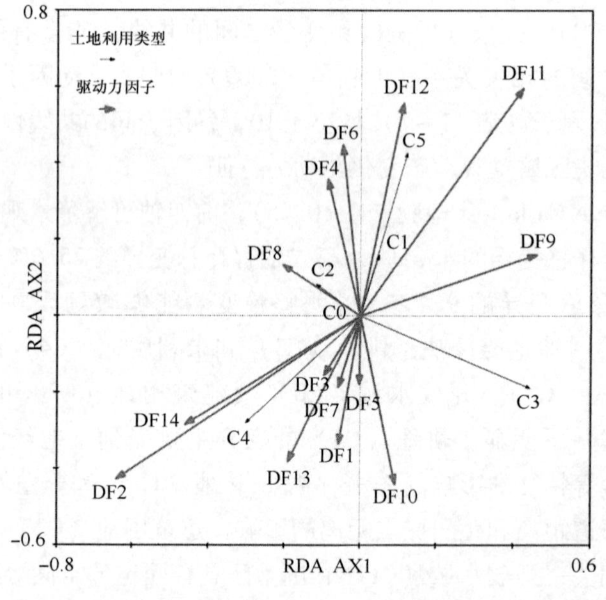

图 13－4　景观空间分布与主要影响因子的 RDA 分析结果（孙永光等，2011）

C0：开放水域；C1：林地；C2：建筑用地；C3：耕地；C4：未利用地；C5：养殖塘；DF“i” $X \in$（1～14）为表 13－1 中各驱动因子代码，下同

13.3.5 河口湿地驱动力贡献率评价

本研究采用主成分分析（PCA）方法建立各驱动力综合评价指标，确定各驱动因子权重。在GIS中将14个驱动因子进行空间fishnet分析，共采集344个样点，将样点数据输入CANO-CO4.5中进行主成分分析。结果显示，前4个主成分能够反映总信息量的87.9%；各驱动力因子在主成分的得分表明，PC1主要反映了影响耕地、养殖塘和开放水域分布驱动因子信息，RDA分析获得耕地和养殖塘变化与生态服务价值和经济价值具有较高相关性，同时也受到土壤自然属性（水分、盐分、有机质和速效P）的影响。PC2则反映了未利用地和开放水域驱动因素信息，它与距主河道距离呈正相关，与农业人口密度呈负相关，这也与围垦区的实际情况相符，因未利用地的分布主要沿河道分布。PC3则反映了建筑用地驱动因素的信息，与距居民点距离和距镇中心距离呈显著负相关。PC4较多地反映了随机变化的驱动因素信息，与距主干道距离和总人口密度呈显著正相关（表12－2）。说明主成分分析能够将自然因素和人为因素的信息反映在评价系统中。

因子得分能够较好地说明各驱动因子与成分之间的相关性，但不能确定各驱动因子在影响程度总体水平上的贡献度，我们根据各驱动因子在各主成分中得分及方差贡献计算获得14个驱动因子综合评价贡献度，最终获得各驱动因子综合贡献水平。

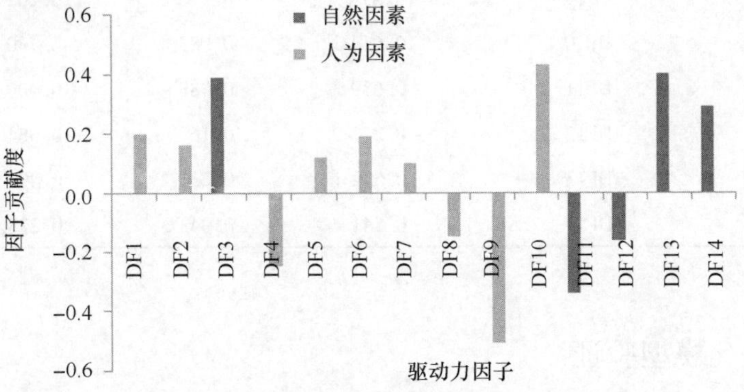

图13－5 景观空间分布主要影响因子的贡献度（孙永光等，2011）

自然因素影响综合水平贡献度（图12－5）：区域土壤有机质｜0.4｜>距海岸线距离｜0.39｜>区域土壤水分｜－0.34｜>区域土壤速效P｜0.29｜>区域土壤盐分｜－0.16｜。景观动态变化综合水平与水分、盐分等土地熟化限制性因子呈负相关，在围垦区小尺度内，耕地和养殖塘的分布主要受到土壤熟化程度和距离海岸线远近的影响，这也符合实际情况。人为因素影响贡献度排序：生态服务价值｜－0.51｜>经济价值｜0.43｜>距居民点距离｜－0.24｜>总人口密度｜0.2｜>距主河道距离｜0.19｜>农业人口密度｜0.16｜>距镇中心距离｜－0.15｜>距人工渠距离｜0.12｜>距主干道距离｜0.1｜。将自然因素与人为因素贡献度进行归一化处理后，自然因素贡献度占总水平的42.90%，人为因素则为57.10%（图12－5）。主成分综合贡献分析表明围垦区小尺度内景观动态变化人为因素解释力占主导作用，自然因素次之。而人为因素中生态服务价值和经济价值的贡献度最大，这也与长江口围垦区实际相符合，围垦区生态服务价值决定了土地利用政策制定的方向，而经济价值则是土地利用方式演变的主要驱动力，随着上海市土地资源的不断扩张，其经济价值也逐渐扩张，由城市中心向城市边缘及近海扩张。例如，在围垦区土地的经济价值越来越高，导致其种植农作物无法满足经济价值需求，而使其逐渐转变为工业企业用地。另外，自然因素也会对景观变化起到一定的限制作用，有机质含量、距离海岸线距离、水分和盐分含量对农耕用地的开发与利用会起到限制作用。

表 13－2 研究区土地利用驱动力因子主成分分析（PCA）统计（孙永光等，2011）

驱动力	代码	PC1	PC2	PC3	PC4
方差贡献率	—	0.441	0.217	0.162	0.06
累积方差贡献率	—	0.441	0.658	0.82	0.879
总人口密度（人/hm^2）	DF1	0.309 4	-0.34	0.4541	0.607
农业人口密度（人/hm^2）	DF2	0.7	-0.687 4	-0.048 4	-0.11
距海岸线距离（km）	DF3	0.3827	0.246 2	0.769 6	-0.132
距居民点距离（km）	DF4	-0.155 6	-0.141	-0.641 7	-0.060 5
距人工渠距离（km）	DF5	0.174 3	-0.02	0.052	0.403 6
距主河道距离（km）	DF6	0.055 3	0.792 9	-0.018 1	-0.387 3
距主干道距离（km）	DF7	0.271 7	-0.122 7	-0.240 2	0.611 4
距镇中心距离（km）	DF8	0.125 8	-0.164	-0.808 1	-0.325 6
生态服务价值（元/hm^2）	DF9	-0.894 5	-0.378 6	0.202 4	-0.105 8
经济价值（元/年·hm^2）	DF10	0.614 3	-0.083 4	0.730 9	0.053
土壤水分（% vol）	DF11	-0.639 3	0.088	-0.400 2	0.432 4
土壤盐分（μs/m）	DF12	-0.277 9	0.167	-0.384 9	0.065 9
土壤有机质（%）	DF13	0.542 1	0.231 2	0.491 9	-0.358 9
土壤速效 P（ppm）	DF14	0.541	0.043 3	0.228 9	-0.510 9

13.3.6 CLUE－S 模型验证

1）景观需求设置

CLUE－S 需求文件需对未来景观结构数据进行预测，我们研究选择 1990 年为预测基准年（图 13－1），2000 年、2009 年作为预测验证年。计算景观需求的方法很多，本研究选择线性插值法，获得预测时间段内的景观需求。

2）转换规则及 ELAS 参数

转换规则制定依据景观动态转移矩阵，我们根据 1990 年至 2009 年土地利用结构转移矩阵制定转化规则矩阵和 ELAS 参数设置（表 12－3）："0" 表示该用地类型不允许转为他类，"1" 表示该用地类型可转化为他类（刘淼等，2009）。

3）logistic 回归分析

CLUE－S 模型要求运用 logistic 回归分析确定土地利用空间分布概率（Verburg et al.，1999），计算过程与含义参阅文献（周锐，2010）。本研究将土地利用数据与 14 个驱动因素在 SPSS17.0 中进行 logistic 回归分析（表 12－4），在 $P<0.05$ 水平下不显著的驱动因素在输入模型过程中进行剔除。各用地类型模拟精度的检验可借助 ROC 值进行检验（Pontius et al.，2001）。ROC 值表明开放水域和林地具有相对较低的可信度，这可能是由于该用地类型具有较强的格网式分布导致，而耕地、未利用地和养殖塘则有较高的可信度，说明选择的驱动因素能够较好地解释其空间分布特征，可进行空间预测模拟。

表 13－3　CLUE－S 模型转换规则矩阵及 ELAS 参数设置（孙永光等，2011）

	开放水域	林地	建筑用地	耕地	未利用地	养殖塘
开放水域	1	1	0	1	1	1
林地	1	1	1	1	1	1
建筑用地	0	0	1	0	0	0
耕地	1	1	0	1	1	0
未利用地	1	1	1	1	1	1
养殖塘	1	1	1	1	1	1
ELAS 参数	0.9	0.8	0.9	0.2	0.3	0.2

表 13－4　土地利用类型 logistic 回归系数（β）统计（孙永光等，2011）

驱动因子	开放水域	林地	建筑用地	耕地	未利用地	养殖塘
总人口密度（人/hm^2）	0.005**	0.007**	0.01**	0	−0.009**	−0.007**
农业人口密度（人/hm^2）	−0.003**	−0.004**	0	0.01**	−0.007**	−0.01**
距海岸线距离（km）	−0.453**	−0.646**	−0.114**	0.427**	0.082**	−0.636**
距居民点距离（km）	0.438**	−0.427**	−3.627**	−0.659**	0.127**	0.772**
距人工渠距离（km）	0.282**	2.152**	0.741**	0.039	−0.458**	−1.529**
距主河道距离（km）	0.23	0.11**	0.006	0.104**	−0.451**	−0.285
距主干道距离（km）	−0.039	−1.219**	−0.992**	−0.314**	1.219**	0.008**
距镇中心距离（km）	0.222**	0.122**	0.025	−0.376**	−0.118**	0.255**
生态服务价值（元/hm^2）	0.345**	0.124**	0.078**	0.543**	0.462**	0.578**
经济价值（元/年·hm^2）	0.234*	0.212**	0.675**	0.643**	0.134*	0.001**
土壤水分（%vol）	8.775**	−1.913	0.391	−1.386*	−3.499**	−9.468**
土壤盐分（μs/m）	2.357**	−0.501	1.098**	−1.824**	−5.938**	−2.812**
土壤有机质（%）	−0.167**	0.106	−0.094*	0.1**	−0.92**	−0.142**
土壤速效 P（ppm）	−0.003	0.018**	−0.004	0.034**	0.029**	−0.020**
常数	−10.798**	−3.035**	−2.471**	0.457	7.368**	9.002**
ROC	0.748	0.702	0.836	0.864	0.876	0.842

* $P<0.05$ 显著 Significant；** $P<0.01$ 显著 Significant。

4）CLUE－S 模拟验证

标准 Kappa 指数、位置 Kappa 指数和数量 Kappa 指数介于 0～1，一般认为 kappa 指数大于 0.65 具有低可信度，大于 0.75 具有较好可信度。为验证选择的驱动力是否有较好的解释力，我们将 Kappa 分析应用于以 1990 年为预测基准年的 2000 年、2009 年模拟结果（图 12－6）与实际结果进行检验。2000 年耕地、未利用地和养殖塘 Kappa 系列指数均大于 0.75（表

13－5），说明 CLUE－S 模型能够较好地模拟围垦区主导景观类型的变化。相对而言，开放水域和建筑用地的模拟精度较低，这主要是由于围垦区开放水域具有格网式分布特征，其空间分布主要受人为政策规定的影响，同时其受土壤水分和盐分的影响较小。而林地的分布受到政策影响较大，故模拟效率也并不是很理想。将现状图和模拟图进行 RASTER 对比获得模拟总体正确率可达 82%，而 2009 年模拟准确率较 2000 年准确率相对降低，特别是对开放水域和未利用地的模拟效力较低，这主要是因为：CLUE－S 模拟效力在 10 年尺度为最佳尺度（刘淼等，2009），围垦区土地利用变化受到人为政策影响较大，在本研究中未将政府政策引入模型中去。总之，虽然 2000 年、2009 年历史模拟精度并不是非常理想，但也能满足我们在小尺度内说明景观驱动力因素的要求。

表 13－5　Kappa 指数系列计算结果（孙永光等，2011）

		开放水域	林地	建筑用地	耕地	未利用地	养殖塘
2000 年	标准 Kappa	0.68	0.73	0.66	0.85	0.88	0.83
	位置 Kappa	0.68	0.74	0.70	0.85	0.87	0.81
	数量 Kappa	1.00	0.97	0.93	1.00	0.86	0.89
2009 年	标准 Kappa	0.65	0.92	0.84	0.71	0.68	0.66
	位置 Kappa	0.65	0.92	0.84	0.71	0.68	0.67
	数量 Kappa	0.91	0.98	0.92	0.91	0.80	0.87

总之，经过 CLUE－S 模拟，研究选择的 14 个驱动力因子能够较好地模拟现实景观动态变化，具有一定的可信度。模拟各用地类型的空间分布能够很好地反映围垦区独特的格网式景观分布格局（图 13－6），特别是对景观边界突变的模拟。也说明 CLUE－S 模型能够对研究区景观动态进行模拟，所选驱动力具有较好的解释力。

13.4　理论探讨

驱动力前人已有过深入探讨，系统阐述了土地利用驱动力研究的方法，主要是利用模型方法居多（蔺卿等，2005），如 CLUE－S 模型、经验模型、元胞自动机模型、基于 Agent 模型等，但均停留在驱动力因素的选择上。也有学者将数学排序方法应用于驱动力研究，高啸峰等（2009）利用主成分分析将 33 个驱动因素进行降维排序，获得 4 个主要驱动因素。而我们的研究是在应用 CLUE－S 模型验证的基础上，利用主成分分析将滨海围垦区驱动力进行自然因素和人为因素贡献度分析，认为在围垦区人为因素影响贡献大于自然因素，这也与王玉等（2010）的结果相似，即在小尺度范围内，人为因素的影响程度高于自然因素。该案例又进一步对各因子进行了贡献度排序，人为因素贡献度较大的是生态服务价值、经济价值和距居民点距离，说明在围垦区土地利用价值和居民点分布是最为重要的驱动因子。自然驱动力则是土壤有机质、水分、盐分和距海岸线距离的贡献度较大，这也说明围垦区土地开发的程度也要受到土壤熟化程度的限制，因此海岸带初期以养殖塘为主，而在中后期则以耕地为主，同时也证实了孙永光等人（2010）“围垦区土地利用动态变化主要受到围垦时间影响”的结论，因距海岸线距离与围垦时间具有趋同性。

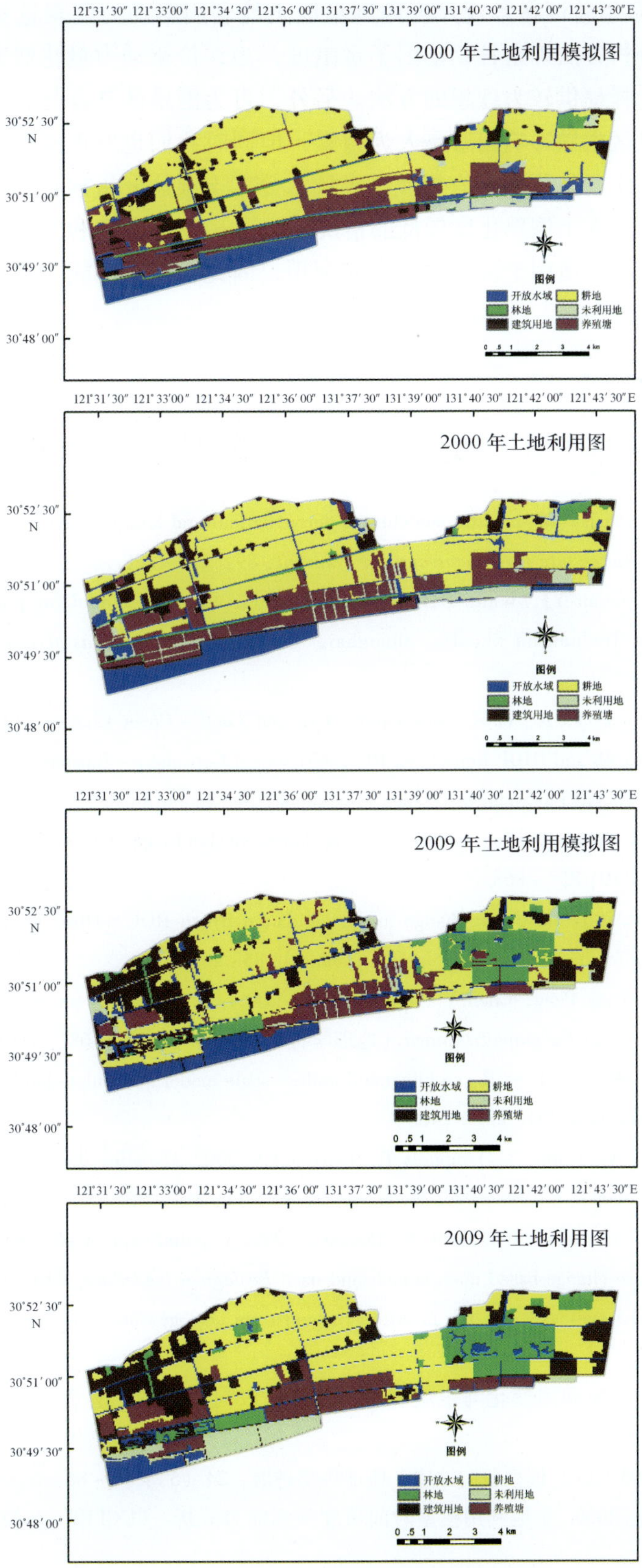

图 13－6　景观空间分布实际与模拟结果（孙永光等，2011）

借助 CLUE－S 模型验证在景观尺度内围垦区土地利用驱动力因素选择的合理性和可信度，并应用主成分分析方法确定各驱动因子贡献度，为评价驱动力量化研究提供了一种新的探索，能为驱动力选择提供较为理想的方法。另外，可为围垦区开发与管理政策的制定提供理论指导。虽然围垦区主导影响因素是人为因素，但同时我们也发现围垦区影响土地利用空间分布的限制性条件土壤熟化度（有机质、土壤水分、土壤盐分指标）和距离海岸线距离也是不容忽视的。例如，在土壤熟化度较低的情况下只适用于养殖塘和开放水域等土地利用类型，而在熟化度提高后更适用于耕地的开发和利用，因此，该案例能为滨海湿地河口区域土地政策的制定提供理论参考。

参考文献

GLP Science Plan and Implementation Strategy. IGBP Report No. 53/IHDP Report No. 19. IGBP Secretariat, Stockholm, 2005.

Gobin A, Compling P, Feyen J. 2002. Logistic modeling to derive agricultural land use determinants: a case study from south－eastern Nigeria. *Agriculture Ecosystems and Environment*, 89: 213－228.

Huang HM, Zhang LQ, Guan YJ, Wang DH, 2008. A cellular automata model for population expansion of spartina altenrniflora at Jiuduansha Shoals, Shanghai, China. *Estuarine Coastal and Shelf Science*, 77: 47－55.

Lambin EF, Baulies X, Bockstael N, et al. 1999. Land－Use and Land－Cover Change (LUCC): Implementation Strategy. IGBP Report No. 48 and IHDP Report No. 10, International Geosphere－Biosphere Programme, International Human Dimension on Global Environment Change Programme, Stockholm Bonn.

Matthias B, Anna M, Hersperger, Nina S. 2004. Driving forces of landscape change－current and new directions. *Landscape Ecology*, 19: 857－868.

Pontius RG, Schneider LC. 2001. Land use change model validation by an ROC method for the Ipswich watershed, Massachusetss, USA. *Agriculture*, *Ecosystems and Environment*, 85: 239－248.

Tang H－J, Wu W－B, Yang Peng, Chen Y－Q, Peter HV. 2009. Recent progresses of land use and land cover change (LUCC) models. *Acta Ggegraphica Sinica* (地理学报), 64 (4): 456－468 (in Chinese).

Veldkamp A, Fresco LO. 1996. CLUE－CR: an integrated multi－scale model to simulate land use change scenarios in Costa Rica. *Ecological modeling*, 91: 231－248.

Verburg PH, Soepboer W, Veldkamp A, Limpiada R, Espaldon V. 2002. Modeling the spatial dynamics of regional land use: the CLUE－S model. *Environmental Management*, 30 (3): 391－405.

Verburg PH, Veldkamp A, de Koning GHJ, Kok K, Bouma J. 1999. A spatial explicit allocation procedure for modelling the pattern of land use change based upon actual land use. *Ecological modelling*, 116: 45－61.

Wu J, Hobbs R. 2002. Key issues and research priorities in landscape ecology: an idiosyncratic synthesis. *Landscape Ecology*, 17: 355－365.

傅伯杰，陈利顶 . 2001. 土地利用变化与土壤养分的变化：以河北省遵化县为例 . 生态学报，21（6）：927－931.

蔺卿，罗格平，陈曦 . 2005. LUCC 模型研究综述 . 地理科学进展，24（5）：80－86.

刘淼，胡远满，常禹，等 . 2009. 土地利用模型时间尺度预测能力分析：以 CLUE－S 模型为例. 生态学报，29（11）：6110－6118.

吕一河，傅伯杰 . 2001. 生态学中的尺度及尺度转换方法 . 生态学报，21（12）：2096－2105.

孙永光，李秀珍，郭文永，等 . 2011. 基于 Clue－S 模型验证的海岸围垦区景观驱动因子贡献率 . 应用生态学报，22（9）：2391－2398.
王玉，贾晓波，张文广，等. 2010. 江苏海岸带土地利用变化及驱动力分析. 长江流域资源与环境，19（1）：7－12.
周锐. 2010. 苏南典型村镇景观格局演变和模拟预测研究. 中国科学院沈阳应用生态研究所，博士学位毕业论文.

14　河口邻近海域赤潮灾害风险评估

14.1　风险理论与研究进展

目前，国际上对“风险”一词并没有一个统一的严格定义。由于对风险的理解和认识程度不同，风险的内涵尚无统一的定义。不同行业领域对风险的定义也是不一样的。由于不同时期不同领域对风险的理解和认知程度的不同，造成了风险的概念不一致。因此，联合国赈灾组织（United Nations Disaster Relief Organization，UNDRO）和联合国人道主义事务部（United Nations Department of Humanitarian Affairs）分别于1991年和1992年两次正式公布了自然灾害风险的定义为“风险是在一定区域和给定时段内，由于某一自然灾害而引起的人们生命财产和经济活动的期望损失值”（UNDRO，1991；UNDHA，1992）。

生态风险（Ecological Risk，ER），是指生态系统及其组分所承受的风险，指在一定区域内，具有不确定性的事故或灾害对生态系统及其组分可能产生的作用，这些作用的结果可能导致生态系统结构和功能的损伤，从而危及生态系统的安全和健康。

据相关统计资料表明，由于河口区营养盐充裕，在合适的环境条件下有利于藻类快速增殖，导致河口区赤潮频发，造成海洋经济损失。因此，赤潮灾害是河口区的主要生态风险之一。

基于上述的理解和认识，将流域物质输入对河口区产生的生态效应及生态风险定义为：流域污染物（营养盐、淡水、泥沙）输入对河口区引发赤潮灾害的风险。换句话说，针对本课题研究，研究流域物质输入对河口区产生的生态效应及生态风险将转化为研究营养盐、淡水、泥沙输入对河口区赤潮暴发的可能性，即研究基于营养盐、淡水、泥沙的赤潮灾害危险度评估。

危险的定性表达即危险性，定量表达即危险度，是指遭到灾害破坏的可能性大小。灾害危险度评估，是指通过对灾害孕灾环境因子和致灾因子的分析，得到灾害发生可能性的高低及强度的大小。其评估方法有定性和定量两种。定性方法主要是基于专家的实际工作经验，根据现场数据得到灾害危险度结果（尚永升、张海峰，2006）。定量方法主要通过对灾害影响指标和灾害分布关系数据进行统计分析或根据灾害发生机制及灾害各自特点建立影响指标与灾害危险度的关系模型，从而得出灾害危险度区划分布。

目前，国内外对自然灾害风险评估与区划研究工作主要集中在洪涝灾害（Apel et al.，2006；Merz et al.，2008；Plate，2002；张会等，2002）、地质灾害（Acharya et al.，2006；Baum et al.，2005；Gentile et al.，2007；Arkseyet al.，2008；Holschneideret al.，2004；Faccioli et al.，2006；刘毅等，2011；王志涛等，2008）、火山灾害（Pareschi et al.，2000；Lirer and Vitelli，1998；张学霞等，2003）、气象灾害（王炜等，2011；杨仕贤等，2010）等灾害，

评估与区划方法也比较成熟完善，并在相应的灾害减灾防灾与应急服务中发挥着重要的作用。由于赤潮发生机制、环境条件比较复杂，赤潮灾害危险度评估研究工作起步比较晚，尚未形成完善的评估方法体系。目前，在灾害危险度的基础上已界定了赤潮灾害危险度评估定义（文世勇等，2009a）；建立了包括致灾因子和孕灾环境因子的危险度评估指标体系，其中致灾因子主要包括赤潮藻类及其类型（是否有毒性），孕灾环境因子主要包括营养盐、光照度、气象要素、水动力、海洋物理要素等指标，在此基础上利用 AHP 法作为确定各指标权重的方法，得出各指标在指标体系中的权重及重要性（文世勇等，2007）；进而建立了简单的危险度评估模型（文世勇等，2009a）。文世勇等在室内培养的基础上，结合营养盐对赤潮藻类生长的影响机制，建立了藻类比生长率与营养盐（N/P）的响应关系模型（文世勇等，2009b；Wen et al.，2012）；结合赤潮发生判断标准（赤潮形成时的细胞数阈值），建立了藻类生长达到赤潮形成时的细胞密度阈值所需要的时间模型；根据赤潮灾害风险管理及应急处置时间和赤潮灾害预警预报模式预警（小时）、短期（日际）、中期（月际）、长期（年际），结合藻类生长达到形成赤潮时的密度阈值所需要的时间长短，建立了基于营养盐的赤潮灾害危险度评估模型（文世勇等，2009c）；并将此模型在渤海湾进行了示范应用（Wen &Zhao，2010；文世勇与赵冬至，2011）。陈艳拢等（2009）根据 Moisan 经验模型和 Shelford 耐受性定律，建立了赤潮藻类的赤潮藻类温度生态幅的定量表达模型。

14.2　赤潮灾害危险度评估与区划技术方法

判断赤潮是否暴发的依据主要是看藻类细胞数是否达到赤潮形成时的藻类细胞数阈值（国家海洋局，2008），藻类细胞数越接近于赤潮形成时的细胞数阈值，赤潮暴发的可能性就越高。影响藻类达到赤潮形成时的细胞数阈值的因素主要有藻类初始细胞数及其最大比生长速率。另外，从赤潮灾害减灾防灾的角度来看，藻类达到赤潮形成时的细胞数阈值所需要的时间是赤潮灾害减灾防灾的一个重要参数，藻类达到赤潮形成时的细胞数阈值所需要的时间越短，赤潮暴发的可能性越高，藻类达到赤潮形成时的细胞数阈值所需要的时间越长，赤潮发生的可能性越低。因此，可根据藻类达到赤潮形成时的细胞数阈值所需要的时间的长短来建立赤潮灾害危险度评估响应机制模型，定量划分赤潮灾害暴发的可能性。

不同环境因子对浮游植物产生不同的影响，而且同一种环境因子的量过多或过少都会影响浮游植物生长与繁殖。这样，浮游植物的生长与繁殖对各种环境因子的适应就有一个生态学上的最小量和最大量，最小量与最大量之间的幅度称为耐受限度（limits of tolerance）。美国生态学家谢尔福德（VE Shelford）于 1913 年研究指出，生物的生存依赖于环境中的多种条件，而且生物有机体对环境因子的耐受性有一个上限和下限，任何因子不足或过多，接近或超过了某种生物的耐受限度，该种生物的生存就会受到影响，甚至灭绝，这就是 Shelford 耐受定律（Shelford's Law of tolerance）。生物对每一种生态因子都有其耐受的上限和下限，上下限之间是生物对这种生态因子的耐受范围，可以用钟形耐受曲线表示。耐受性定律表明环境因子对生物生长过程可划分为不能耐受带（Zone of intolerance）、生理紧张带（Zone of physiological stress）和最适生长范围（Range of optimal）。在不能耐受带，环境因子低于生物生长的耐受下限（或高于耐受上限），生物生长和发育受到影响，甚至死亡；在生理紧张带，环境因子大于生物生长的耐受下限且小于最适生长下限（或大于最适生长上限且小于耐受上限）

时，生物种群数量随着环境因子的增加而增加（或下降）；在最适生长范围，环境因子处于最适生长上限和下限，生物生长状态处于较好状态，且在该范围存在一个最适生物生长的最佳因子，在此范围内生物种群数量达到较好的状态，有利于生物的繁殖和生长。

后来的研究对 Shelford 耐受性定律进行了补充，可概括如下。

①同一种生物对各种生态因子的耐性范围不同。生物可能对某一环境因子的耐受范围很广，而对另一环境因子的耐性范围可能很窄。例如，“广温狭盐性”就表示那些对温度变化的适应范围很宽、而对盐度的变化则很敏感的海洋生物。

②不同种生物对同一生态因子的耐性范围不同。对主要生态因子耐性范围广的生物种，其分布也广。仅对个别生态因子耐性范围广的生物，可能受其他生态因子的制约，其分布不一定广。

③生物对生态因子的耐受性范围在其生活史中往往不是恒定的，而是随着年龄（或发育阶段）以及其他条件而改变。即同一生物在不同的生长发育阶段对生态因子的耐性范围不同。通常在生殖生长期对生态条件的要求最严格，繁殖的个体、种子、卵、胚胎、种苗和幼体的耐性范围一般都要比非繁殖期的要窄。例如，在光周期感应期内对光周期要求很严格，在其他发育阶段对光周期没有严格要求。

④由于生态因子的相互作用，当某个生态因子不是处在最适状态时，则生物对其他生态因子的耐受范围则有可能随之下降。

⑤同一生物种内的不同品种，长期生活在不同的生态环境条件下，对多个生态因子会形成有差异的耐性范围，即产生生态型的分化。

14.2.1 赤潮灾害危险度评估模型

1）基于不同孕灾环境因子的赤潮藻类比生长率模型

（1）基于营养盐的赤潮藻类比生长率模型

海水中的营养盐及其比例是浮游植物生长的物质基础，也是影响赤潮发生的重要因素之一。一般地，藻类比生长速率与营养盐的关系通常用 Monod 方程来表达。但此方程仅适用于单一营养盐限制，其他营养盐都是充足，这种充足又不抑制生长，且在生长过程中也没有生成抑制性产物。Monod 方程仅表示了 Shelford 耐受定律中营养盐浓度小于最佳浓度时赤潮藻类生长随着浓度而增加的正效应关系，而不能反映出耐受定律中营养盐浓度大于最佳浓度时赤潮藻类生长随着浓度增加而减小的负效应关系。因此，Monod 方程不能全面反映出营养盐对藻类生长的双重性。

文世勇等（2009b）根据王修林等（2004）的实验研究结果，结合 shelford 耐受性定律，在数据分析平台下，得到在实验条件下，当 NO_3-N 浓度小于 $(NO_3-N)_{opt}$（33.72 μmol/L）时，藻类最大比生长速率均随着 NO_3-N 的增大而增大；当 NO_3-N 浓度大于 $(NO_3-N)_{opt}$（33.72 μmol/L）时，藻类最大比生长速率均随着 NO_3-N 的增大而减小，呈高斯曲线形态分布（图 14－1）。此时 Monod 方程已经不适用。

为了定量表达出藻类最大比生长与 NO_3-N 之间的关系，在 OriginLab 7.5 平台下通过模型拟合（图 14－1），得到藻类最大比生长速率与 NO_3-N 之间的关系响应模型，见式（14－1）。

$$\mu = 3.57 + 3.09 \times \exp\left[\frac{-(x-33.7)^2}{2 \times 2.7^2}\right] \tag{14-1}$$

式中：μ 为藻类的最大比生长速率（d^{-1}）；x 为硝酸氮浓度（μmol/L）。

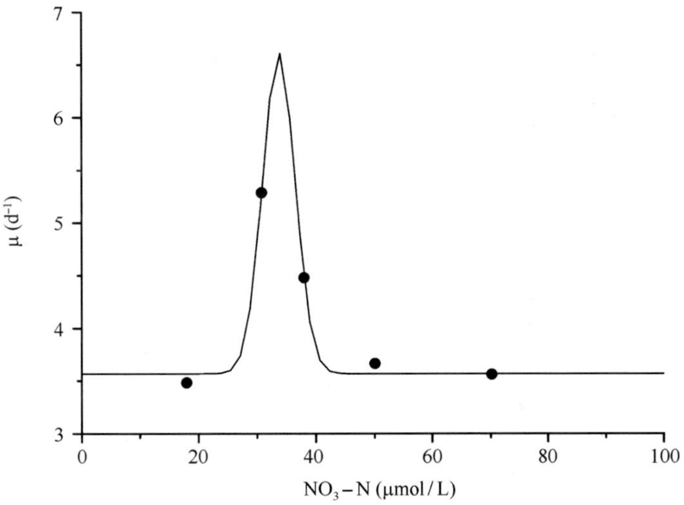

图 14-1　骨条藻比生长速率与 NO_3-N 浓度的函数关系曲线
［实线为方程（14-1）拟合曲线］

（2）基于海水温度的赤潮藻类比生长率模型

Eppley 对 162 个实验培养数据分析发现，在营养盐、光照等充足的条件下，浮游植物群落最大比生长率对温度的响应存在一个上限，并由此得到一个经验性方程：

$$\mu_{max} = \ln(2)0.851(1.066)^T \tag{14-2}$$

式中：μ_{max} 为最大比生长率；T 为水体温度。

该指数型关系定量表达了浮游植物群落最大比生长率与温度之间的关系。由于模型形式简单，并且较为准确地给出了最大比生长率与温度的关系，其在很长一段时间内得到了广泛的应用。

Moisan 依据 Shelford 耐受性准则，结合式（14-2）进一步给出了不同藻类最大比生长率与温度之间的关系：

$$\mu_{max} = \begin{cases} \ln(2)0.851(1.066)^T e^{-|T-T^{OPT}|^3/T_{scale}^{low}} & T \leqslant T^{OPT} \\ \ln(2)0.851(1.066)^T e^{-|T-T^{OPT}|^3/T_{scale}^{high}} & T > T^{OPT} \end{cases} \tag{14-3}$$

式中：T^{OPT} 为某藻种对应的最适温度；T_{scale}^{low}、T_{scale}^{high} 为不同的选择性变量。

Moisan 认为，不同藻类有不同的最适温度，不同藻类的生长对温度响应机制的差异主要源于最适温度的不同，从而造成响应曲线在形态上的差异（图 14-2）。

中肋骨条藻是一种广温广盐性赤潮藻，在全国各海区均出现过赤潮，由于缺乏中肋骨条藻温度实验数据，根据该藻种最适温度、适温范围等生理生态特征，结合单藻种最大比生长率与温度之间的关系，建立了中肋骨条藻与温度之间的响应关系式（14-4），关系曲线见图 14-3。

$$\mu_{max} = \begin{cases} \ln(2)0.851(1.066)^T e^{-|T-25|^3/T_{scale}^{low}} & T \leqslant 25℃ \\ \ln(2)0.851(1.066)^T e^{-|T-25|^3/T_{scale}^{high}} & T > 25℃ \end{cases} \tag{14-4}$$

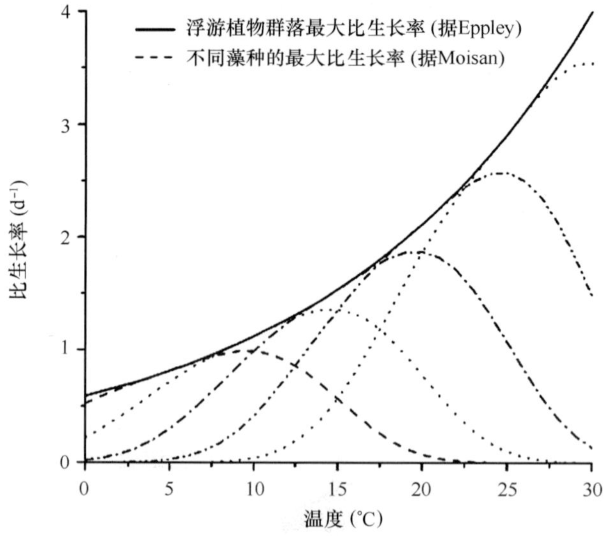

图 14－2　浮游植物与温度间的响应关系

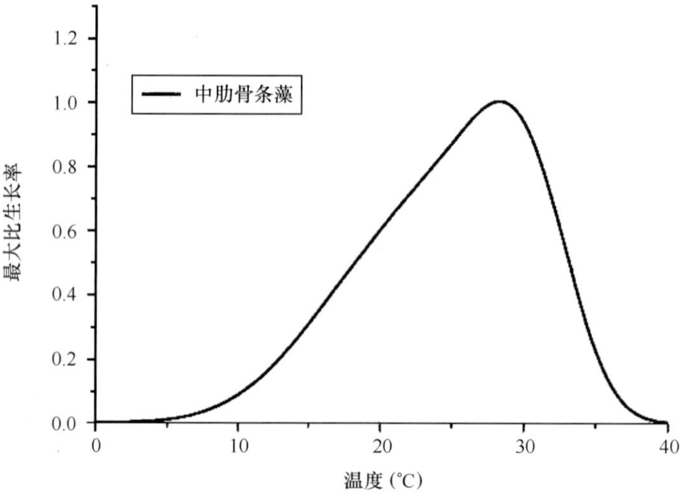

图 14－3　中肋骨条藻最大比生长率与温度间的关系

2）藻类生长达到赤潮形成时的细胞数阈值所需要的时间模型

根据藻类比生长率计算模型，结合赤潮发生判断标准（赤潮形成时的细胞数阈值），建立了藻类生长达到赤潮形成时的细胞密度阈值所需要的时间模型为：

$$t = \frac{(N_L/N_0) - 1}{\mu} \qquad (14-5)$$

式中：t 为藻类生长达到赤潮形成时的细胞数阈值所需要的时间（d），所需要的时间越短，赤潮暴发的可能性越大，反之亦然；N_L为赤潮形成时的藻类细胞数阈值（cell/L），不同藻种引发赤潮的细胞数阈值有差异，具体值可在《赤潮监测技术规程》（HY/T 069—2005）查找；N_0为藻类初始细胞数（cell/L）；μ 为藻类比生长速率（d^{-1}），其受营养盐、海水温度、光照强度等多种海环境要素影响。

从式（14－5）可以看出，藻类生长达到赤潮形成时的细胞数阈值所需要的时间 t 受赤潮形成时的藻类细胞数阈值 N_L、初始细胞数 N_0 和藻类比生长速率的影响。

3）赤潮灾害危险度评估模型

为了得到某状态下藻类生长达到赤潮形成时的细胞数阈值所需要的时间 t 相对应的赤潮灾害危险度值，根据藻类生长达到赤潮形成时的细胞数阈值所需要的时间和赤潮危险度等级及其意义，采用式（14－6）来描述赤潮危险度。

$$H = (1 + 0.012 \times t)^{-1/0.12} \tag{14-6}$$

式中：H 为赤潮灾害危险度（无量纲），取值从 0 到 1，越接近 1，赤潮灾害危险度越高，表明赤潮暴发的可能性越大；t 为与式（14－5）相同。

式（14－6）表明赤潮灾害危险度 H 与藻类生长达到赤潮形成时的细胞数阈值所需要的时间 t 呈单曲线分布关系。藻类生长达到赤潮形成时的细胞数阈值所需要的时间越短，赤潮灾害危险度越大；反之，藻类生长达到赤潮形成时的细胞数阈值所需要的时间越长，赤潮灾害危险度越小。式（14－6）定量表达了赤潮灾害危险度，为实现赤潮危险度评估提供了模型基础。

14.2.2 基于 GIS 和 RS 的赤潮灾害危险度评估与区划技术

1）数据来源

（1）起始细胞数

藻类细胞数与藻类叶绿素 a 之间存在某种关系表达式，根据杨建洪等（2004）研究结果采用卫星遥感反演的叶绿素 a 与细胞数之间的换算关系估算出藻类细胞数来作为起始细胞数，为进行赤潮危险度计算提供了基础数据。

大洋河口的叶绿素 a 卫星遥感产品数据来源详见“河口海域环境要素卫星遥感探测技术”。

（2）营养盐——硝酸盐（NO_3-N）

营养盐（硝酸盐 NO_3-N）采用卫星遥感反演的研究区悬浮物与营养盐（硝酸盐 NO_3-N）之间的换算关系推算出研究区的营养盐（硝酸盐 NO_3-N）分布来作为营养盐分布，为进行赤潮危险度计算提供了基础数据。

大洋河口的硝酸盐卫星遥感产品数据来源详见“河口海域环境要素卫星遥感探测技术”获取。

（3）温度

海表温度（SST）分布状况采用 HJ－1B 卫星遥感定量反演结果。

大洋河口的海表温度卫星遥感产品数据来源详见“河口海域环境要素卫星遥感探测技术”获取。

2）评估方法

（1）营养盐（硝酸盐 NO_3-N）输入对赤潮暴发可能性的评估方法

根据式（14－1）和式（14－5）首先计算出当前营养盐浓度条件下中肋骨条藻比生

长速率和藻类生长达到赤潮形成时的细胞数阈值所需要的时间，最后根据式（14－6）计算出当前营养盐浓度和假定其他环境因子不变条件下，中肋骨条藻赤潮暴发的可能性。

（2）淡水（温度）输入对赤潮暴发可能性的评估方法

根据式（14－4）和式（14－5）首先计算出当前温度条件下中肋骨条藻比生长速率和藻类生长达到赤潮形成时的细胞数阈值所需要的时间，最后根据式（14－6）计算出当前温度和假定其他环境因子不变条件下，中肋骨条藻赤潮暴发的可能性。

（3）营养盐（硝酸盐）和淡水（温度）协同作用对赤潮暴发的评估方法

在已完成营养盐输入对赤潮暴发可能性评估结果和淡水输入对赤潮暴发可能性评估结果的基础上，根据式（14－7）来计算营养盐（硝酸盐）和淡水（温度）协同作用对赤潮暴发的可能性。

$$H_C = H_N \times H_T \tag{14-7}$$

式中：H_C为营养盐和温度协同作用对赤潮暴发的可能性，取值从0到1，越靠近1，表明赤潮暴发的概率越大；H_N为营养盐对赤潮暴发的可能性，由营养盐（硝酸盐 NO_3-N）输入对赤潮暴发可能性的评估方法确定；H_T为温度对赤潮暴发的可能性，由淡水（温度）输入对赤潮暴发可能性的评估方法确定。

3）评估流程

为了得到赤潮灾害危险度评估结果，利用 GIS 技术（ArcGIS 9.3）的数据空间编辑与管理、数据空间分析功能，实现赤潮灾害危险度评估。其具体的操作过程主要包括基于不同孕灾环境因子的赤潮灾害危险度计算、专题图制作与结果输出等步骤（图14－4）。

（1）基于不同孕灾环境因子的赤潮危险度评估空间运算

主要过程包括数据输入、基于不同孕灾环境因子的赤潮藻类比生长率计算、藻类生长达到赤潮形成时的细胞数阈值所需要的时间计算、赤潮灾害危险度评估计算等。

①数据输入。在 ArcGIS 9.3 下输入用于计算赤潮灾害危险度的空间分布数据。

②基于不同孕灾环境因子的赤潮藻类比生长率计算。在 GIS 平台下，根据基于不同孕灾环境因子的赤潮藻类比生长率模型，计算赤潮藻类比生长率，为下一步计算提供支持。

③藻类生长达到赤潮形成时的细胞数阈值所需要的时间计算。在 GIS 平台下，根据藻类生长达到赤潮形成时的细胞数阈值所需要的时间模型，计算藻类生长达到赤潮形成时的细胞数阈值所需要的时间，为下一步计算提供支持。

④赤潮灾害危险度评估计算。在 GIS 平台下，根据赤潮灾害危险度评估模型，计算赤潮灾害危险度，得到不同孕灾环境因子的赤潮灾害危险度空间分布结果。

（2）专题图制作与结果输出

根据不同孕灾环境因子的赤潮灾害危险度空间分布结果（栅格格式），结合赤潮灾害危险度区划等级进行区划赤潮危险度评估等级，并利用比较先进的颜色等级（Raetzo et al. 2002）表示赤潮灾害危险度评估等级，直观地表达出赤潮危险度等级的空间分布。例如，用红色表示极高危险度区，黄色表示高危险度区，绿色表示中危险度区，蓝色表示低危险度区，其含义描述如下。

①极高危险度区（红色区域）。此区域表示赤潮暴发的概率均介于1～0.75。

②高危险度区（黄色区域）。此区域表示赤潮暴发的概率均介于0.75～0.50。

③中危险度区（绿色区域）。此区域表示赤潮暴发的概率均介于0.50～0.25。

④低危险度区（蓝色区域）。此区域表示赤潮暴发的概率均介于0.25～0。

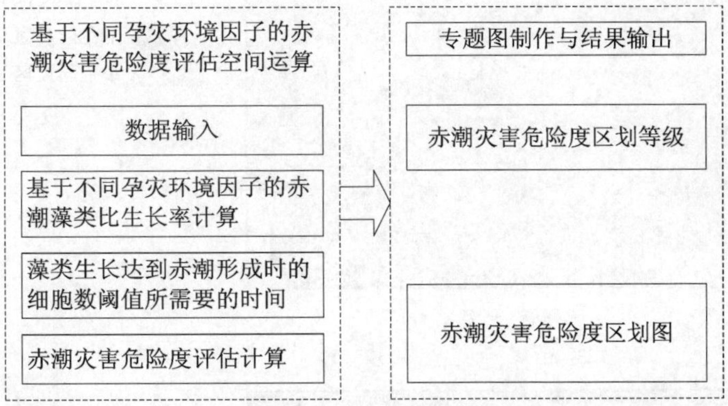

图14－4　基于GIS的赤潮灾害危险度评估技术流程

14.3　流域污染物输入对河口区产生的赤潮灾害危险度评估结果

14.3.1　营养盐输入对中肋骨条藻赤潮灾害危险度评估结果

赤潮危险度评估是评估研究区内赤潮暴发的可能性高低及赤潮的强度大小。根据赤潮危险度评估方法和流程，结合卫星遥感反演得到的营养盐（NO_3-N）空间分布数据、叶绿素a空间分布数据，分别得到大洋河口2009年4月、8月和10月份中肋骨条藻赤潮危险度的空间分布（图14－5）。

由于赤潮的暴发受到营养盐、光照强度、海水温度、藻类生物量、藻类生长速率等多方面因素的影响。在限定光照强度、海水温度等其他环境要素相同的前提条件下，赤潮危险度受到藻类细胞数和藻类最大比生长速率的影响。藻类细胞数和藻类最大比生长速率越大，藻类暴发赤潮的概率就越大，反之亦然。处于红色区域的海域，表明该区域内赤潮暴发的概率较高，也表明了该区域内的营养盐浓度较适宜藻类的生长，有利于藻类的快速增殖，因此，红色区域的海域暴发中肋骨条藻赤潮的可能性最大；而处于蓝色区域的海域，表明该区域内赤潮暴发的概率较小，也表明了该区域内的营养盐不适宜藻类的生长（限制或抑制藻类生长），不利于藻类的快速增殖，因此，蓝色区域的海域暴发中肋骨条藻赤潮的可能性最小。

通过对基于营养盐的赤潮灾害危险度评估结果分析，为制定海区纳污海域污染总量控制，水产养殖发展规划和有效的赤潮灾害管理与减灾防灾工程措施提供科学依据。

从图14－5上可看出，在不同月份，由于流域输入营养盐量不一样，导致各月份的赤潮暴发的可能性也不一样。总体上讲，4月份的赤潮暴发的可能性最大，其次是10月份的，最小的是8月份。这是因为不考虑其他环境要素的条件下，由营养盐和藻类细胞数的

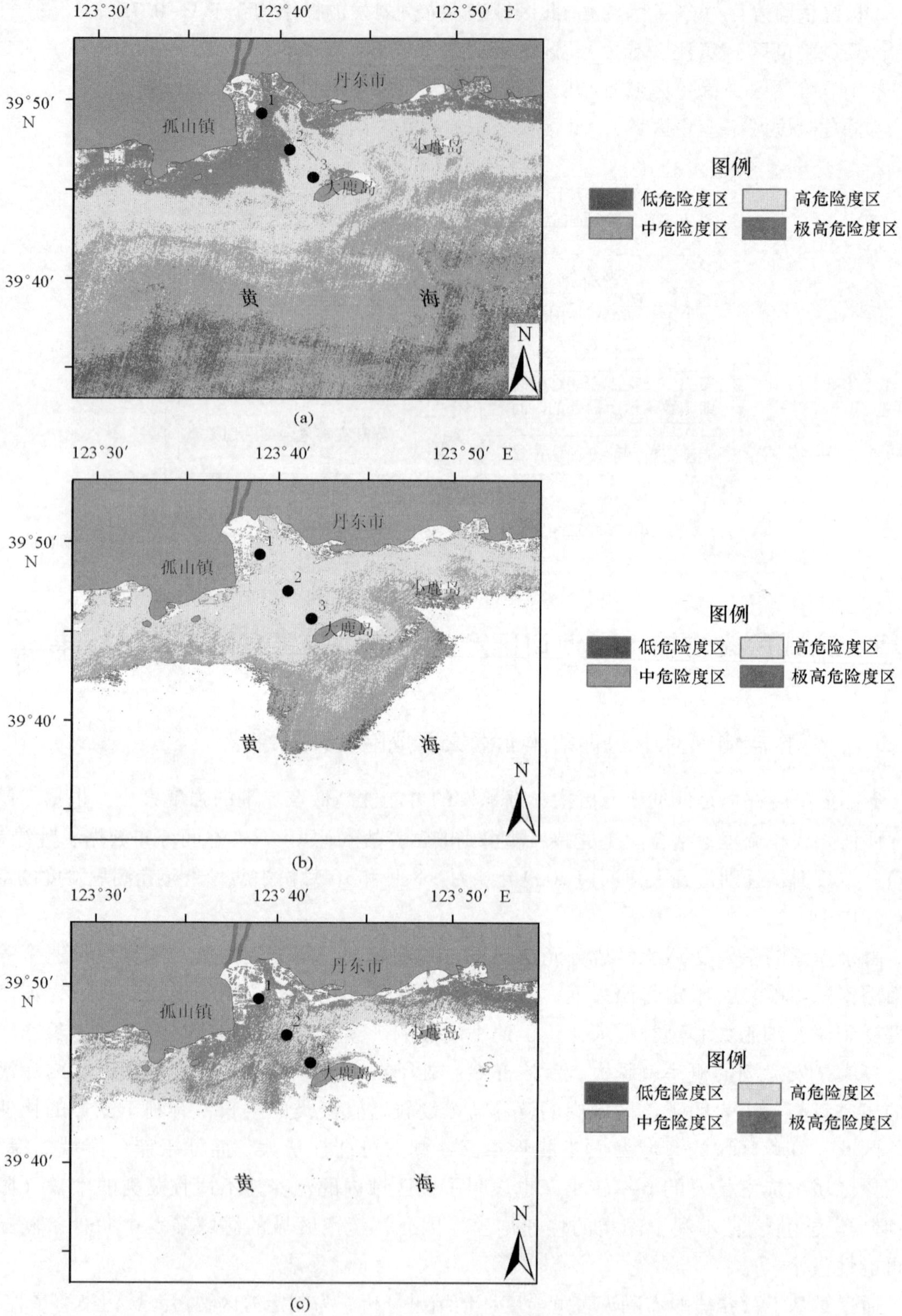

图 14－5　示范区 2009 年 4 月、8 月和 10 月基于营养盐的中肋骨条藻赤潮危险度空间分布

(a)：4 月；(b)：8 月；(c)：10 月

空间分布决定。从图 14－6 上可看出，3 个站位的营养盐数据的变化趋势与河口断面监测数据具有相同的变化趋势，即 4 月份营养盐浓度最大，其次是 8 月份，10 月份的营养盐浓度最小，而且 4 月份的营养盐浓度处于适宜藻类生长范围，有利于藻类的快速增殖。尽管 10 月份营养盐浓度相对较低，但是 10 月份细胞数密度最大，如图 14－7 所示，因此导致了 10 月份赤潮暴发的可能性较高。

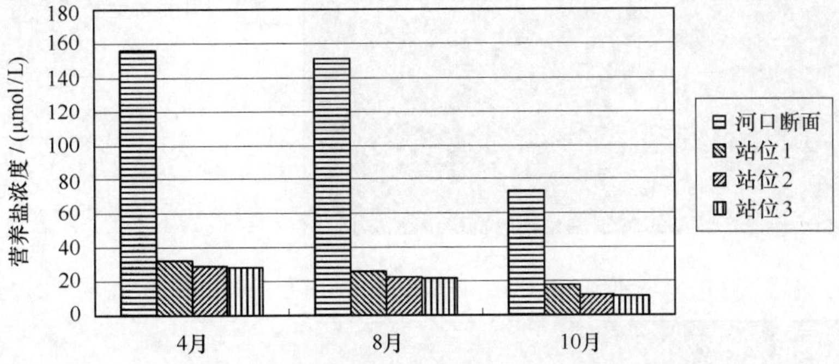

图 14－6　示范 4 月、8 月和 10 月营养盐分布比较

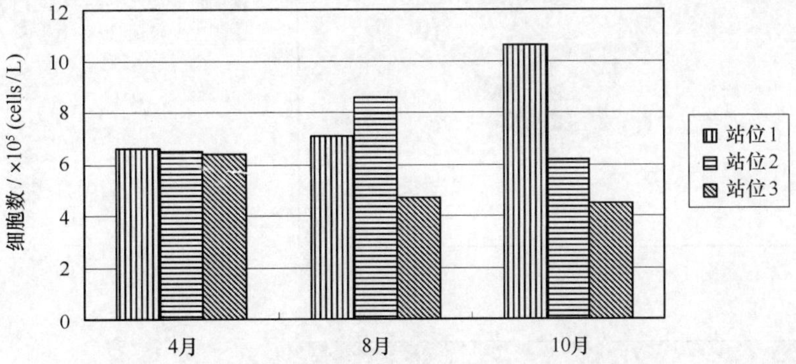

图 14－7　示范 4 月、8 月和 10 月细胞数分布比较

14.3.2　基于海表温度的赤潮危险度评估结果

基于海表温度的赤潮灾害危险度评估结果是在假定其他孕灾环境因子在一定条件下，探讨海表温度对藻类暴发赤潮的可能性。

图 14－8 显示了海表温度对大洋河口邻近海域 2009 年 4 月、8 月和 10 月份中肋骨条藻赤潮灾害危险度影响的空间分布。在限定营养盐、光照强度等其他环境要素相同的前提条件下，赤潮危险度受到藻类细胞数和藻类最大比生长速率的影响。藻类细胞数和藻类最大比生长速率越大，藻类暴发赤潮的概率就越大，反之亦然。海表温度处于藻类最适生长范围，有利于赤潮藻类生长，藻类比生长率就越大，海表温度处于藻类不能耐受带或生理紧张带，表明了该区域内的海表温度不适宜藻类的生长（限制或抑制藻类生长），不利于藻类的快速增殖。

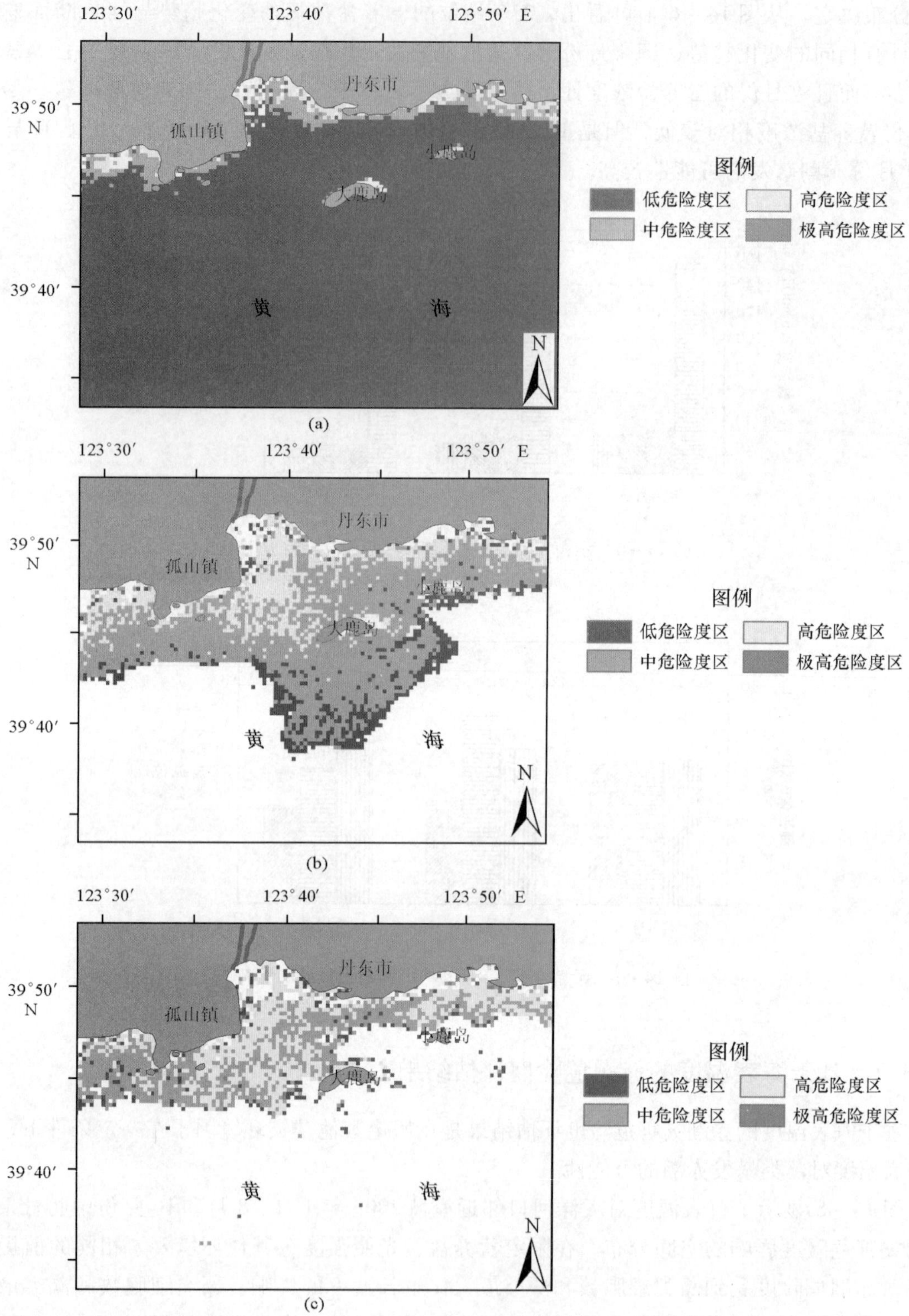

图 14-8　示范区 2009 年 4 月、8 月和 10 月基于海表温度的中肋骨条藻赤潮危险度空间分布

(a)：4 月；(b)：8 月；(c)：10 月

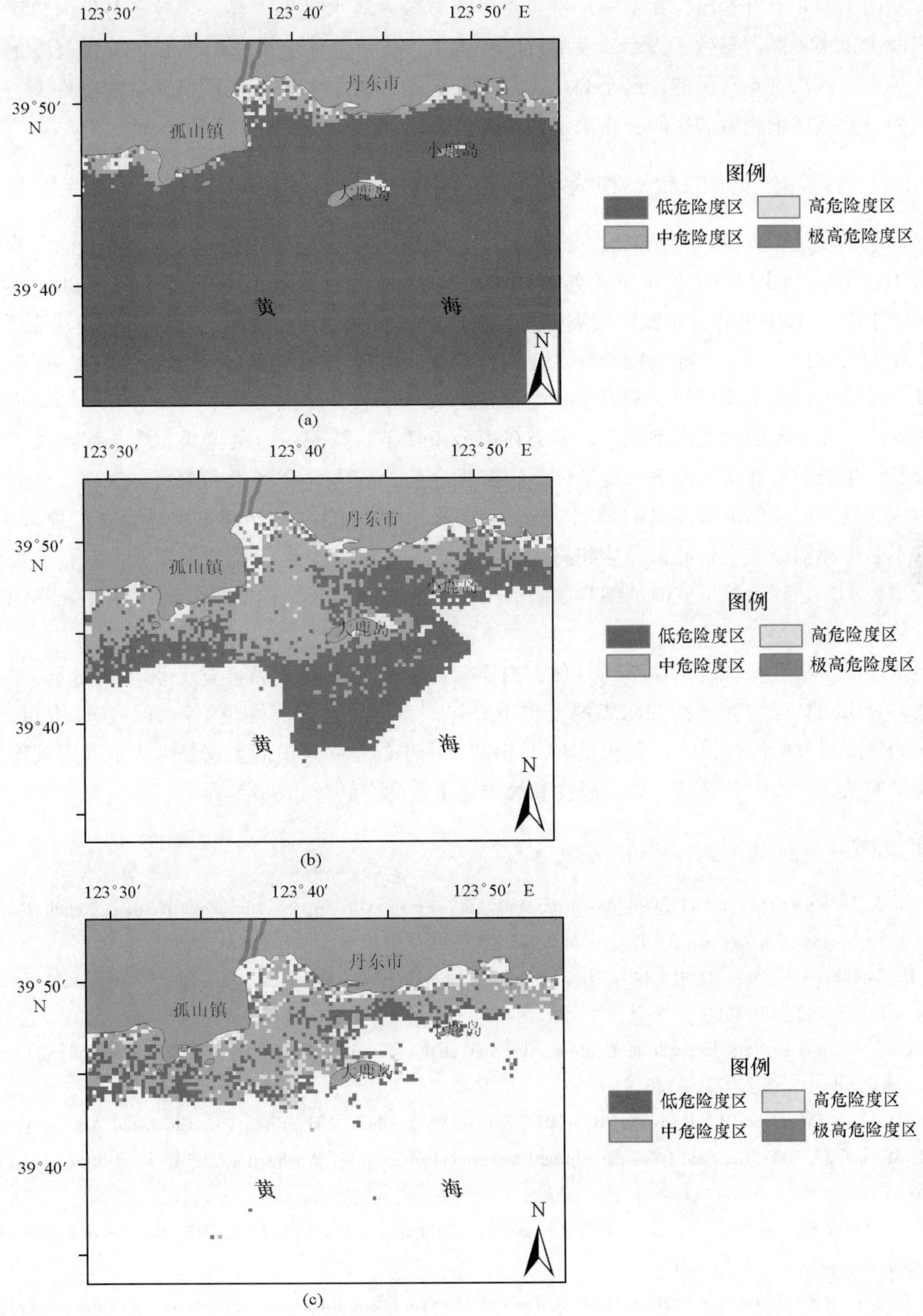

图 14－9　示范区 2009 年 4 月、8 月和 10 月基于营养盐和温度协同作用的中肋骨条藻赤潮危险度空间分布

(a)：4 月；(b)：8 月；(c)：10 月

从图 14 - 8 上可看出，在不同月份，由于流域输入淡水量不一样，导致各月份河口区的海表温度也不一样，导致了赤潮暴发的可能性也不一样。总体上讲，10 月份的赤潮暴发的可能性最大，其次是 8 月份的，最小的是 4 月份。这是因为不考虑其他环境要素的条件下，由海表温度和藻类细胞数的空间分布决定。

14. 3. 3　营养盐（硝酸盐）和淡水（温度）对赤潮暴发协同作用的评估结果

赤潮暴发是营养盐、光照强度、海水温度、藻类生物量、藻类生长速率等多方面因素综合作用的结果。图 14 - 9 显示了营养盐和海表温度协同作用对大洋河口邻近海域 2009 年 4 月、8 月和 10 月份中肋骨条藻赤潮灾害危险度影响的空间分布。在限定光照强度等其他环境要素相同的前提条件下，赤潮能否暴发受到营养盐、海表温度和藻类细胞数的影响。根据赤潮灾害危险度评估模型可知，营养盐和海表温度共同影响藻类比生长率从而进一步影响赤潮能否发生。在一定的藻类细胞数下，藻类在模型条件下，按照一定的藻类比生长率生长，在适合藻类生长的营养盐和海表温度条件下，藻类比生长较大，有利于赤潮藻类繁殖，达到赤潮形成时的细胞数阈值所需要的时间就短，赤潮暴发的可能性（赤潮灾害危险度）就较大。而在不适于赤潮藻类生长的营养盐和海表温度区域，赤潮藻类生长受到限制或抑制，藻类比生长率较小，达到赤潮形成时的细胞数阈值所需要的时间就长，赤潮暴发的可能性（赤潮灾害危险度）就较小。

从图 14 - 9 上可看出，在不同月份，由于流域输入污染物（营养盐）和淡水量不一样，导致各月份河口区的营养盐和海表温度也不一样，赤潮暴发可能性也不一样。总体上讲，8 月份的赤潮暴发可能性最大，其次是 10 月份的，最小的是 4 月份的。这是因为不考虑其他环境要素的条件下，由营养盐、海表温度和藻类细胞数的空间分布决定。

参考文献

Acharya G, De Smedt F, Long NT. 2006. Assessing landslide hazard in GIS: A case study from Rasuwa, Nepal. Bulletin of Engineering Geology and the Environment, 65 (1): 99 - 107.

Apel H, Thieken AH, Merz B, Bl schl G. 2006. A Probabilistic Modelling System for Assessing Flood Risks. Natural Hazards, 38 (1): 79 - 100.

Arksey R, VanDine D. 2008. Example of a debris - flow risk analysis from Vancouver Island, British Columbia, Canada. Landslides, 5 (1): 121 - 126.

Baum RL, Coe JA, Godt JW, Harp EL, Reid ME, Savage WZ, Schulz WH, Brien DL, Chleborad AF, McKenna JP, Michael JA. 2005. Regional landslide - hazard assessment for Seattle, Washington, USA. Landslides, 2 (4): 266 - 279.

Faccioli E. 2006. Seismic hazard assessment for derivation of earthquake scenarios in Risk - UE. Bulletin of Earthquake Engineering, 4 (4): 341 - 364.

Gentile F, Bisantino T, Liuzzi GT. 2007. Debris - flow risk analysis in south Gargano watersheds (Southern - Italy). Natural Hazards, 44 (1): 1 - 17.

Holschneider M, Teramo A, Bottari A, Termini D. 2004. On the relevance of the spatial distribution of events for seismic hazard evaluation. Natural Hazards, 31 (1): 1 - 19.

Lirer L, Vitelli L. 1998. Volcanic Risk Assessment and Mapping in the Vesuvian Area Using GIS. Natural Hazards, 17 (1): 1 - 15. DOI: 10. 1023/A: 1007977110144.

Merz B, Kreibich H, Apel H. 2008. Flood risk analysis: uncertainties and validation. sterreichische Wasser – und Abfallwirtschaft, 60 (5): 89 – 94.

Pareschi MT, Cavarra L, Favalli M, Giannini F, Meriggi A. 2000. GIS and Volcanic Risk Management. Natural Hazards, 21 (2 – 3): 361 – 379. DOI: 10. 1023/A: 1008016304797.

Plate EJ. 2002. Flood risk and flood management. Journal of Hydrology, 267 (1 – 2): 2 – 11.

Raetzo O, Lateltin D, Bollinger J. 2002. Hazard assessment in Switzerland – Codes of Practice for mass movement. Tripet Buli Eng Geol Env, (61): 263 – 268.

Shiyong Wen, Lili Song, Dongzhi Zhao, Hua Long. 2012. Effects of N/P atomic ratio on the growth of Alexandrium tamarense at various initial phosphate concentrations. Advanced Materials Research, vols 455 – 456: 1289 – 1296.

Shiyong Wen, Dongzhi Zhao. 2010. A GIS – based method of red tide hazard degree assessment. 2010 The 2th International Conference on Environmental Science and Information Application Technology (ESIAT 2010), Wuhan, China, July 17 – 18, vol 2: 298 – 302.

United Nations Department of Humanitarian Affairs Mitigating. 1991. Natural Disasters: Phenomena, Effects and Options – A Manual for Policy Makers and Planners. New York: United Nations, 1 – 164.

United Nations Department of Humanitarian Affairs. 1992. Internationally Agreed Glossary of Basic Terms Related to Disaster Management, DNA/93/96, Geneva.

陈艳拢，赵冬至，杨建洪，赵玲 . 2009. 赤潮藻类温度生态幅的定量表达模型研究 . 海洋学报，31 (5): 156 – 161.

国家海洋局 . 2008. 赤潮监测技术规程（HY/T 069—2005）. 北京：中国标准出版社 .

黄崇福 . 1999. 自然灾害风险分析的基本原理 . 自然灾害学报，8 (2): 21 – 30.

刘毅，吴绍洪，徐中春，戴尔阜 . 2011. 自然灾害风险评估与分级方法论探研以山西省地震灾害风险为例 . 地理研究，30 (2): 195 – 208.

王炜，权循刚，魏华 . 2011. 从气象灾害防御到气象灾害风险管理的管理方法转变 . 气象与环境学报，27 (1): 7 – 13.

王修林，邓宁宁，祝陈坚，等 . 2004. 磷酸盐硝酸盐组成对海洋赤潮藻生长的影响 . 中国海洋大学学报，34 (3): 453 – 460.

王志涛，苏经宇，马东辉，等 . 2008. 城市地震灾害风险区划的研究 . 中国安全科学学报，18 (9): 5 – 10.

尚永升，张海峰 . 2006. 滑坡灾害危险性评价方法研究综述 . 山西建筑，32 (24): 87 – 88.

文世勇，赵冬至，陈艳拢，等 . 2007. 基于 AHP 法的赤潮灾害风险评估指标权重研究 . 灾害学，22 (2): 9 – 14.

文世勇 . 2007. 赤潮灾害风险评估理论与方法研究 . 大连：大连海事大学 .

文世勇，赵冬至，张丰收，等 . 2009. 赤潮灾害风险评估方法研究 . 自然灾害学报，18 (1): 106 – 111.

文世勇，赵冬至，赵玲，等 . 2009. 赤潮藻类的氮磷比耐受性响应模型研究 . 大连海事大学学报，35 (1): 118 – 122.

文世勇，赵冬至，赵玲，等 . 2009. 基于氮磷比的赤潮灾害危险度评估方法研究 . 中山大学学报，48 (2): 84 – 89.

文世勇 . 2010. 基于营养盐的赤潮灾害风险评估技术与应用研究 . 大连：大连海事大学 .

文世勇，赵冬至 . 2011. 基于营养盐的渤海湾海域中肋骨条藻赤潮危险度评估 . 海洋环境科学，30 (1): 28 – 31.

杨仕贤，张好艳，张春红，等 . 2010. 气象灾害损失评估技术及应用研究 . 安徽农业科学，38 (18): 9738 – 9740.

张学霞，薄立群，张树文 . 2003. 基于 RS 和 GIS 的长白山火山灾害风险评估研究 . 自然灾害学报，12 (1):

47－55.
张会，张继权，韩俊山. 2005. 基于GIS技术的洪涝灾害风险评估与区划研究：以辽河中下游地区为例. 自然灾害学报，14（6）：141－146.
赵冬至，等. 2010. 中国典型海域赤潮灾害发生规律. 北京：海洋出版社.

15 河口湿地三维信息系统

随着环境污染、森林植被退化、水土流失、生物多样性渐少等问题的不断加剧，人类赖以生存和发展的生态环境健康和可持续发展状态受到了影响。目前，我国的河口湿地研究成果主要针对具体区域，借助于地理信息系统技术、遥感技术等相关技术手段，以评价报告为主要成果来实现的。本章内容主要以大洋河流域河口为研究区，设计并实现了一个三维信息系统用于生态安全评价结果的展示，主要功能包括流域陆源污染风险评价、河口湿地生态健康评价和河口流域生态安全评价三方面。

15.1 国内外 3D GIS 发展现状

15.1.1 国外发展现状

从 20 世纪 80 年代末以来，3D GIS 及其可视化在国外成为 GIS 的研究热点，其研究范围涉及数据库、地理信息系统、计算机图形学、虚拟现实技术等多门学科的领域。早期的三维地理信息系统原型系统，只是在技术上取得了很多的成果，但都没有投入实际使用。

美国国家地理信息和分析中心已开发出一种基于域的三维地理信息系统，对基于域的三维空间操作进行了比较全面的分析和实现，具有很好的应用前景。但是该系统主要集中于三维表面的地形的分析，是数据在三维环境中进行显示。而在空间查询方面的功能比较简单。日本京都大学综合了 GIS、虚拟现实和社会科学等，历时 3 年完成了“Digital City Dyoto”项目，建立了一个集属性信息显示、虚拟城市显示、用户实时漫游于一体的数字京都。James D 等开发了基于 ESRI 公司的 ArcScene 3D 平台的软件包，用于地下钻孔数据的管理、三维可视化、查询分析。德国 Rostock、Stutgart 大学等研究机构联合研究三维 GIS 在数字城市中的应用，并针对一些城市建立了比较完整的模拟系统。法国已于 2007 年夏对公众开放其基于 Skyline 软件公司的 SkylineGlobe 企业解决方案的三维虚拟地球平台“Geoportail”。这是首个并且是唯一一个包含全法国覆盖范围的高分辨率卫星影像的三维虚拟地球平台，这个平台具有交互功能，公众可以在真实的三维地形和城市场景内进行漫游。

在学术研究上，3D GIS 技术也逐步成为研究热点。1989 年，英国的 Raper 教授率先总结了当时召开的几个国际学术会议中心关于 3D GIS 方面的文章，汇集了在此之前的关于 3D GIS 方面的研究成果。同年，Tuener 教授在北大西洋公约组织的支持下主持召开了第一个专门的三维地理信息系统会议，邀请了全世界许多相关学科的著名专家，共同将 3D GIS 作为地理信息系统研究的重点。为今后的发展方向和如何与实际应用相结合等指明了道路。此次会议的召开标志着 3D GIS 研究开始全面展开。

15.1.2 国内发展现状

国内3D GIS的研究从理论研究到应用技术的研究虽说只经历了短短十几年，但其理论研究已经取得了较大的突破，学者们对3D GIS的三维空间数据模型、三维建模以及单一领域的应用提出了许多方法和技术手段，并已开始应用到生产实践中。李德仁、李清泉结合3D GIS在城市、地质、海洋等领域的具体应用，发展了3种不同的空间数据模型的集成方法。龚健雅等提出了以矿山应用为背景的矢量与栅格集成的面向对象的三维数据模型和适合地下工程的矢量与栅格集成的面向对象的混合数据模型。

近年来，国内在3D GIS开发方面的研究也逐步开展起来。朱英浩在Visual C++及图形库OpenGL平台上，通过与Maplnfo集成的方式，开发了城市三维可视化GIS软件，能够实现对Maplnfo格式二维数据的GIS分析功能和基于VirtuoZo的数字航空测量数据得到的三维模型的三维查询漫游功能。杨必胜、李清泉（2000）提出了一种分层组合模型方法构造建筑物模型，以及在此模型基础上的动态显示、空间分析和交互操作等功能，并在VC++和OpenGL平台上开发了一个应用系统（3D T001）对三维城市模型中的地形和建筑物进行整体三维动态显示和操作。常歌（2001）在VC++和OpenGL平台上开发研制了熟悉城市景观系统（City View），利用已有的立体测图地物数据、数字高程模型数据，结合其他基础地理资料，获取城市区域的三维景观信息并进行一体化建模，制作图层管理性质的三维城市景观图。朱庆（2006）等通过一个典型仿唐木构建筑群的虚拟展示，介绍了基于微机平台建立文化遗产GIS三维可视化系统的设计方案，研究应用LOD数据集成、多模态可视化、室内外三维一体化显示与漫游和多媒体属性查询等关键技术。谢义林、汪云甲（2006）采用VR技术与GIS组件（MapX）开发技术相结合的方式，实现了三维GIS的应用。江苏盐城利用TerraBuilder软件建立3D地形数据库平台，利用TerraDeveloper开发工具，集成TerraExplorer Pro软件系统的全部功能以及国土资源信息管理中的业务功能，开发了国土资源3D可视化应用系统，该系统能够直观快速地显示和浏览所有信息，进行国土信息综合展示和管理。常州市利用Sky-lineGlobe平台软件建立了天宁寺应急智能化系统，系统除了具有基本的三维漫游、信息查询、空间量算功能外还提供火灾应急方案，用户可以规划救援路径，进行方案对比，为火灾救援提供决策支持。

国内在3D GIS方面的研究起步不久，其研究和应用水平与国外的差距较大，大都是基于三维可视化软件研究的，缺乏真正的GIS数据分析功能，对于真正的3D GIS系统，目前还处于研究状态。

15.2 总体设计

15.2.1 总体目标

依据生态文明理念和河口湿地生态系统结构、功能特征，集成基础地理数据、河口湿地生态调查数据、河口水域监测数据、流域陆源数据，河口湿地类型要素空间识别提取技术、河口湿地景观评价技术、河口湿地人类活动强度评价技术、河口湿地生境质量评价技术、非点源污染风险评估技术、流域生态修复与非点源污染调控技术等各环节的数据和技术，开发基于遥感和GIS平台的河口海域三维管理系统技术，实现河口海域的三维实时监测、管理、控制，为河口海域、海岸带环境监测管理的业务化工作提供技术支撑。

15.2.2 功能需求

系统旨在全面地收集、处理大洋河流域河口地理数据及生态安全评价数据的基础上，严格地遵循系统的设计原则与要求，研发出一套既具有地理信息系统基本功能又可以将河口湿地生态环境评价的过程及成果充分表达的三维演示系统。该系统可以使用户快速地掌握大洋河流域河口的地理环境和生态环境状况，辅助决策者对该区域的生态安全状况进行综合评估和管理。

15.2.3 逻辑结构

在了解和掌握大部分此类系统的基础上，设计出本系统的逻辑结构（图15－1）。该系统主要包括数据层、技术层和表现层三个逻辑层次，分别对应系统数据的管理、系统实现的平台和系统界面。

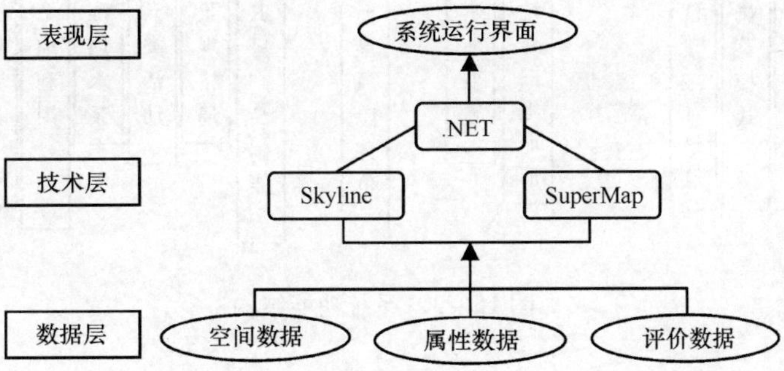

图15－1 系统逻辑结构

15.2.4 系统模块组成

河口湿地三维信息显示系统软件包括影像数据三维显示与管理模块、河口区域三维建模模块、河口湿地生态健康评价模块、流域陆源生态风险评价模块、流域河口生态安全评价模块等几个部分，如图15－2所示。

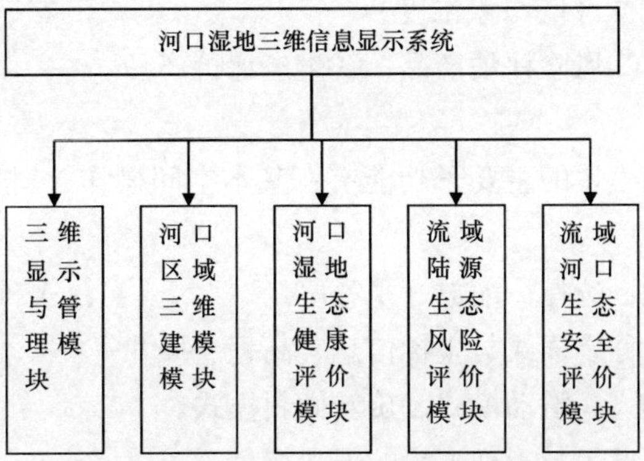

图15－2 河口湿地三维信息系统模块组成

15.3 功能设计

目前，国内外现已开发实现的此类系统主要实现的功能一般包括数据的量测与统计、时空维的变化比较、发展趋势分析、生态安全状况的分析评价、存在问题的分布情况等。其功能主要是以专题图（如柱状图、饼状图、折线图等）的形式来表达分析、评价模型，并生成相应的预测、评价结果，为各种应用目标提供辅助决策。根据系统目标和系统模块组成，将本系统模块分解为更为详细的子功能，系统功能结构如图 15－3 所示。

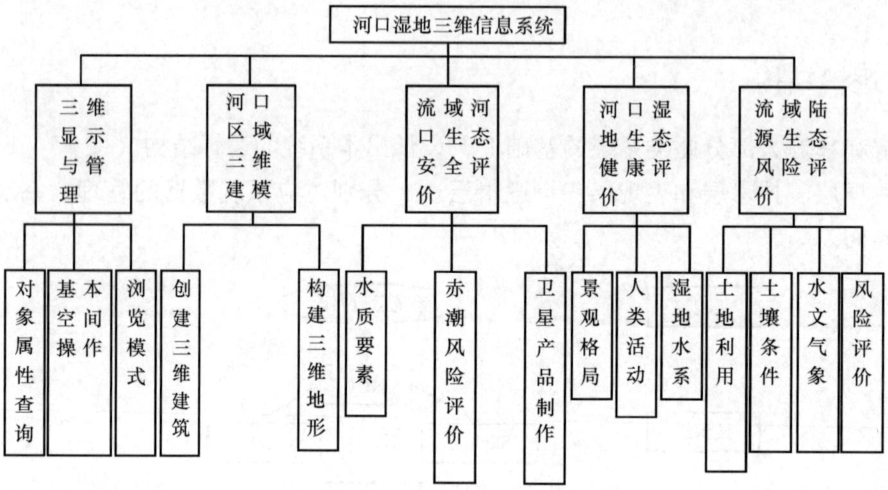

图 15－3　系统功能结构

15.3.1　三维显示与管理功能

标志：DDMG。

功能：将本软件运行需要的数据进行读入，将各个模块计算生成的数据输出到外部数据库，能够实现各个模块之间及和外部的数据显示和管理。

输入：①基础地理数据（1:5 万、1:25 万）；

②水质数据［历史数据、现场数据（浮标、船只）］；

③遥感监测数据（叶绿素浓度）。

输出：①三维成果；②风险评估产品；③生态评价产品。

主要子功能：

三维动态显示与管理模块的主要子功能有：基本空间操作、对象属性查询、模式浏览等功能。

①基本空间操作功能：选择、缩放、平移等。

②对象属性查询：名称、样式、坐标信息、高程、尺寸等。

③浏览模式：拖动模式、滑动模式、旋转倾斜模式。

图 15－4 给出了三维显示与管理模块的子功能示意图。

三维显示与管理子模块从外部获得基础地理数据、三维模型建筑、水质数据，叶绿素浓

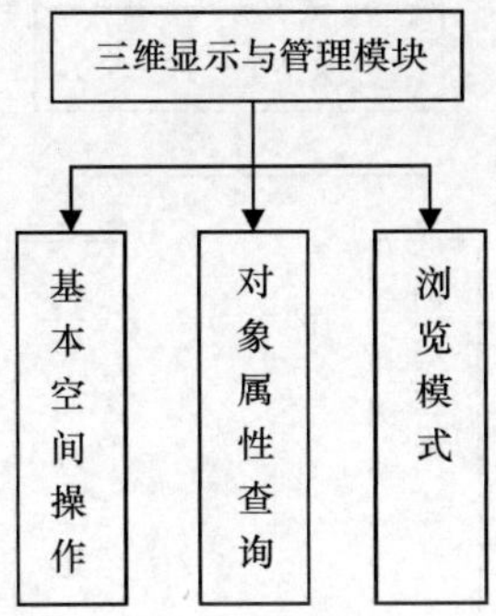

图 15－4　三维显示与管理子功能

度，通过本模块进行三维显示和管理。

图 15－5 给出了该模块的处理流程。

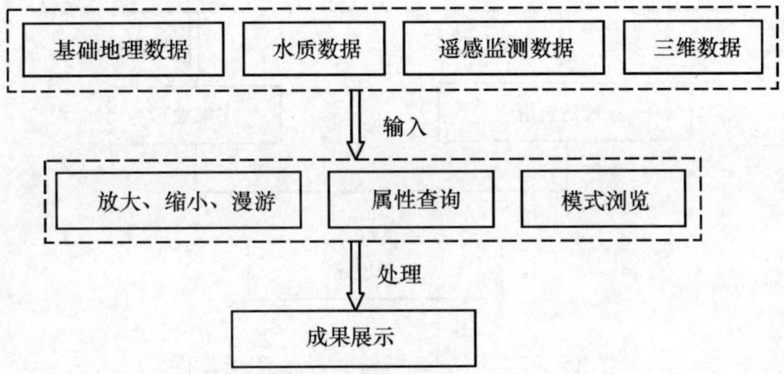

图 15－5　三维浏览与管理流程示意

15.3.2　河口区域三维建模功能

标志：TDCM。

功能：通过本模块读入现场测量数据，根据建筑模型和三维场景模型构建三维建筑群和三维地形。

输入：①30mDEM 数据；

②现场照片；

③建筑物坐标。

输出：①三维地形；②三维建筑。

主要子功能：

河口区域三维建模模块的主要子功能有：创建三维模型、构建三维地形等子功能。

①创建三维建筑群：庙宇、楼房等。

②构建三维地形：坐标、高程等。

图 15－6 给出了河口区域三维建模模块的子功能示意图。

河口区域三维建模模块将本模块产生的三维建筑群和三维地形传递给三维数据显示与管理模块。能够实现本模块与外部的数据交换需求。图 15－7 给出了该模块的处理流程。

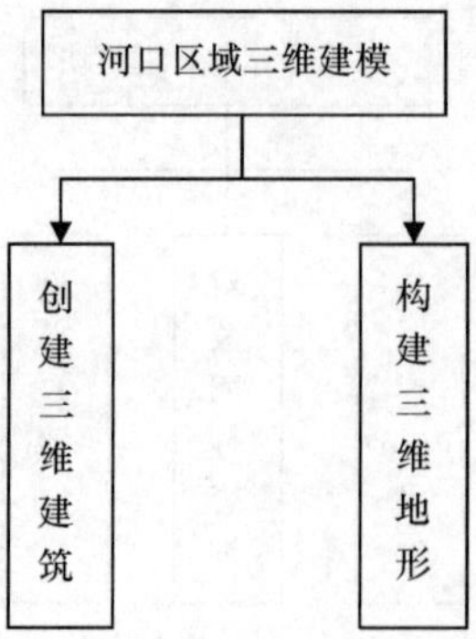

图 15－6　河口区域三维建模子功能

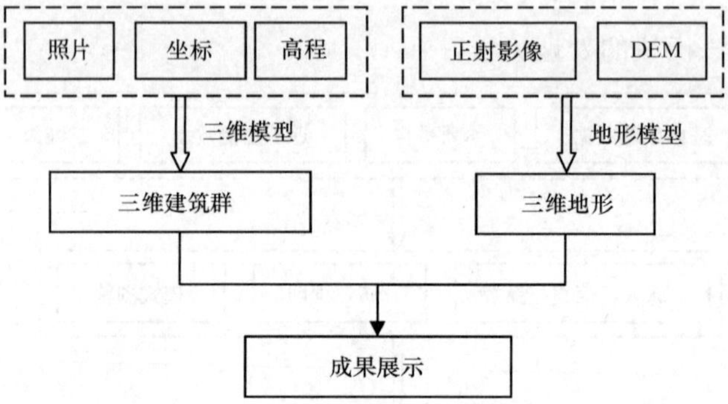

图 15－7　河口区三维建模流程示意图

15. 3. 3　河口湿地生态健康评价功能

标志：EWES。

功能：本模块读入河口湿地生态健康评价需要的数据，通过生态健康评价模型得到生态健康评价成果。

输入：①海域使用数据；

②岸线数据；

③湿地分类；

④水质数据。

输出：①岸线变迁产品；②湿地分类专题图；③生态评价成果。

主要子功能：

河口湿地生态健康评价模块的主要子功能有：景观格局、人类活动、湿地－水系变迁等子功能。

图 15－8 给出了河口湿地生态健康评价模块的子功能示意图。

河口湿地生态健康评价模块将现场调查水质数据和通过遥感影像得到的生物景观、湿地类型、岸线变迁等数据通过生态健康评价模型生成该区域生态健康状况成果。同时能够实现本模块与其他模块及外部的数据交换需求。图 15－9 给出了该模块的处理流程。

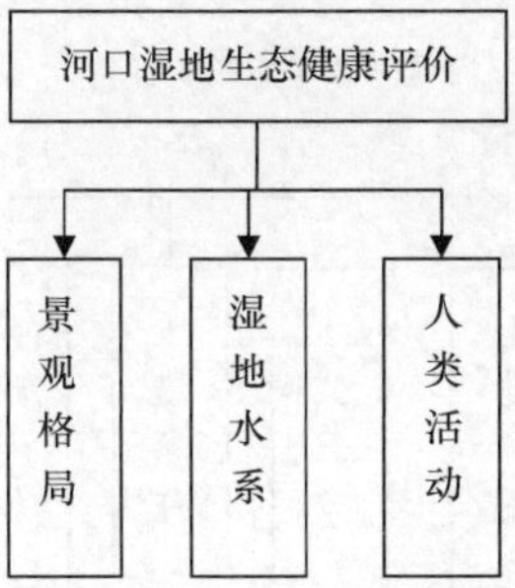

图 15－8 河口湿地生态健康评价子功能

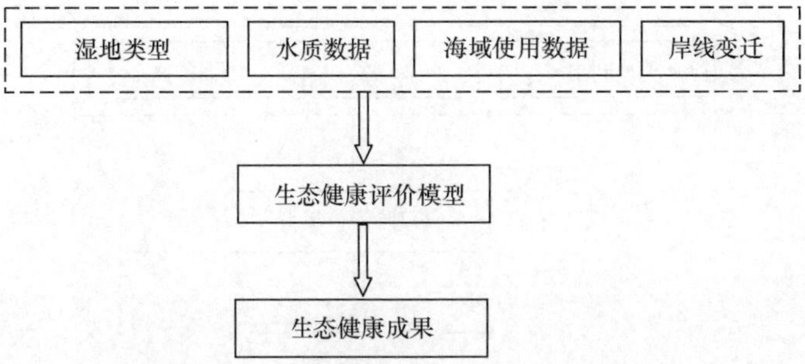

图 15－9 河口湿地生态健康评价流程示意图

15.3.4 流域陆源生态风险评价功能

标志：RLER。

功能：通过本模块读入流域陆源风险评价所需数据，根据风险评价模型得到风险评价成果。

输入：①土地利用；

②土壤数据；

③排污口；

④集水区数据。

输出：①坡度坡向；②土地利用专题图；③流域生态风险评价成果。

主要子功能：

流域陆源生态风险评价模块的主要子功能有：土地利用、水文气象、土壤条件、风险评价等。

图 15－10 给出了流域陆源生态风险评价的子功能示意图。

流域陆源生态风险评价将现场调查的水文气象、土壤条件数据和由遥感影像得到的土地利用数据通过风险评价模型生成该流域陆源生态风险状况成果。同时能够实现本模块与其他模块及外部的数据交换需求。图 15－11 给出了该模块的处理流程。

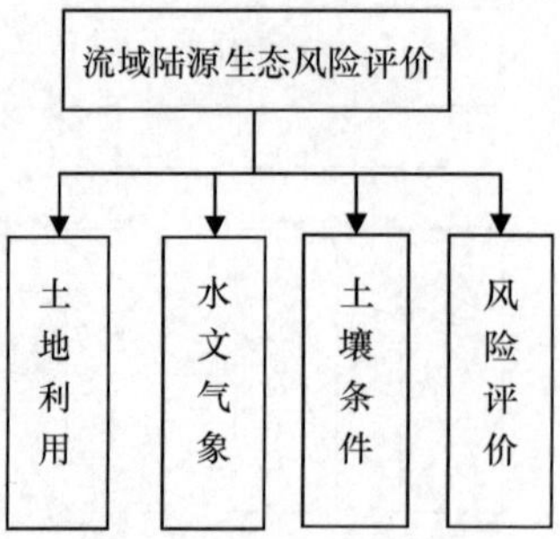

图 15－10　流域陆源生态风险评价子功能

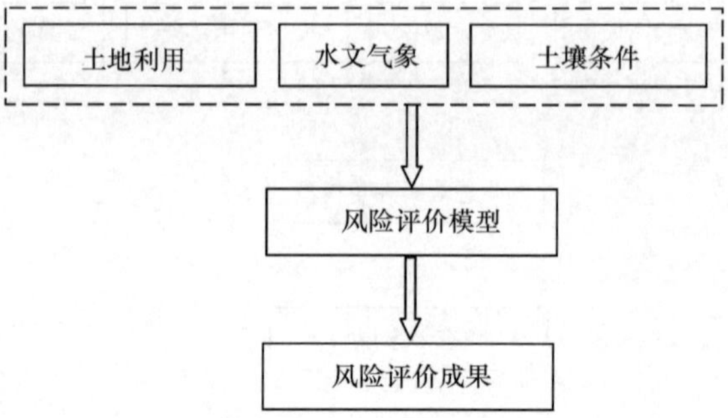

图 15－11　流域陆源生态风险评价流程示意图

15. 3. 5　流域河口生态安全评价功能

标志：RESE。

功能：通过本模块读取流域河口生态安全评价所需数据，根据生态安全评价模型得到风险评价成果。

输入：①站位水质数据；

②赤潮数据；

③卫星影像。

输出：①海表温度，黄色物质，叶绿素浓度，透明度，总悬浮物浓度等卫星产品；②数据表。

主要子功能：

流域河口生态安全评价模块的主要子功能有：站位要素、赤潮风险评估、卫星产品制作等子功能。

图 15－12 给出了流域河口生态安全评价模块的子功能示意图。

流域河口生态安全评价将现场调查站位的水质数据，遥感影像数据通过生态安全评价模型生成该区域生态安全状况成果。同时能够实现本模块与其他模块及外部的数据交换需求。图 15－13 给出了该模块的处理流程。

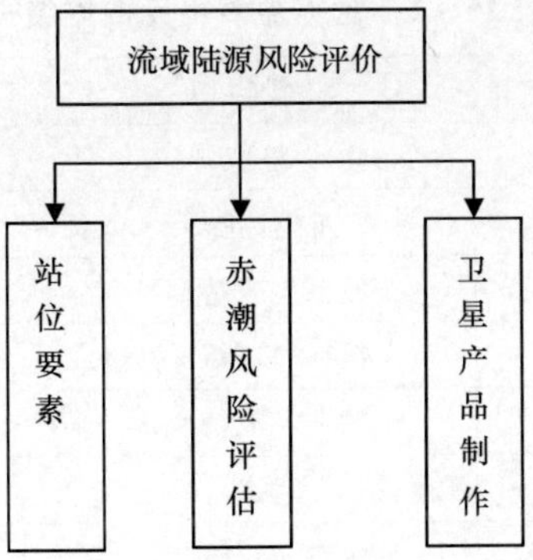

图 15－12　流域河口生态安全评价子功能

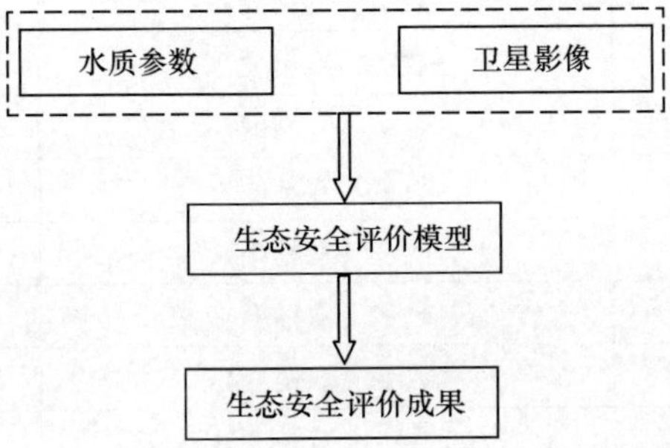

图 15－13　流域河口生态安全评价流程示意

15.4　数据库设计

数据采用是 SuperMap 自有的一种基于文件和数据库方式混合的空间数据组织方式。一个 SDB 数据工程包括两个文件，扩展名为 SDB 的文件存储空间数据，采用 OLE 复合文档技术；扩展名为 SDD 的文件为属性数据库，采用 Access 的 MDB 数据库格式。由于 SDB 文件采用了复合文档技术，因此提供了在一个 SDB 工程中存储多个数据集的能力，但只支持单用户写操作。

15.4.1　空间数据库

空间数据主要由地理底图数据、湿地类型、海域使用类型等组成。

15.4.2　属性数据库

根据河口区域现场测量数据特点，本系统属性数据库由水质测量、控制点测量、赤潮点、外业测量等对应的附表组成（表 15－1 和表 15－2）。

表 15－1　营养盐表格元数据结构

列名	数据类型	空/非空
ID	整型	非空
时间	时间格式	非空
经度	数字（双精度）	非空
纬度	数字（双精度）	非空
水深	数字（双精度）	非空
采样层次	字符	非空
采样深度	数字（双精度）	非空
透明度	数字（双精度）	
pH 值	数字（双精度）	
水温	数字（双精度）	
盐度	数字（双精度）	
化学耗氧量	数字（双精度）	
溶解氧	数字（双精度）	
溶解氧饱和度	数字（双精度）	
亚硝酸盐－氮	数字（双精度）	
硝酸盐－氮	数字（双精度）	
氨－氮	数字（双精度）	
硅酸盐	数字（双精度）	
叶绿素－a	数字（双精度）	
粪大肠菌群数	数字（双精度）	
活性磷酸盐	数字（双精度）	

表 15－2　控制点的元数据格式

序号	数据项	数据类型	描述
1	FID	整型	唯一标志
2	ID	整型	序列号
3	所属区域	字符型	
4	经度	浮点型	
5	维度	浮点型	
6	测量时间	时间型	
7	记录人	字符型	
8	校核人	字符型	

15.5　功能展示

本系统是在 . NET 环境中集成 Skyline 的 TE3DWindow（三维窗口控件）、TEInformation-Window（信息树窗口控件）、TENavigtionMap（导航窗口控件）及 SuperMap 的 SuperMap（地

图控件)、SuperLegend（图例控件）等控件采用 C#语言进行开发的。实现了包括导航、缩放、漫游、空间定位、属性信息查询、二三位联动等功能在内的基本地理信息系统功能。并以三维可视化的地理空间环境为依托，从流域陆源风险评价、河口湿地生态健康评价和河口流域生态安全评价 3 个方面将大洋河流域河口的生态安全评价结果进行了综合性的展示。

15.5.1　三维显示与管理

三维显示与管理包括基本空间操作，属性查询、模式浏览等功能，如图 15－14 所示。

图 15－14　三维浏览

15.5.2　三维建模

三维建模包括城市三维建模和三维地形两部分，见图 15－15 和图 15－16。

15.5.3　河口湿地生态健康评价

在河口湿地生态健康评价方面，主要结合遥感技术、地面调查和社会经济发展构建河口湿地生态健康评价指标体系。系统中以二维的方式从 4 个方面展示了大洋河河口三角洲湿地的生态健康状况，即河口三角洲景观格局分布的演变（1984 年、1990 年、2000 年、2008 年)、河口湿地水系分布及变化（1984 年、2008 年)、河流与芦苇湿地分布及变化（1984 年、2008 年)、海域使用与天然湿地分布及变化（1984 年、2008 年)，如图 15－17 所示。

15.5.4　流域陆源风险评价

通过对大洋河流域径流指数、泥沙流失指数、农田营养盐流失指数 3 个栅格数据依据流域非点源污染发生风险指数进行空间叠加运算，得到大洋河流域非点源污染风险评价的空间分布图。为了将污染风险评价结果更好地表达出来，系统从流域水系、坡度、坡向、污染源类型、径流深度、土地利用等方面逐一进行展示。

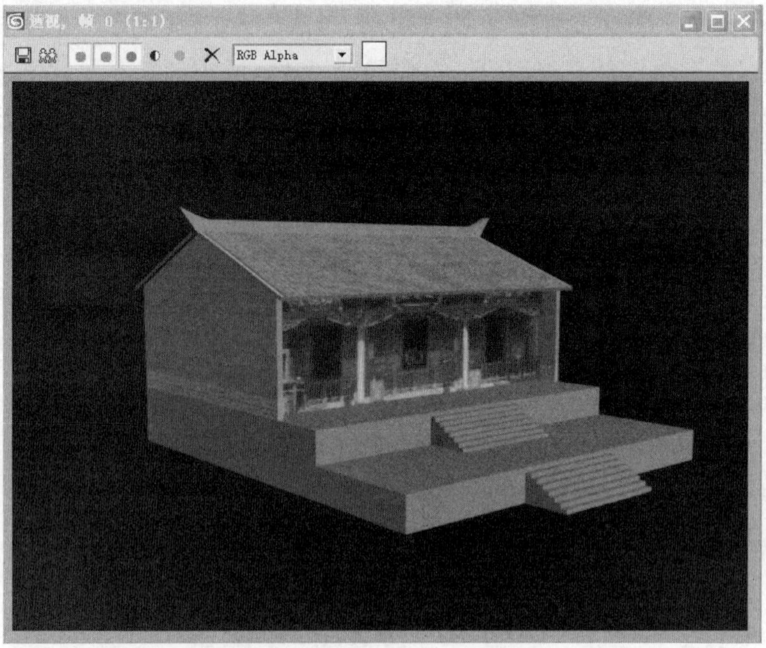

图 15 - 15　庙宇三维建模

图 15 - 16　构建三维地形

五级水系分级如图 15 - 18 所示。

流域坡度图如图 15 - 19 所示。

海岸线变迁如图 15 - 20 所示。

排污口布局如图 15 - 21 所示。

污染类型分布图如图 15 - 22 所示。

非点源污染风险等级图如图 15 - 23 所示。

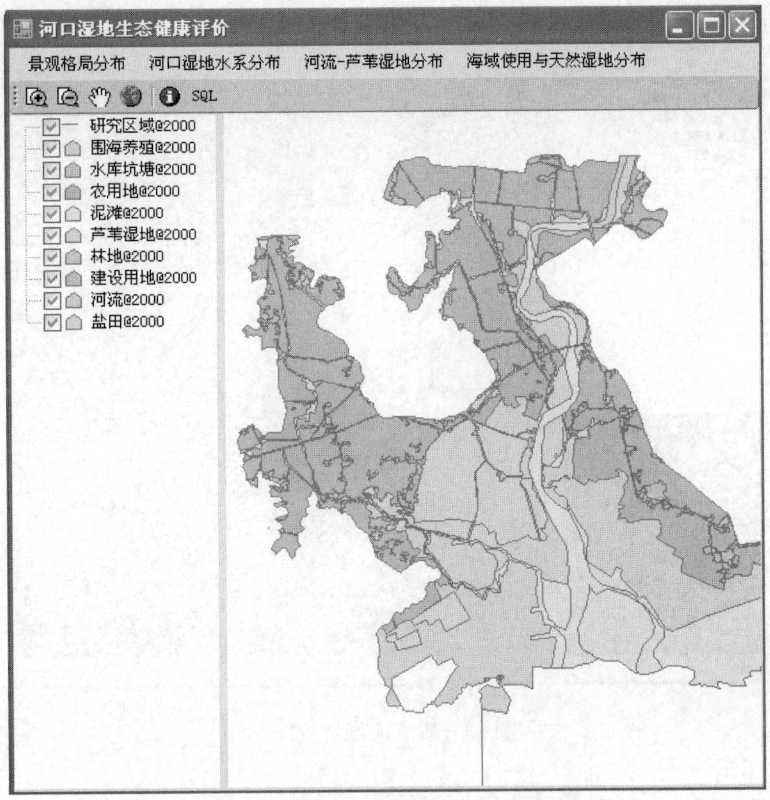

图 15－17　河口湿地生态健康评价界面

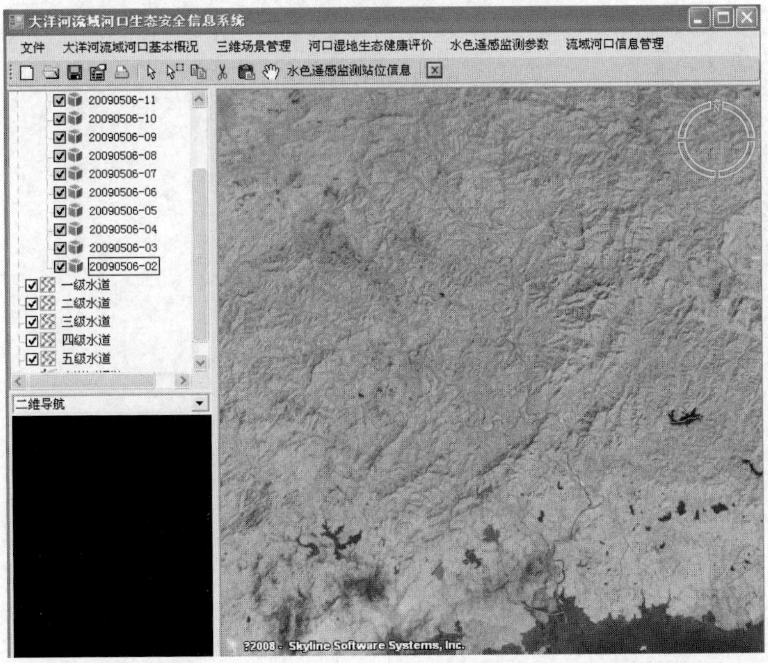

图 15－18　水系分级

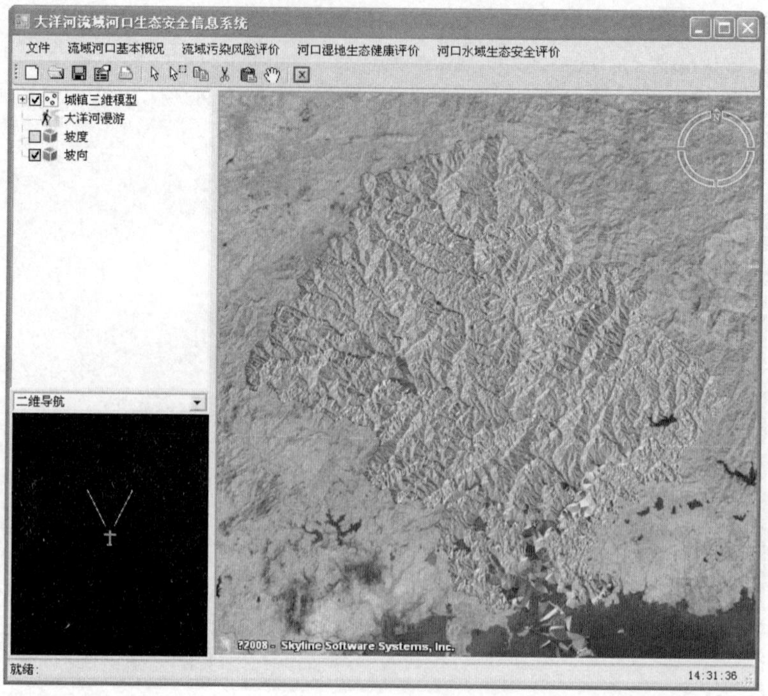

图 15－19　流域坡度图

图 15－20　海岸线变迁

图 15－21　排污口位置分布

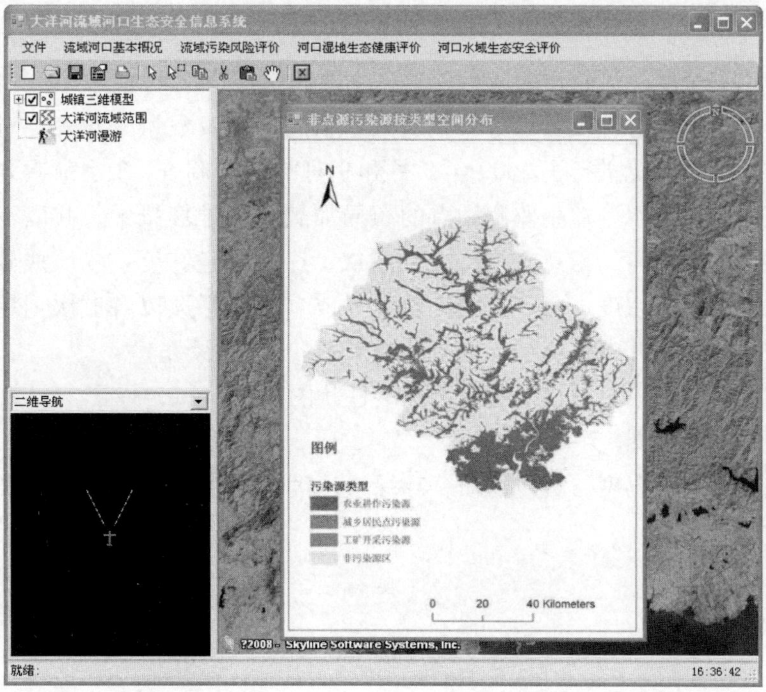

图 15－22　污染类型分布图

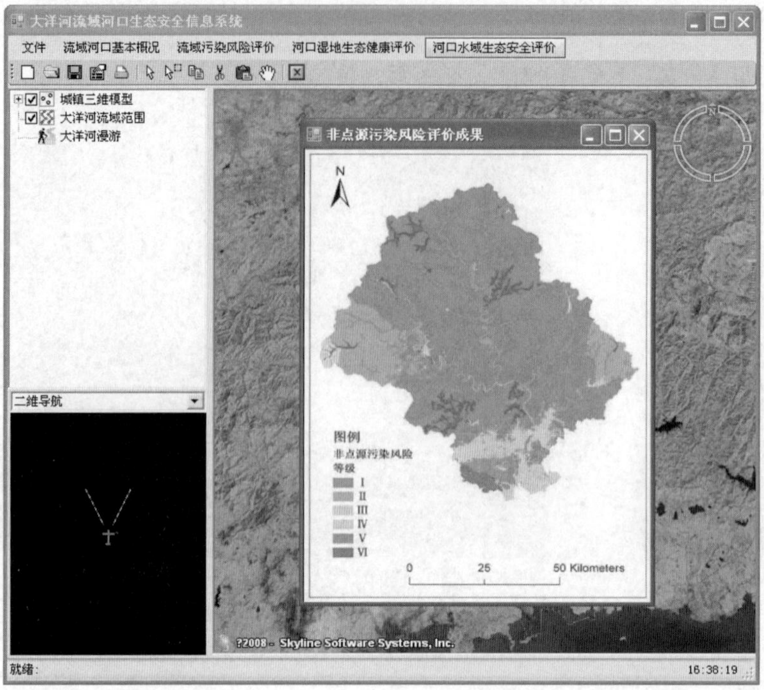

图 15－23　非点源污染等级分布图

15.5.5　河口流域生态安全评价

河口流域生态安全受河流物质输入的影响，主要包括河口水域的营养盐分布，浮游植物、浮游动物的种类组成与优势种及数量分布，底栖生物的种类及数量分布等。对大洋河河口水域营养盐及生物量分布状况进行了 2009 年 5 月和 9 月的两次调查，3 个航次。系统以 3 个航次为单位，将不同航次的水色遥感监测站点的布局加载到三维场景中，并以不同的颜色加以区分，同时提供各监测站点的信息查询，包括航次、序号、经纬度、水质成分分析。将现场调查的悬浮物浓度、色素浓度、营养盐浓度及水体成分吸收系数以各航次为单位，采用表格和专题图两种方式表达，并将最终结果以卫星成果图的方式展示。

站位信息查询、航次信息查询、悬浮物浓度柱状图如图 15－24～图 15－26 所示。

赤潮风险评估结果如图 15－27 所示。

卫星产品成果：海表温度，黄色物质，叶绿素浓度，透明度，总悬浮物浓度，如图 15－28 所示。

15.6　理论总结

选择 Skyline 作为三维 GIS 平台、SuperMap 作为二维 GIS 平台，借助 3dsMAX、Photoshop 等相关专业软件，实现了大洋河流域河口生态安全评价三维可视化系统。该系统提供了便捷的空间操作功能，有效地结合了二、三维空间环境，从流域陆源信息、河口湿地、水色遥感监测 3 方面直观地展示了对大洋河流域河口的生态环境评价结果。但目前该系统仅作为三维可视化系统展示了生态安全评价的结果，在今后的研究中还应将更多的生态专业模型与 GIS 结合、建立多元化的数据库管理机制，更好地为生态安全评价提供辅助支持。

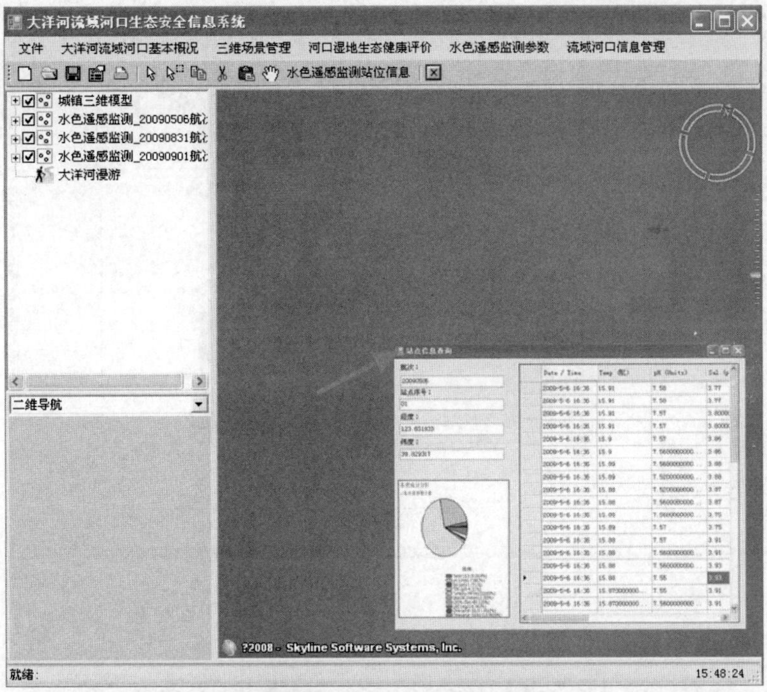

图 15－24　站位信息查询

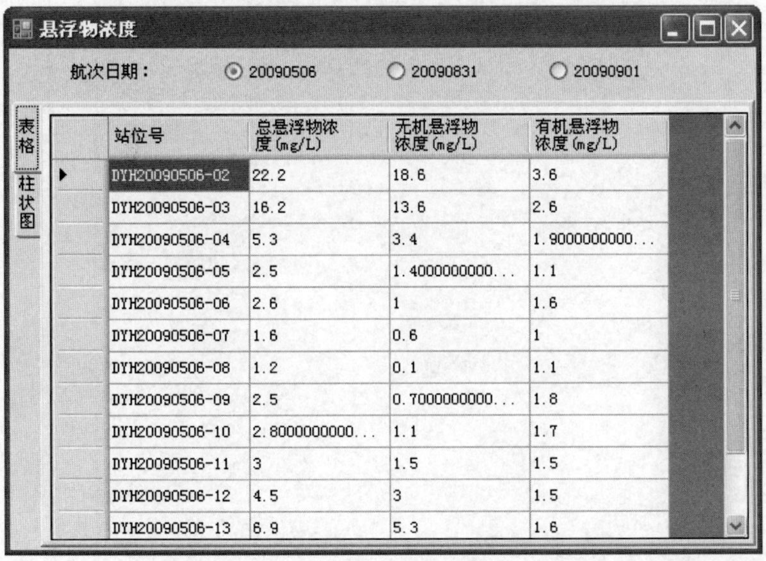

站位号	总悬浮物浓度(mg/L)	无机悬浮物浓度(mg/L)	有机悬浮物浓度(mg/L)
DYH20090506-02	22.2	18.6	3.6
DYH20090506-03	16.2	13.6	2.6
DYH20090506-04	5.3	3.4	1.9000000000...
DYH20090506-05	2.5	1.4000000000...	1.1
DYH20090506-06	2.6	1	1.6
DYH20090506-07	1.6	0.6	1
DYH20090506-08	1.2	0.1	1.1
DYH20090506-09	2.5	0.7000000000...	1.8
DYH20090506-10	2.8000000000...	1.1	1.7
DYH20090506-11	3	1.5	1.5
DYH20090506-12	4.5	3	1.5
DYH20090506-13	6.9	5.3	1.6

图 15－25　航次信息查询

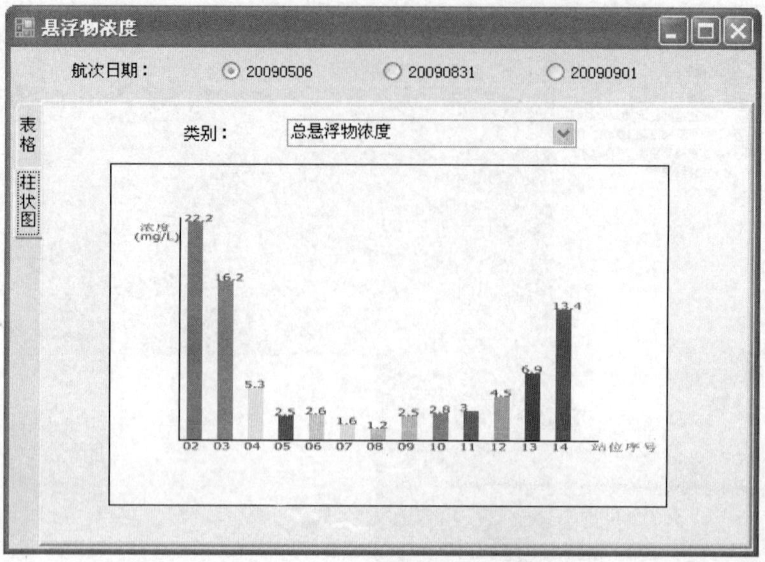

图 15－26　悬浮物浓度柱状图

图 15－27　4 月份赤潮风险评估

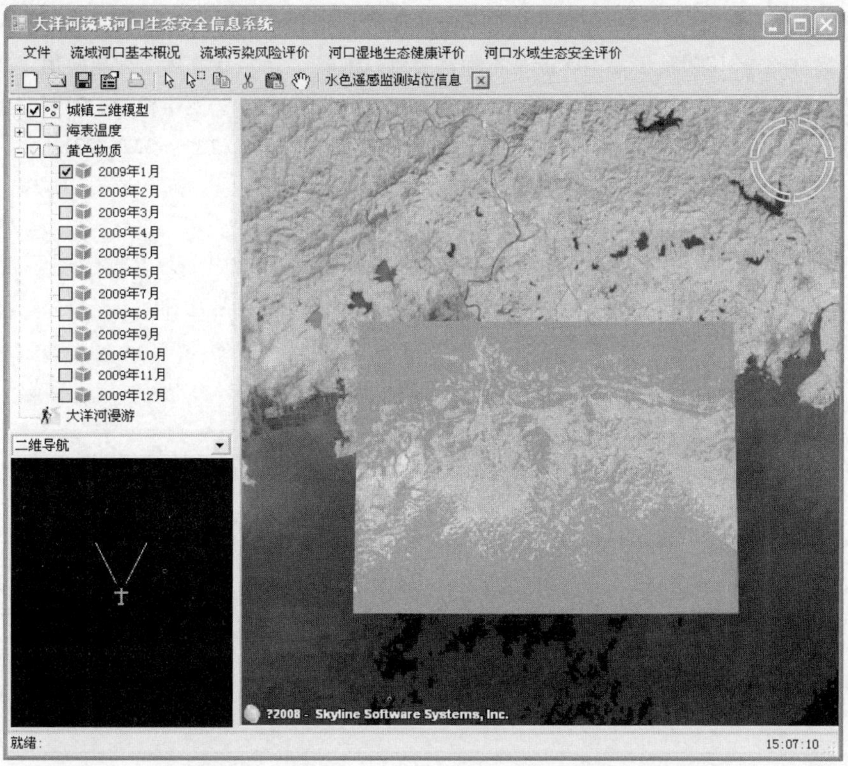

图 15 - 28　2009 年 1 月黄色物质分布

参考文献

郭皓 . 2009. 基于 Skyline 的 3D GIS 二次开发技术研究 [D] . 南京：东南大学 .

卫宝泉，吴磊，赵冬至，等 . 2010. 基于 SuperMap 的长海海域生态环境评估信息系统设计与实现 [J] . 海洋环境科学，29 (2)：259 - 261.

杨必胜，李清泉，梅宝燕 . 2000. 3 维城市模型的可视化研究 [J] . 测绘学报，29 (2)：149 - 154.

吴涛 . 2010. 基于遥感技术的河口三角洲湿地景观生态健康评价 [D] . 上海：上海师范大学 .

肖乐斌，钟耳顺，刘纪远，等 . 2001. 三维 GIS 的基本问题探讨 [J] . 中国图像图形学报，6 (9)，842 - 848.

肖笃宁，陈文波，郭福良 . 2002. 论生态安全的基本概念和研究内容 [J] . 应用生态学报，13 (3)：354 - 358.

常歌 . 2001. 基于遥感数据的城市景观建模技术研究与实践 [D] . 郑州：中国人民解放信息工程大学测绘学院 .

朱庆，卢丹丹，张叶廷 . 2006. GIS 三维可视化在数字文化遗产中的应用 [J] . 测绘科学，31 (1)：55 - 57.

谢义林，汪云甲 . 2006. 利用虚拟场景实现 3DGIS 的研究与应用 [J] . 测绘工程，15 (6)：43 - 46.

黄丽娜，费立凡，庞前聪，郑斌 . 2007. 城市规划仿真审批系统开发：以海口市三维仿真规划审批系统为例 [J]. 测绘信息与工程，32 (1)：22 - 24.

姚申君 . 2008. 基于 TerraDeveloper 的三维 GIS 开发研究 [D] . 上海：华东师范大学地图学与地理信息系统 .

李清泉 . 1998. 基于混合结构的三维 GIS 数据模型与空间分析研究 [D] . 武汉：武汉测绘科技大学 .

龚健雅，夏宗国 . 1997. 矢量与栅格集成的三维数据模型 [J] . 武汉测绘科技大学学报，22 (1)：7 - 15.

李清泉，李德仁．1998. 三维空间数据模型集成的概念框架研究［J］. 测绘学报，27（4）：325－330.
王继周，李成名，林宗坚．2003. 三维 GIS 的基本问题与研究进展［J］. 计算机工程与应用，(24)：40－44.
李青元，林宗坚，李成明．2000. 真三维 GIS 技术研究的现状与发展［J］. 测绘科学，25（2）：47－51.
罗忠文，谢忠．2002. 三维 GIS 系统框架模型［J］. 计算机工程与应用，(13)：227－231.